Razonamiento Cuantitativo

EDICIONES UNIVERSIDAD CATÓLICA DE CHILE
Vicerrectoría de Comunicaciones
Alameda 390, Santiago, Chile

editorialedicionesuc@uc.cl
www.ediciones.uc.cl

Razonamiento Cuantitativo

Irene F. Mikenberg Lev

Marzo 2016
ISBN 978-956-14-1741-0

Diseño: versión | producciones gráficas Ltda.

Impresor: Salesianos Impresores S.A.

CIP - Pontificia Universidad Católica de Chile

Mikenberg, Irene
Razonamiento cuantitativo / Irene F. Mikenberg.

1. Lógica matemática – Problemas, ejercicios, etc.
2. Razonamiento – Problemas, ejercicios, etc.
I. t.

2016 511.31 + DC23 RCAA2

Este libro contó con el apoyo de la Vicerrectoría Académica, a través del Fondo de Desarrollo de la Docencia (FONDEDOC).

FACULTAD DE MATEMÁTICAS

Razonamiento Cuantitativo

Irene F. Mikenberg

EDICIONES UC

ÍNDICE

PRÓLOGO

El **Razonamiento cuantitativo** es la habilidad de analizar,interpretar, razonar y comunicar eficazmente ideas al mismo tiempo que se plantean, formulan, resuelven e interpretan problemas de una gran variedad de contextos distintos. Este libro tiene como objetivo principal desarrollar ciertas competencias necesarias en el razonamiento lógico-matemático presente en nuestra vida diaria y aplicar este razonamiento para facilitar decisiones y resolver problemas. El énfasis del texto estará en la resolución de problemas de contextos cotidianos diversos usando las habilidades que el alumno ha adquirido. Estas habilidades son: interpretación, análisis, supuestos, cálculo, representación y comunicación. Al desarrollar estas competencias, se puede comprender más a fondo el mundo en que vivimos, tomar mejores decisiones, ser ciudadanos más responsables y librarnos de la manipulación. Se intenta entregar herramientas para comprender más a fondo estas ideas, logrando que los conceptos matemáticos elementales sean fascinantes, gratificantes y comprensibles incluso para alumnos que dicen detestar la matemática como asignatura del colegio.

La palabra **anumerismo** la popularizó hace 23 años el matemático estadounidense John Allen Paulos en **El hombre anumérico**, un ensayo que ya es un clásico. Aunque el término no ha entrado en el diccionario, describe una realidad vigente, un tipo de ignorancia que puede afectar a personas cultísimas en otras ramas del saber. Su precio, según Paulos, es alto, a saber:"Usted puede elegir entre tener o no, ciertas nociones numéricas pero si no las tiene, será más manipulable y más proclive a dejarse engañar por charlatanes y pseudocientíficos

Aprovecho en citar también a Emilio Lledó, profesor de Historia de la Filosofía quien "reivindica las matemáticas como una luz para alumbrar un mundo de manipulación informativas. Esta ciencia es una lucha constante con la verdad porque en ella, en su exactitud, no caben las ideas mentirosas".

Este texto consta de cuatro capítulos y dos anexos.

El primer capítulo presenta los conceptos básicos del razonamiento lógico y es la columna vertebral del resto del libro.

El segundo capítulo introduce los conceptos básicos sobre proporciones y porcentajes enfocados a la resolución de problemas de la vida diaria.

El tercer capítulo nos entrega una mirada para comprender los números astronómicamente grandes y microscópicamente chicos, es decir, nos enseña a aterrizar los números y a resolver problemas que a primera vista, creemos que no tienen solución.

El último capítulo nos permite entender los conceptos básicos de las estadísticas y las probabilidades con que diariamente nos bombardean en la prensa, incluyendo el comprender los distintos tipos de gráficos y tablas estadísticas.

En el apéndice A están las respuestas a los ejercicios propuestos de cada capítulo.

En el apéndice B se entrega una propuesta completa para armar un curso de un semestre de Razonamiento cuantitativo, con propuestas de talleres de trabajo para los alumnos, para las distintas carreras.

Deseo agradecer muy especialmente al profesor Daniel Vidal por sus correcciones, revisión del presente texto y sus invaluables aportes.

IRENE MIKENBERG L.
Santiago, enero de 2016

1 Pensamiento crítico

¿Qué es la lógica? Falacias más comunes y argumentos correctos 1.1

La palabra **lógica** está directamente relacionada con la palabra griega **logos**, que significa en griego antiguo “pensamiento” o “razón”, pero también “palabra” o “conocimiento”. La lógica era “lo relativo al logos”.

Podríamos definir **lógica** como el conjunto de conocimientos que tienen por objeto el enunciado de las leyes que rigen los procesos del pensamiento humano, así como de los métodos que han de aplicarse al razonamiento y la reflexión para lograr un sistema que conduzca a resultados que puedan considerarse certeros o verdaderos. El raciocinio, puede definirse como un proceso del pensamiento humano que a partir de ciertos conocimientos establecidos (llamados premisas), conduce a adquirir un conocimiento nuevo (llamado conclusión), sin que para ello haya que recurrir a nuevas constataciones u observaciones adicionales a las ya contenidas en las premisas.

La expresión **argumento** se referirá a un proceso razonado que constará por su parte, de una serie de premisas que tienen como consecuencia una conclusión. Un argumento es correcto si aplicado a premisas que suponemos verdaderas, la conclusión es necesariamente verdadera. El primer paso para estudiar la corrección de un argumento es identificar cuáles son las premisas y cuál es la conclusión. Algunos argumentos pueden presentar fuertes evidencias que la conclusión es correcta y otros, no tanto.

En el caso en que un argumento no entregue suficiente evidencia para que la conclusión sea verdadera, se dice que es una *falacia*. Consideremos el siguiente argumento:

Si el universo ha sido creado por una inteligencia superior, tendríamos que observar orden y organización en el mundo. Como vemos orden y organización en el mundo, está claro que el universo ha sido creado por una inteligencia superior.

Este argumento parece aceptable, pero si asumimos que "Si A, entonces B. B es verdad. Por lo tanto A es verdad", es un argumento correcto, entonces podríamos concluir que el argumento "Si está nevando, entonces hace frío. Hace frío. Luego está nevando" es correcto, lo cual es claramente falso, pues que haga frío se puede deber a muchos factores distintos al hecho mismo de que esté nevando.

Las falacias son muy comunes en la vida diaria, podemos encontrarlas en señaléticas, en publicidad, en campañas políticas, en comentarios editoriales, etcétera.

Comenzaremos nuestro estudio del pensamiento crítico, con el análisis de algunos ejemplos de las falacias más usuales.

Argumentum ad hominem (Dirigido al hombre)

En este tipo de falacias se refuta una conclusión (resultado o testimonio), desacreditando a la fuente que lo emite y no a los argumentos que llevan a esa conclusión. Para desacreditar un estudio es usual usar como argumento que quien lo realizó no es confiable (Figura 1.1).

Ejemplos

- *"Esas cifras sobre la influencia del consumo de café en las personas son falsas, ya que el estudio fue pagado por una compañía importadora de té ".*
- *"Yo no creo que este remedio para la obesidad sea efectivo porque en la clínica Mayo lo recomiendan".*

Análisis

Sin duda uno debe revisar con mayor atención un estudio hecho a petición de un grupo con intereses creados, pero los resultados obtenidos en ese estudio no necesariamente deben ser falsos.

La falacia se presenta al aceptar como verdadero que todo lo afirmado por alguien poco confiable es falso, es decir, tiene la forma siguiente: "Si una persona determinada afirma p, entonces p no es verdad".

Opuesta a la falacia anterior es:

Argumentum ad verecundiam (Dirigido al respeto) En este tipo de falacias se acepta una conclusión usando como argumento el prestigio del experto que la emite.

Ejemplos

Figura 1.1: Caricatura de Darwin como un simio en la revista Hornet. Se observa con las características propias de los simios como el mentón, las cejas y la forma de su cabeza, como modo de burla a su teoría de la evolución del simio al hombre.

- *" Marcelo Salas era mejor que Iván Zamorano, porque me lo dijo mi papá".*
- *"La mecánica cuántica está errada, y de eso estoy seguro porque Einstein lo dijo".*
- *"Yo creo que este remedio para la obesidad es efectivo porque en la clínica Mayo lo recomiendan".*

Análisis

Este tipo de falacias se produce al suponer que las opiniones vertidas por alguien con gran prestigio son necesariamente válidas. Puede producirse un error si la opinión emitida se refiere a algo no relacionado con el campo de competencia del experto o simplemente porque el experto no es infalible. Esta falacia tiene la siguiente forma:"*p* es verdad porque lo dijo alguien confiable".

Argumentum ad populum (Dirigido al pueblo)

Esta falacia se presenta al suponer que por el hecho de que mucha gente crea en algo o se actúe de una cierta manera, esa creencia o ese actuar es el mejor. En publicidad es común usar como argumento para preferir una cierta marca que la mayoría de las personas la prefieren.

Ejemplo

" ¿Cómo no va a existir Dios? ¿Puede tanta gente estar equivocada?".

Figura 1.2

Análisis

En este ejemplo, la argumentación es que si la mayoría de las personas usan o prefieren algo, ese algo es la mejor opción.

De hecho, la publicidad influye mucho sobre las decisiones de las personas, en algunos casos la mayoría de las personas consume un determinado producto, no porque sea la mejor opción, simplemente porque es el que tiene mejor campaña publicitaria. La forma de estas falacias es "si mucha gente cree que *p* es verdad, entonces *p* es verdad".

Argumentum ad ignorantiam (Dirigida a la ignorancia)

Este tipo de falacias se presenta al dar como argumento que si un hecho nunca ha sido presenciado o si no está demostrado, entonces es falso. Es claro ver que esto es una falacia porque, a pesar de que no se ha demostrado ni la existencia ni la no existencia de vida semejante a la humana en otras galaxias, una de estas dos alternativas es verdadera.

Ejemplo

"Mi vecino es un loco, cree en la existencia de platillos voladores provenientes de otros mundos".

Análisis

La falacia se presenta al aceptar verdadero solo aquello que ha sido demostrado o presenciado (Figura 1.3).

Figura 1.3:
Scully:"¿Que tu hermana fue abducida por alienígenas? Eso es ridículo".
Mulder: "Bueno, mientras no puedas probar lo contrario, tendrás que aceptar que es cierto".
(De la serie de televisión Expediente X)

La forma de estas falacias es: "Si no hay una demostración de que *p* es verdad, entonces *p* es falso".

Cum hoc ergo propter hoc (A causa de esto)

Esta falacia se comete al inferir que existe una relación causal entre dos o más eventos por haberse observado una correlación estadística entre ellos.

Ejemplo

- *El gallo siempre canta antes de la salida del sol, por lo tanto el canto del gallo provoca que salga el sol.*
- *El porcentaje de niños con síndrome de Down es mayor cuando la madre es menor de 15 años o mayor de 40 en el momento del parto que cuando la edad de la madre está entre esos valores, por lo tanto la edad de la madre influye en la posibilidad de tener un hijo con síndrome de Down.*

Análisis

Muchas veces se acepta el argumento de que si cierto fenómeno F se presenta con mayor frecuencia cuando ocurre cierto hecho A que cuando no ocurre A, entonces A causa F.

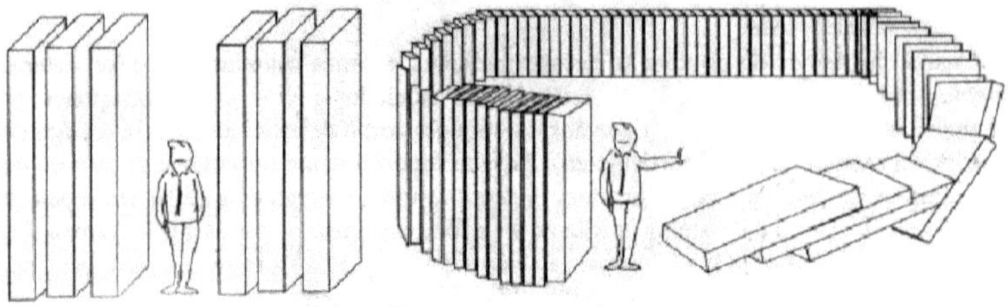

Figura 1.4:
Correlación versus causalidad

Si bien este argumento parece correcto, no se considera la posibilidad de que A se dé en forma simultánea con un hecho B, y sea B quien cause F (Figura 1.4).

De hecho en el segundo ejemplo, se tiene que por lo general, mujeres muy jóvenes tienen parejas muy jóvenes y mujeres mayores tienen parejas mayores, por lo que podría ser la edad del padre la que influye sobre la posibilidad de tener un hijo con síndrome de Down.

La forma de estas falacias es: si p y q pueden relacionarse una o varias veces, entonces p es la causa de q.

Falacia de la desviación

Esta falacia se produce cuando se tiene un argumento para relacionar un par de eventos y alguna evidencia sobre uno de ellos hace que se concluya que el otro evento es verdad.

Ejemplo

No deberíamos seguir financiando investigaciones sobre clonaciones de genes humanos, porque hay demasiados problemas éticos involucrados. La ética es el alma de toda sociedad y no podemos darnos el lujo de tener más problemas éticos sin resolver.

Análisis

Si de alguna manera p se relaciona con q y tengo algún argumento que concierne p, entonces q es verdad.

Falacia del hombre de paja

Una falacia usada frecuentemente por los participantes de un foro es deformar lo afirmado por un contrincante para debilitar su posición, ya sea tergiversando sus palabras o sacándolas de contexto.

Ejemplos

- *Consideremos la afirmación:*
  "Nosotros queremos construir un puente hacia el futuro. Bob Dole habla de construir un puente hacia el pasado". Bill Clinton.
  "Los del Partido Popular no creen en la democracia". F. González.
- - *¿Acaso las centrales nucleares no tienen accidentes?*
  - *Siempre cabe la posibilidad de que tengan un accidente, por remoto que sea.*
  - *Usted lo ha dicho. Puede tener un accidente, luego son peligrosas.*

Análisis

En este tipo de falacias, se niega una afirmación tergiversando o sacando de contexto lo afirmado por alguien. Este tipo de falacias tiene la forma:"Si tengo un argumento que involucra una verión distorsionada de p, entonces afirmo la verdadera versión de p".

Falacia del consecuente o elección limitada

Esta falacia se produce cuando se afirma como verdadera *una* causa posible para un suceso observado. Sin embargo, puede ser que haya una gran cantidad de causas diferentes que producen el suceso.

Ejemplo

"Sin duda José ve televisión hasta tarde ya que padece de insomnio y se sabe que ver tele hasta tarde produce insomnio".

Análisis

En este tipo de falacias, se afirma como verdadera una de las posibles causas de un suceso verdadero.
La forma de esta falacia es: " Si ($p \to q$) es verdad y q es verdad, entonces p es verdad".

Falacia del antecedente

Esta falacia es muy similar a la anterior, se produce cuando en un argumento condicional se niega el antecedente y se concluye la negación del consecuente.

Ejemplo

Ver tele hasta tarde produce insomnio. Como yo nunca veo tele hasta tarde, nunca padeceré de insomnio.

Análisis

En este tipo de falacias se argumenta que si una de las posibles causas de una afirmación es falsa, entonces la afirmación es falsa.

La forma de estas falacias es:“ Si ($p \to q$) es verdad y p es falso, entonces q es falso”.

Generalizaciones negligentes

Como su nombre lo indica esta falacia se presenta al generalizar una situación basándose en muy pocas evidencias.

Ejemplos

- *Dos casos de leucemia infantil ocurrieron en niños que vivían en una calle donde hay una torre de telefonía celular. Las ondas emitidas por esta torre deben ser la causa de la enfermedad de estos niños.*

- *Yo sé que a todos los jóvenes les gusta leer porque a todos mis compañeros les gusta.* Si esta afirmación la hace un estudiante de literatura es claro que estamos ante un caso de generalización inadecuada. Con este ejemplo se muestra claramente la falacia, ya que esta afirmación la podría estar haciendo un estudiante de literatura.

Análisis

La falacia en este argumento se produce porque la premisa cita un número reducido de casos, los cuales no son prueba suficiente para la conclusión.

Falacia de la casuística

Esta falacia es inversa a la anterior, rechaza una generalización esgrimiendo excepciones.

Ejemplo

¿Cómo pueden decir que las madres darían todo por sus hijos si ayer aparecieron abandonadas en un auto dos gemelas recién nacidas?

Análisis

La falacia se produce en este argumento cuando, en algunos casos, p puede relacionarse con la negación de q, entonces nunca q es la consecuencia de p. Su forma es: “Si alguna vez p y no q aparecen relacionadas, entonces nunca p causa q”.

Falacia del uso indebido de términos emocionales

Este tipo de falacias se produce al emplear palabras que tienen la intención de ofuscar emocionalmente el tema tratado, no contribuyendo a una clara reflexión.

Ejemplo

En una propaganda de una marca X de auto aparece la foto de tu mujer e hijos con las palabras: Porque nos quieres seguros y protegidos, debes comprar el auto marca X.

Análisis

Este argumento no representa un argumento lógico, solo tiene la esperanza de que tu amor por tu familia te haga comprar el auto de marca X. Es decir, apela a sentimientos. Su forma es: si p es una proposición que está asociada con alguna reacción emocional positiva, entonces p es verdad.

Razonamiento circular

Esta falacia se presenta cuando se utiliza un argumento en que se supone como ya demostrado aquello que se debe demostrar.

Ejemplo

La sociedad tiene una obligación con los desposeídos, porque los necesitados tienen derechos sobre los bienes de la comunidad.

La competencia es buena para la economía, porque la competencia significa que cada cual quiere ser el mejor, el más rápido y el más barato, porque después de todo, cada cual quiere ser competitivo para poder competir con otros, ya que esto es bueno para la economía.

Análisis

En el primer argumento la premisa es "los necesitados tienen derechos sobre los bienes de la comunidad" y la conclusión es "la sociedad tiene una obligación con los desposeídos", y si lo pensamos bien, ambas proposiciones tienen el mismo significado, es decir: La sociedad tiene una obligación con los desposeídos si y solamente si los necesitados tienen derechos sobre los bienes de la comunidad. Es decir, tenemos un argumento circular. Su forma es: "Si p es equivalente con q, entonces p es verdadero".

En el segundo argumento apreciamos la misma situación, pero esta vez tenemos una primera premisa: "La competencia es buena para la economía", y una primera conclusión que sirve como premisa para una segunda conclusión y esta, a su vez, sirve como premisa a una tercera conclusión en donde finalmente se concluye: "La competencia es buena para la economía". Este ejemplo muestra que se pueden tener argumentos anidados que, en su conjunto, toman la forma de un argumento circular.

Figura 1.5:
En el diálogo entre el Principito y el Bebedor encontramos un ejemplo de un argumento circular, pues el Bebedor bebía para olvidar que tenía vergüenza de beber.

Proposiciones, tablas de verdad, diagramas de Venn 1.2

Como base de nuestro razonamiento lógico, aceptaremos el principio de bivalencia que afirma que toda afirmación es verdadera o falsa, pero no ambas a la vez. Una *proposición* es una frase que puede ser verdadera o falsa. Debe tener la estructura de una oración completa.

Ejemplo
Los siguientes son ejemplos de proposiciones:

- Tengo hambre
- Tres es mayor que cuatro
- Carlos está sentado
- $2+5=8$

Las siguientes expresiones no son proposiciones:

- Tres más dos
- ¿Está lloviendo?
- El papá le dio un regalo a un hijo
- Cinco kilómetros al norte de aquí

Notemos que si bien la frase:*"El papá le dio un regalo a su hijo",* tiene la forma de una proposición; sin embargo, no lo es, porque depende de quién sea el padre y de quién sea el hijo.

A partir de proposiciones básicas como las anteriores, se pueden formar nuevas proposiciones usando conectivos como "y ", "o ", "no ",etcétera. El significado de ellos será siempre el mismo y el valor de verdad de una proposición que los incluye dependerá solo de los valores de verdad de la proposiciones que la conforman. En el lenguaje natural un mismo conectivo se puede interpretar de distintas maneras según el contexto. Por ejemplo, la afirmación "Tomé desayuno y me duché", lleva implícita una cierta noción de temporalidad, se interpreta como "Tomé desayuno y después me duché", no es el caso de la afirmación: " Me comí una pera y una manzana".

Análogamente, si en la promoción de un restaurante se ofrece un menú fijo con plato de entrada, plato principal y café *o* postre, se entiende que el cliente debe elegir uno de ellos, café o postre. Por otra parte, si en la promoción de un seguro de salud se dice que cubre hospitalización en caso de enfermedad *o* accidente, se subentiende que si una persona está enferma y sufre un accidente el seguro cubre ambos siniestros.

La negación — 1.2.1

La negación es un conectivo unario, que actuando sobre la proposición p genera la proposición *negación de p*, la cual es verdadera si p es falsa y falsa si p es verdadera. Por lo general la negación de p se lee *no p* y se denota simbólicamente por $\neg p$.
Por ejemplo, la negación de "Dos es par" es "Dos es impar" y la de "Carlos está sentado" es "Carlos no está sentado". Cuidado, en este caso la negación no es "Carlos está parado", pues hay muchas más opciones para Carlos en caso de no estar sentado.

Podemos representar la asignación de los valores de verdad por medio de las llamadas tablas de verdad. En el caso de $\neg p$, como el conectivo es unario, solo necesitamos considerar los dos posibles valores de verdad de la proposición original.

Proposición	Representación	Lectura
Negación de p	$\neg p$	*no p*

Tabla 1.1: Representación de la negación

Lo que acabamos de decir en palabras, podemos graficarlo mediante lo que se conoce como una *tabla de verdad*:

p	$\neg p$
V	F
F	V

Tabla 1.2: Tabla de verdad de la negación

Ejemplo
Dada la proposición: *"Mila es la mejor alumna del curso"*, escriba su negación. Si la negación es falsa, ¿es Mila la mejor alumna del curso?

Solución

La negación de la proposición es: "Mila no es la mejor alumna del curso". Si "Mila no es la mejor alumna del curso" es falsa, entonces la proposición original es verdadera.

Muchas frases del diario vivir contienen varias negaciones que no se dicen en forma explícita:

Ejemplo
"No es verdad que no estoy en desacuerdo contigo".

Solución

¿Cómo entender esta frase? La proposición básica "estoy de acuerdo contigo" es verdadera siempre y cuando la proposición " estoy en desacuerdo contigo" sea falsa. Por lo tanto en ese caso, "yo no estoy en desacuerdo contigo" sería verdadera, luego "no es verdad que yo no estoy en desacuerdo contigo" sería falsa. La frase dada contiene una triple negación, vemos que tiene el valor de verdad opuesto al de la proposición "estoy de acuerdo contigo".

Otro ejemplo es: *"Yo no pienso en dejar de ir a la fiesta"*.¿Cómo entiende usted esta frase?

La conjunción 1.2.2

La conjunción es un conectivo binario que a partir de las proposiciones p y q forma una nueva proposición llamada la conjunción de p y q, la cual es verdadera si y solo si ambas p y q lo son.

Ejemplo

a) El restaurante es caro y malo
b) A pesar de que el restaurante es caro, es malo
c) Aunque el restaurante es malo, es caro

Solución

En los ejemplos anteriores notamos distintas intenciones; sin embargo, en los tres casos, las proposiciones son verdaderas si el restaurante es efectivamente caro y es malo. Por lo tanto, en los tres ejemplos, el conectivo que une las proposiciones el restaurante es caro y el restaurante es malo, es la conjunción.

La conjunción de p y q se lee $p\,y\,q$ y se denota simbólicamente por $p \wedge q$.

Proposición	Representación	Lectura
Conjunción de p y q	$(p \wedge q)$	p y q

Tabla 1.3: Representación de la conjunción

En este caso, para graficar su tabla de verdad tenemos que considerar todas las combinaciones posibles de valores de verdad de las dos proposiciones que componen esta nueva proposición. Tanto p como q tienen cada una de ellas dos posibles valores de verdad (V o F); por lo tanto, hay cuatro casos a considerar:

p	q	$(p \wedge q)$
V	V	V
V	F	F
F	V	F
F	F	F

Tabla 1.4: Tabla de verdad de la conjunción

De acuerdo con la definición de los conectivos dados vemos que para toda afirmación p, independientemente de lo que p afirme, la proposición $(p \wedge \neg p)$ es siempre falsa y por lo tanto la proposición $\neg(p \wedge \neg p)$ es siempre verdadera. Las proposiciones que son por su estructura lógica siempre verdaderas, independientemente de lo que afirmen las proposiciones que la conforman, se llaman *tautologías.*

Ejemplo

Determinar el valor de verdad de las siguientes proposiciones:

a) Santiago es la capital de Chile y Brasilia, la capital de Brasil.
b) París es la capital de Francia y Madrid no es la capital de España.

Solución

En el caso a) tenemos que la proposición es verdadera, dado que tanto "Santiago es la capital de Chile" como "Brasilia es la capital de Brasil" son verdaderas. Sin embargo en b) tenemos que "París es la capital de Francia" es verdad, pero "Madrid no es la capital de España" es la negación de una proposición verdadera y por lo tanto es falsa; luego nos encontramos en la situación de la segunda fila de la tabla de verdad que nos dice que la proposición es falsa.

Observación

A pesar de que el conectivo lógico **y** es muy similar a la conjunción en español, de todas maneras podemos encontrar algunas diferencias. Por ejemplo: si afirmamos que "Paty y Germán son ingenieros", esto es equivalente a la conjunción lógica de "Paty es ingeniero" **y** "Germán es ingeniero". Por otro lado, si afirmamos que "Paty y Germán están casados", esto no es lo mismo que decir "Paty está casada" **y** "Germán está casado".

Piense en otros ejemplos en que la conjunción lógica y la usual no coinciden.

En el lenguaje natural, en algunos casos el conectivo *y* tiene asociada una noción de temporalidad. Por ejemplo: *Anoche comí una manzana y me fui a acostar.* En este caso está implícito que primero comí la manzana y después me fui a acostar.

La disyunción 1.2.3

La disyunción es un conectivo binario que a partir de las proposiciones p y q forma una nueva proposición llamada la disyunción de p y q, la cual es falsa si y solo si ambas, p y q son falsas. La disyunción de p y q se lee p o q y se denota simbólicamente por $p \vee q$.

Vemos que para toda afirmación p, independientemente de lo que afirma, la proposición $(p \vee \neg p)$ es siempre verdadera. El hecho de que $(p \vee \neg p)$ sea una tautología, se conoce como la regla del tercero excluido.

Proposición	Representación	Lectura
Disyunción de p y q	$(p \vee q)$	p o q

Tabla 1.5: Representación de la disyunción

p	q	$(p \vee q)$
V	V	V
F	V	V
V	F	V
F	F	F

Tabla 1.6: Tabla de verdad de la disyunción

Ejemplo

Determinar el valor de verdad de las siguientes proposiciones:

a) Las vacas vuelan o los pájaros tienen plumas.

b) La nieve es blanca o las estrellas brillan.

Solución

En el caso a) la proposición está formada por dos proposiciones: "las vacas vuelan" y "los pájaros tienen plumas". Como "las vacas vuelan" es falso, pero "los pájaros tienen plumas" es verdadero, estamos en la situación de la segunda línea de la tabla de verdad y obtenemos que la proposición original es verdadera. En el caso b) la proposición está formada por dos proposiciones: "la nieve es blanca" y "las estrellas brillan". Como "la nieve es blanca" es verdadera y "las estrellas brillan" también lo es, estamos en la situación de la primera línea de la tabla de verdad y obtenemos que la proposición original es verdadera.

Si retomamos los ejemplos del comienzo de esta sección, a saber:

Ejemplo

a) En la promoción de un restaurante se ofrece un menú fijo con plato de entrada, plato principal y café *o* postre.

b) En la promoción de un seguro de salud se dice que cubre hospitalización en caso de enfermedad *o* accidente.

Solución

Ambos ejemplos parecen tener la misma estructura, representada por la disyunción de dos proposiciones, pero esto no es así. En el ejemplo a), la o que aparece es excluyente, pues nuestra alternativa consiste en escoger entre café o postre, pero no ambos. En cambio en el ejemplo b), la o que aparece es incluyente, porque la poliza cubrirá hospitalización en caso de enfermedad, en caso de accidente o en ambas. En el diario vivir solo podemos deducir de cual o se trata por el contexto de la frase; sin embargo, en lógica siempre se interpreta como un o incluyente a menos que se especifique lo contrario. Lao incluyente que une dos proposiciones para formar una tercera proposición, se lee como y/o.

El condicional 1.2.4

El condicional es un conectivo binario que a partir de las proposiciones p y q forma una nueva proposición llamada el condicional de p y q (en ese orden), la cual es falsa si y solo si p es verdadera y q es falsa. El condicional de p y q se lee *si p, entonces q* y se denota simbólicamente por $(p \to q)$ y p se llama el antecedente y q se llama el consecuente.

Proposición	Representación	Lectura
Implicación de p a q	$(p \to q)$	*Si p, entonces q*

Tabla 1.7: Representación del condicional

Para ver la tabla de verdad de este tipo de proposiciones, analicemos la siguiente situación:"En una ocasión una profesora afirmó que a los alumnos que traían la tarea la clase siguiente les subiría en un punto la nota de taller". En este caso, p es si traes la tarea la próxima clase y q es tendrás un punto más en la nota del taller. Recordemos que toda proposición siempre es verdadera o es falsa. En este caso, ¿cuándo un alumno podría afirmar que la profesora mintió?

Vemos que esto se da solo cuando un alumno trae la tarea y no se le sube la nota de taller, es decir, cuando p es verdadero y q es falso.

Luego, la tabla de verdad del condicional está dada por la tabla 1.8:

A partir de la tabla podemos rescatar que **una proposición condicional es falsa solo cuando el antecedente es verdadero y el consecuente es falso**.

p	q	$(p \to q)$
V	V	V
F	V	V
V	F	F
F	F	V

Tabla 1.8: Tabla de verdad del condicional

Ejemplo
Determinar el valor de verdad de las siguientes proposiciones referidas a las personas:

a) Si tiene 50 años, entonces es mayor de edad
b) Si es gordo es flojo
c) Si es madre es mujer
d) Si es hombre es padre

Solución
El primer ejemplo vemos que no puede darse el caso de que el antecedente "tiene 50 años" sea verdadero y que el consecuente "es mayor de edad" sea falso, por lo tanto la proposición es verdadera. En el segundo ejemplo, podría darse el caso de que el antecedente sea verdadero y el consecuente falso, por lo tanto la implicación no es verdadera. El ejemplo c) es similar al a) y por la misma razón es verdadero. En el ejemplo d) puede darse el caso de ser hombre, pero no ser padre y por lo tanto, la proposición es falsa.

Otras maneras usuales de traducir "Si p, entonces q" son las siguientes:

- p es suficiente para que se cumpla q
- De p se obtiene q
- p implica q
- q se cumple cada vez que p se cumple

El orden de las proposiciones no influye en los casos de la conjunción y de la disyunción, es decir, "p y q" tiene el mismo significado que "q y p". A partir del condicional $(p \to q)$ podemos formar nuevos condicionales. La siguiente tabla muestra todas las posibilidades con sus nombres respectivos.

Nombre	Forma	Ejemplo
Condicional de $(p \to q)$	Si p, entonces q	Si nieva, entonces hace frío
Recíproco de $(p \to q)$	Si q, entonces p	Si hace frío, entonces nieva
Inverso de $(p \to q)$	Si no p, entonces no q	Si no nieva, entonces no hace frío
Contrapositivo de $(p \to q)$	Si no q, entonces no p	Si no hace, frío entonces no nieva

Tabla 1.9: Tipos de condicionales

Así, si el condicional es: *"Si es madre es mujer"*, el converso es *"Si es mujer es madre"*, el inverso es *"Si no es madre no es mujer"* y el contrapositivo es: *"Si no es mujer no es madre"*. Con lo que ya hemos visto podemos construir la tabla de verdad de todas las proposiciones recién mencionadas:

p	q	$\neg p$	$\neg q$	$(p \to q)$	$(q \to p)$	$(\neg p \to \neg q)$	$(\neg q \to \neg p)$
F	F	V	V	V	V	V	V
F	V	V	F	V	F	F	V
V	F	F	V	F	V	V	F
V	V	F	F	V	V	V	V

Tabla 1.10: Tabla de verdad para cada tipo de condicional

El bicondicional 1.2.5

El bicondicional es un conectivo binario que a partir de las proposiciones p y q forma una nueva proposición llamada el bicondicional de p y q, la cual es verdadera siempre y cuando p y q tengan el mismo valor de verdad. El bicondicional de p y q se lee *p si y solo si q* y se denota simbólicamente por $p \leftrightarrow q$:

Proposición	Representación	Lectura
Implicación de p a q	$(p \leftrightarrow q)$	*p si y solo si q*

Tabla 1.11: Representación del bicondicional

La tabla de verdad del bicondicional está dada por la Tabla 1.12:

p	q	$(p \leftrightarrow q)$
V	V	V
F	V	F
V	F	F
F	F	V

Tabla 1.12: Tabla de verdad del bicondicional

Ejercicio
Si p y q representan dos proposiciones, entonces utilizando conectivos, represente las siguientes proposiciones:

a) p sin embargo q
b) p es falso
c) Al menos p o q
d) p y además q
e) p es necesario para q
f) ni p ni q
g) p a menos que q
h) A pesar de p, q
i) p siempre y cuando q
j) p es suficiente para q
k) q no obstante p
l) A lo más p o q

Equivalencia lógica
Notemos que la quinta y la octava columna de la Tabla 1.10 son iguales y también la sexta y la séptima son iguales entre sí. Decimos que dos proposiciones son *lógicamente equivalentes* si tienen los mismos valores de verdad. Por lo tanto, una proposición condicional y su contrapositiva son *lógicamente equivalentes.*

Las proposiciones lógicamente equivalentes son muy importantes porque como tienen los mismos valores de verdad, cuando deseamos demostrar una, nos basta con demostrar la que es lógicamente equivalente a ella.

Ejemplo
Dada la proposición "Si Madrid es la capital de España, entonces Londres es la capital de Francia", escriba su converso, inverso y contrapositivo. Determine el valor de verdad de cada una de ellas y de la original. ¿Hay algún par de ellas lógicamente equivalentes?

Solución

- *El recíproco es: Si Londres es la capital de Francia, entonces Madrid es la capital de España.*
- *El inverso es: Si Madrid no es la capital de España, entonces Londres no es la capital de Francia.*
- *El contrapositivo es: Si Londres no es la capital de Francia, entonces Madrid no es la capital de España.*

La proposición original es falsa, pues su antecedente es verdadero y su consecuente es falso.

El recíproco es verdadero porque su antecedente es falso y su consecuente es verdadero.

El inverso es verdadero porque su antecedente es falso y su consecuente también lo es.

El contrapositivo es falso porque el antecedente es verdadero y su consecuente es falso.

La proposición es lógicamente equivalente a su contrapositivo y el recíproco es lógicamente equivalente a la inversa. Por lo visto anteriormente $\neg\neg p$ es lógicamente equivalente a p, veamos qué pasa al negar proposiciones de otras formas. En efecto, la afirmación *"no es cierto que yo no estoy mintiendo"* es equivalente a la afirmación *"yo estoy mintiendo"*.

Tenemos que $(p \wedge q)$ es verdadera si ambas p y q son verdaderas, por lo tanto para que $\neg(p \wedge q)$ sea verdadera basta que al menos una de ellas p o q sea falsa, o sea una de ellas $\neg p$ o $\neg q$ sea verdadera. Por lo tanto $\neg(p \wedge q)$ es lógicamente equivalente a $(\neg p \vee \neg q)$. Por ejemplo, la afirmación *" no es verdad que el restaurante sea malo y caro"* es equivalente a *"el restaurante no es malo y/o no es caro"*.

Otra forma de verlo es que para que la negación de $(p \wedge q)$ sea verdadera es necesario que si p, es verdadera entonces q necesariamente debe ser falsa, es decir, se debe cumplir que $(p \to \neg q)$ sea verdadera. Por otra parte si $(p \to \neg q)$ es verdadera, entonces p es falsa y/o $\neg q$ es verdadera. Por lo tanto $\neg(p \wedge q)$ es equivalente a $(p \to \neg q)$.

Análogamente, $(p \vee q)$ es falsa si ambas, p y q son falsas, por lo tanto para que $\neg(p \vee q)$ sea verdadera, ambas, p y q, deben ser falsas, o sea, $\neg p$ y $\neg q$ deben ser ambas verdaderas. Por lo tanto $\neg(p \vee q)$ es lógicamente equivalente a $(\neg p \wedge \neg q)$. Por ejemplo, la afirmación *"no es cierto que la póliza cubre hospitalización por enfermedad o accidente"* es equivalente a decir *"la póliza no cubre hospitalización por enfermedad y no cubre hospitalización por accidente"*.

Tenemos que $(p \to q)$ es falsa si p es verdadera y q es falsa, por lo tanto para que $\neg(p \to q)$ sea verdadera, ambas, p y $\neg q$ deben ser verdaderas. Por lo tanto $\neg(p \to q)$ es lógicamente equivalente a $(p \wedge \neg q)$. Por ejemplo, la afirmación *"no es cierto que si son gemelos, son iguales"* es equivalente a *"son gemelos y no son iguales"*.

Por último $(p \leftrightarrow q)$ es verdadera si ambas, p y q tienen el mismo valor de verdad, por lo tanto $\neg(p \leftrightarrow q)$ es verdadera si p es verdadera y q es falsa, o si p es falsa y q es verdadera. Vemos así que $\neg(p \leftrightarrow q)$ es lógicamente equivalente a $(p \wedge \neg q) \vee (\neg p \wedge q)$. Por ejemplo, la afirmación *"es cantante siempre y cuando tenga buena voz"*, es falsa si y solo si *"es cantante y no tiene buena voz"* y/o *"no es cantante y tiene buena voz"*.

Ejemplo
Usando tablas de verdad demuestre que $\neg(p \wedge q)$ es lógicamente equivalente a $(p \to \neg q)$ y $\neg(p \leftrightarrow q)$ es lógicamente equivalente a $(p \wedge \neg q) \vee (\neg p \wedge q)$

Solución

p	q	$\neg p$	$\neg q$	$(p \wedge q)$	$\neg(p \wedge q)$	$(p \to \neg q)$
V	V	F	F	V	F	F
V	F	F	V	F	V	V
F	V	V	F	F	V	V
F	F	V	V	F	V	V

p	q	$\neg p$	$\neg q$	$(p \leftrightarrow q)$	$(p \wedge \neg q)$	$(\neg p \wedge q)$	$(p \wedge \neg q) \vee (\neg p \wedge q)$	$\neg(p \leftrightarrow q)$
V	V	F	F	V	F	F	F	F
V	F	F	V	F	V	F	V	V
F	V	V	F	F	F	V	V	V
F	F	V	V	V	F	F	F	F

Ahora podemos determinar si algunos argumentos son correctos; como se indica en la página 1, para que esto ocurra, es necesario que si todas las premisas las suponemos verdaderas, la conclusión también debe serlo. Notemos que de acuerdo a esta definición a partir de una premisa falsa se puede concluir correctamente cualquier afirmación. Por ejemplo, por medio de un argumento correcto, a partir de la premisa $1 = 0$ podemos deducir que *"yo soy un gato"*. Considere el siguiente argumento: Si $1 = 0$, entonces $1 + 1 = 0 + 1$. por lo tanto $2 = 1$. Mi gato Balú y yo somos dos seres vivos, pero $2 = 1$ somos el mismo ser.

Ejemplo

Determine si el siguiente argumento es verdadero.

- Si el mayordomo cometió el crimen, sus manos le tiemblan.
- El mayordomo respondió las preguntas del policía a pesar de estar nervioso.
- Al mayordomo le tiemblan las manos cuando está nervioso.
  Por lo tanto, el mayordomo cometió el crimen.

Solución

Sean:
p: el mayordomo cometió el crimen.

q: al mayordomo le tiemblan las manos.

r: el mayordomo respondió las preguntas del policía.

t: el mayordomo está nervioso.

Las premisas serían: $(p \rightarrow q)$, $(r \wedge t)$, $(t \rightarrow q)$ *y la conclusión* p.

Para resolver el problema podríamos construir una tabla de verdad y verificar si en todos los casos en los cuales las premisas son verdaderas la conclusión también lo es. Otra forma es analizar los casos en los cuales las premisas son verdaderas y determinar si en alguno de ellos la conclusión puede ser falsa. Como intervienen 4 proposiciones básicas, una tabla de verdad para este caso requiere de 16 filas, así que seguiremos el segundo camino.
Si $(r \wedge t)$ *es verdadera, entonces* t *es verdadera y por lo tanto* q *también lo es, ya que* $(t \rightarrow q)$ *es verdadera.*

Pero si q *es verdadera,* $(p \rightarrow q)$ *es siempre verdadera independientemente del valor de verdad de* p*. Vemos que si* q*,* r *y* t *son verdaderas las premisas son todas verdaderas, aunque* p *sea falsa. Por lo tanto, el argumento no es correcto: es una falacia.*

Ejemplo

- Si el profesor Jirafales la deja, doña Florinda se cambia de casa.

- Doña Florinda se cambia de casa siempre y cuando don Ramón pague la renta.
  Por lo tanto, si don Ramón no paga la renta, el profesor Jirafales no deja a doña Florinda cambiarse de casa.

Solución

Sean:

p: el profesor Jirafales deja a doña Florinda

q: doña Florinda se cambia de casa

r: don Ramón paga la renta

Las premisas son $(p \rightarrow q)$ *y* $(q \leftrightarrow r)$ *y la conclusión* $(\neg r \rightarrow \neg p)$

Construyamos la tabla de verdad

p	q	r	$\neg r$	$\neg p$	$(p \rightarrow q)$	$(q \leftrightarrow r)$	$(\neg r \rightarrow \neg p)$
V	V	V	F	F	V	V	V
V	V	F	V	F	V	F	F
V	F	V	F	F	F	F	V
V	F	F	V	F	F	V	F
F	V	V	F	V	V	V	V
F	V	F	V	V	V	F	V
F	F	V	F	V	V	F	V
F	F	F	V	V	V	V	V

Vemos que $(\neg r \rightarrow \neg p)$ *es falsa solo en la segunda y cuarta fila, pero en la segunda fila* $(q \leftrightarrow r)$ *es falsa y en la cuarta fila* $(p \rightarrow q)$ *es falsa; por lo tanto el argumento es correcto.*

También se puede resolver sin usar tablas de verdad, tenemos que $(\neg r \rightarrow \neg p)$ *es falsa si y solo si* $\neg r$ *es verdadera y* $\neg p$ *es falsa, o sea, r es falsa y p verdadera.*

Pero en ese caso, si la premisa $(p \rightarrow q)$ *es verdadera, entonces necesariamente q tendría que ser verdadera, por lo tanto la otra premisa,* $(q \leftrightarrow r)$*, tendría que ser falsa.*

Vemos entonces que no pueden ser ambas premisas verdaderas y la conclusión falsa.

Diagramas de Venn 1.2.6

En esta parte nos concentraremos en proposiciones que afirman una cierta relación entre dos categorías de objetos, por ejemplo: "Todos los gatos son mamíferos". Aquí tenemos la categoría de ser gato y la de ser mamífero, y estamos afirmando que la primera categoría está completamente contenida en la segunda. Para estudiar este tipo de proposiciones usaremos dos conceptos fundamentales, a saber: concepto de *conjunto* y de *diagrama de Venn.*

Un *conjunto* es una colección de objetos y un *elemento* del conjunto es un objeto que vive dentro de él. Por ejemplo, si el conjunto son los meses del año, entonces sus elementos son cada uno de los 12 meses, a saber: abril es un elemento del conjunto. Si el conjunto son los números naturales, entonces el 2 sería un elemento del conjunto. En estos dos ejemplos, el primer conjunto es finito mientras que el segundo es infinito, es decir, nunca terminaremos de enumerar todos sus elementos. Los conjuntos los denotamos entre $\{,\}$. Así nuestro primer conjunto sería:

$A = \{$*enero, febrero, marzo, abril, mayo, junio, julio, agosto, septiembre, octubre, noviembre, diciembre*$\}$

y el segundo

$\mathbb{N} = \{1, 2, 3, 4 \cdots\}.$

También podemos tener el conjunto de los números enteros:

$\mathbb{Z} = \{\cdots, -2, -1, 0, 1, 2 \cdots\}$. En los conjuntos, no importa el orden de la presentación, tan solo interesa saber cuáles son sus elementos. Por ejemplo, los siguientes conjuntos son iguales, dado que tienen los mismos elementos: $\{1, 2\}$, $\{2, 1\}$, $\{1, 2, 1\}$, $\{1, 2, 2\} \cdots$

El lógico inglés John Venn (1834-1923) creó una forma simple y visual para describir relaciones entre conjuntos, utilizando círculos para denotar los conjuntos. Este método es ahora conocido como los *diagramas de Venn.* Es fácil entenderlo a través de ejemplos:

Ejemplos

- Veamos el ejemplo original con que partimos: *Todos los gatos son mamíferos.*

  Los círculos están encerrados en un cuadrado que representa nuestro universo de trabajo, que en este ejemplo son los animales. El diagrama de la Figura 1.6 tiene tres regiones:

  a) Dentro del círculo más pequeño tenemos todos los gatos.

  b) El círculo más grande que lo contiene, representa a los mamíferos. La región del círculo grande sin contar el pequeño, representa a los mamíferos que no son gatos; por ejemplo: las vacas, los perros, etc.

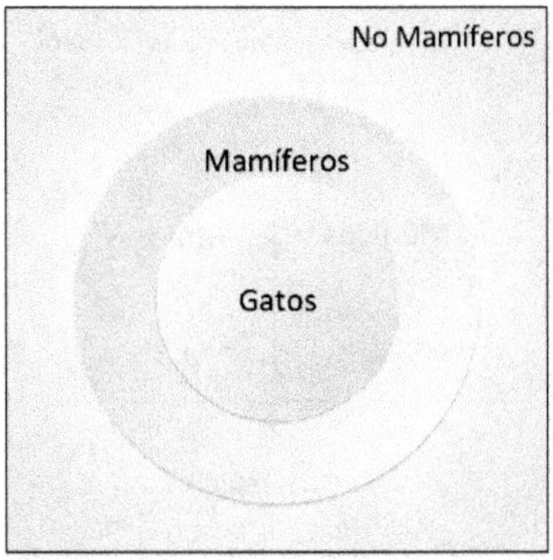

Figura 1.6: Diagrama de Venn para *Todos los gatos son mamíferos*

c) La región del cuadrado fuera del círculo representa a animales que no son mamíferos. Dentro de esta región estarían por ejemplo, las aves, los reptiles, etc.

En este ejemplo, un círculo está completamente contenido en el otro.

- Grafiquemos ahora el conjunto de las aves y de los reptiles dentro del universo de los animales:

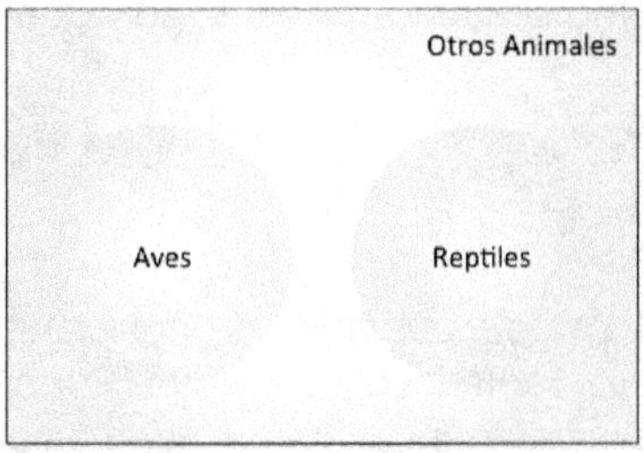

Figura 1.7: Diagrama de Venn para el conjunto de las aves y de los reptiles

Como vemos en la Figura 1.7 los dos círculos son disjuntos, es decir, no tienen intersección común, lo que en este caso significa que ningún animal puede ser simultáneamente ave y reptil.

- Veamos ahora el conjunto de los médicos y el de las mujeres dentro del universo de los chilenos:

  Como vemos en el diagrama de la Figura 1.8, los dos círculos se intersectan representando en esa región los médicos que son mujeres, luego tenemos la parte de las mujeres que no son médicos y en el otro extremo los médicos hombres, y lo que está fuera de los círculos y dentro del cuadrado serían los chilenos que no son médicos.

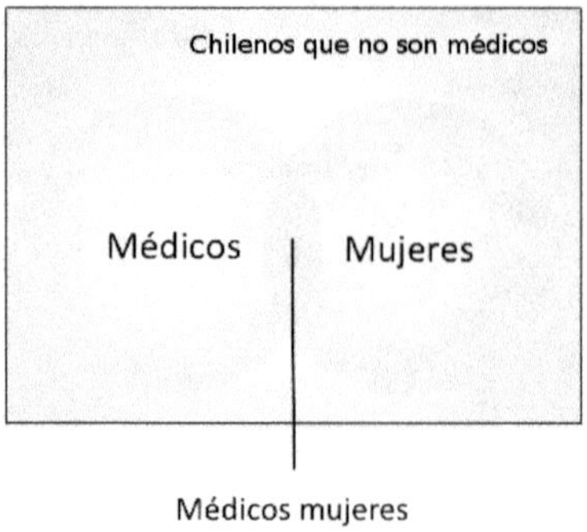

Figura 1.8: Diagrama de Venn para el conjunto de los médicos y el de las mujeres

Estos tres ejemplos nos dicen que si A y B son dos conjuntos, tenemos cuatro maneras diferentes en que pueden relacionarse entre ellos, a saber:

- A es un subconjunto de B (Figura 1.6)
- A y B son disjuntos (Figura 1.7)
- A y B se intersectan compartiendo solo algunos de sus elementos (Figura 1.8)
- A y B son el mismo conjunto, es decir, son iguales

Proposiciones categóricas

Llamamos *proposiciones categóricas* a las proposiciones que afirman o niegan que un conjunto esté total o parcialmente incluido en otro. Por ejemplo: "Todos los gatos son mamíferos". Las proposiciones categóricas tienen además una característica importante: uno de los conjuntos que aparece es el *sujeto* y el otro es el *predicado*. En nuestro ejemplo, los gatos son el sujeto y los mamíferos son el predicado. Usualmente denotamos por S al sujeto y por P al predicado, entonces en el ejemplo, la proposición es de la forma:

$$\text{Todos los } S \text{ son } P.$$

Las proposiciones categóricas tienen cuatro formas estándar:

- Universal afirmativa: Todos los S son P.

  Ejemplo
  Todos los gatos son mamíferos.

Afirma que la primera clase (la de los gatos) está contenida en la segunda (la de los mamíferos), o sea, todo miembro de la primera clase es también miembro de la segunda (inclusión universal).

En este ejemplo, el sujeto son los *gatos* y el predicado los *mamíferos.*

- Universal negativa: Ningún *S* es *P*.

  Ejemplo
  Ningún reptil es ave.

  Afirma que la primera clase (la de los reptiles) está totalmente excluida de la segunda (la de las aves), o sea, ningún miembro de la primera clase es también miembro de la segunda (exclusión universal). Aquí el sujeto son los *reptiles* y el predicado las *aves.*

- Particular afirmativa: Algunos *S* son *P*.

  Ejemplo
  Algunas mujeres son médicos.

  Afirma la existencia de una relación entre las clases, pero no universalmente, sino solo parcialmente de algún elemento de la primera clase. Aquí el sujeto son las *mujeres* y el predicado, los *médicos.*

- Particular negativa: Algunos *S* no son *P*.

  Ejemplo
  Algunos enfermeros no son mujeres.

  Al igual que en el ejemplo anterior la relación entre las clases no es universal, afirma que al menos un elemento de la primera clase (la de las mujeres) está excluido de la segunda clase (la de las madres). Aquí el sujeto son los *enfermeros* y el predicado son las *mujeres.*

Ejemplo
Identifica la forma de las siguientes proposiciones categóricas y dibuja su diagrama de Venn:

a) Algunos pájaros pueden volar.
b) Los elefantes nunca olvidan.

Solución

a) Podemos reescribir la proposición "Algunos pájaros pueden volar" como "Algunos pájaros son animales que vuelan", luego es claro que tiene la forma de:

"Algunos S son P", donde S es pájaros y P son animales que vuelan. Luego su diagrama se ve en la siguiente figura:

Figura 1.9: Diagrama de Venn para la proposición *Algunos pájaros pueden volar*

b) Aquí podemos reescribir "Los elefantes nunca olvidan" como "ningún elefante es un animal que olvida" y por lo tanto es de la forma: "Ningún S es P" donde S es elefante y P es animal que olvida. Luego su diagrama se ve en la siguiente figura:

Figura 1.10: Diagrama de Venn para la proposición *Los elefantes nuncan olvidan*

Podemos generalizar esta idea para trabajar con más de dos conjuntos.

Ejemplo
Después de analizar una encuesta realizada a personas, donde se les preguntó si bebían té o café, se obtuvieron los datos graficados en la Figura 1.11:

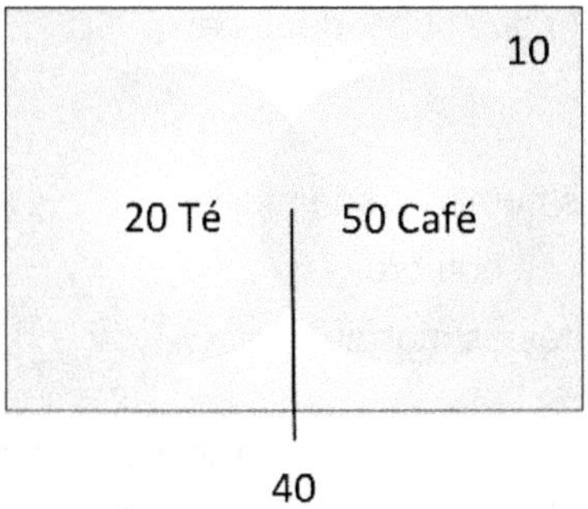

Figura 1.11: Diagrama de Venn para la encuesta

- ¿Cuántas personas tomaban café? 90 personas
- ¿Cuántas personas tomaban té y café? 40 personas
- ¿Cuántas personas no tomaban ninguna de las dos bebidas? 10 personas
- ¿Cuántas personas no tomaban té? 60 personas
- ¿Cuántas personas no tomaban café? 30 personas
- ¿Cuántas personas tomaban al menos una de esas bebidas? 110 personas
- ¿Cuántas personas tomaban solo una de esas dos bebidas? 70 personas
- ¿Cuántas personas tomaban solo café? 50 personas

Razonamientos deductivos e inductivos 1.3

Recordemos que un argumento es un conjunto de proposiciones que llamamos premisas que tienen por objeto deducir una proposición que es la conclusión. En esta sección trataremos el problema de determinar si un argumento está bien construido, si es correcto y si debemos o no aceptarlo. Los tipos de argumentos son de dos formas: *inductivo* y *deductivo*. Veamos un par de ejemplos:

Argumento 1

- Premisa: Las personas que saltan al aire caen en la tierra.
- Premisa: Si se lanza un objeto al aire, cae en la tierra.
- Premisa: Si se lanza una pelota al aire, vuelve a la tierra.
- Conclusión: Todo lo que sube, debe bajar.

Argumento 2

- Premisa: Todos los hombres son mortales.
- Premisa: Sócrates es hombre.
- Conclusión: Sócrates es mortal.

En el argumento 1, tenemos una serie de premisas, todas refiriéndose a objetos particulares que tienen la misma propiedad y la conclusión es una generalización que afirma que todo objeto tiene dicha propiedad. Este tipo de argumento en el cual se generaliza para obtener una conclusión a partir de casos particulares, se llaman argumentos *inductivos.* Es una creencia popular que todo lo que sube debe bajar; sin embargo, podemos pensar en un cohete lanzado con suficiente velocidad, puede elevarse y nunca volver a la tierra. Esto destaca un factor primordial de los argumentos inductivos y es que sin importar cuán fuertes sean las premisas, ellas no pueden *probar* que la conclusión es verdadera. Evaluamos los argumentos inductivos en términos de su fuerza. Un argumento fuerte es aquel que logra que la conclusión sea convincente, a pesar de que no la puede probar. Un argumento inductivo es débil si las premisas no logran que la conclusión sea convincente. Por supuesto que lo que acabamos de decir es algo subjetivo, es decir, para algunas personas puede parecer que un argumento inductivo es fuerte y para otras no. Nótese también que la fuerza del argumento inductivo no depende de la veracidad de la conclusión. El argumento 1 es suficientemente fuerte como para haber convencido a las personas durante muchos siglos, pero la conclusión es falsa. Sin embargo, un argumento débil puede tener una conclusión verdadera. Por ejemplo: *"Las aguas del océano Pacífico son muy saladas porque lo digo yo"* es un argumento sumamente débil cuya conclusión es verdadera.

En el argumento 2, se parte con una premisa general sobre una condición de los seres humanos y se obtiene una conclusión sobre un ser humano en particular, es decir, estamos deduciendo una conclusión específica a partir de premisas generales. Esta es la forma de los argumentos *deductivos.* En el caso de los argumentos deductivos es claro que si aceptamos la verdad de las premisas, en nuestro ejemplo: "Todos los hombres son mortales" y "Sócrates es hombre", entonces necesariamente la conclusión es correcta. No obstante, uno no está obligado a considerar verdaderas las premisas, por ejemplo:

Argumento 3

- Premisa: Todos los médicos están casados.
- Premisa: René es médico.
- Conclusión: René está casado.

En este argumento, vemos que la conclusión se obtiene de las premisas, aunque la primera premisa no es verdadera.

En general, cuando se evalúa un argumento deductivo, debemos contestar dos preguntas:

- ¿La conclusión se deduce necesariamente de las premisas?
- ¿Son las premisas verdaderas?

Podemos asegurar que el argumento es válido solo si la respuesta a las dos preguntas es **Si**. Más formalmente, decimos que un argumento deductivo es *correcto* si la conclusión se obtiene necesariamente de las premisas. La noción de corrección depende solo de la forma lógica del argumento y no de su verdad. En nuestro caso, ambos ejemplos de argumentos deductivos son *correctos*. En el caso en que un argumento deductivo sea correcto y sus premisas verdaderas, entonces decimos que el argumento es *válido*. En nuestros ejemplos, el argumento 2 es válido, mientras que el argumento 3 es correcto pero no válido.

Para evaluar argumentos deductivos, podemos utilizar los diagramas de Venn vistos en la sección anterior. Para indicar que el objeto X está en el conjunto A, asignaremos a X un punto dentro del círculo que representa a A.

Volvamos al argumento 3. Construimos el diagrama de Venn para las premisas, tenemos el conjunto de las personas casadas, tenemos dentro de él el conjunto de los médicos y simbolizamos con una X al Dr. René dentro del conjunto de los médicos (Figura 1.12).

Verificamos la corrección del argumento, comprobando que la conclusión está contenida dentro del diagrama de Venn para las premisas. En este caso, observamos que X está dentro del círculo de las personas casadas, demostrando que el argumento es correcto. Sin embargo, no es válido dado que la primera premisa no es verdadera.

Argumento 4

- Premisa: Todos los peces viven en el agua
- Premisa: Las ballenas no son peces
- Conclusión: Las ballenas no viven en el agua

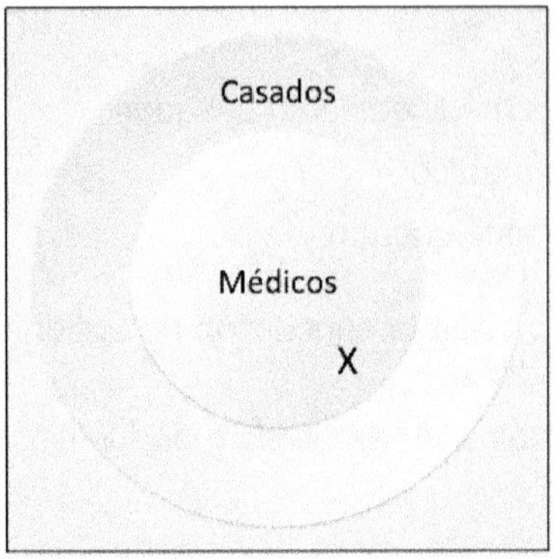

Figura 1.12: Diagrama de Venn para las premisas del argumento 3

Ambas premisas son verdaderas; sin embargo, la conclusión es falsa, por lo tanto nuestro argumento no es correcto, así es que debe tener algún error en su estructura lógica. Busquemos este error por medio del diagrama de Venn (Figura 1.13). Denotemos el conjunto de los objetos que viven en el agua con *A*, dentro de él tenemos el conjunto de los peces. Denotemos por X el conjunto de las ballenas, la premisa nos dice que X está fuera del conjunto de los peces, lo que nos da dos posibilidades para ubicar a X. Veamos los dos posibles diagramas.

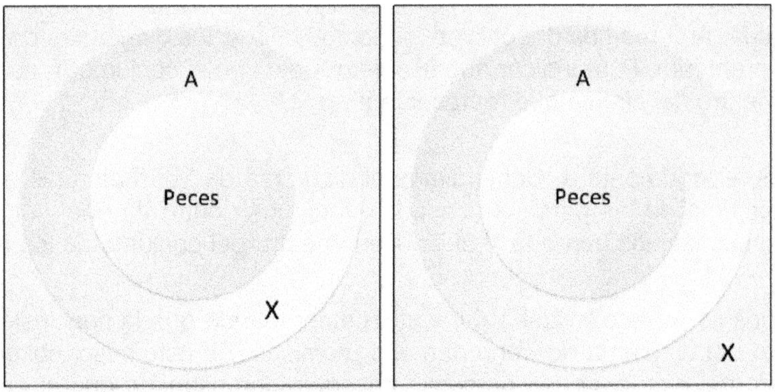

Figura 1.13: Diagrama de Venn para las premisas del argumento 4

Vemos que uno de estos casos la conclusión no se da, por lo tanto nuestro argumento es incorrecto.

Argumento 5

- Premisa: Todos los presidentes de Chile del siglo XX fueron hombres.
- Premisa: Eduardo Frei Montalva fue un hombre.
- Conclusión: Eduardo Frei Montalva fue presidente de Chile en el siglo XX.

Consideremos como *A* el conjunto de los hombres y como *B* el conjunto de los presidentes de Chile del siglo XX. Entonces la primera premisa nos dice que el conjunto *B* está íntegramente contenido dentro del conjunto *A*. La segunda premisa nos dice que X que representa a Frei es hombre, es decir, lo podemos ubicar en cualquier lugar dentro del conjunto *A*, lo que no necesariamente dice que debe estar dentro de *B*, produciéndose aquí la incorrección del argumento, a pesar de que la conclusión es verdadera al igual que las premisas.

Para demostrar que un argumento no es correcto, es suficiente encontrar un diagrama de Venn en el cual está representado lo afirmado por las premisas, pero no se cumple lo afirmado por la conclusión (Figura 1.14).

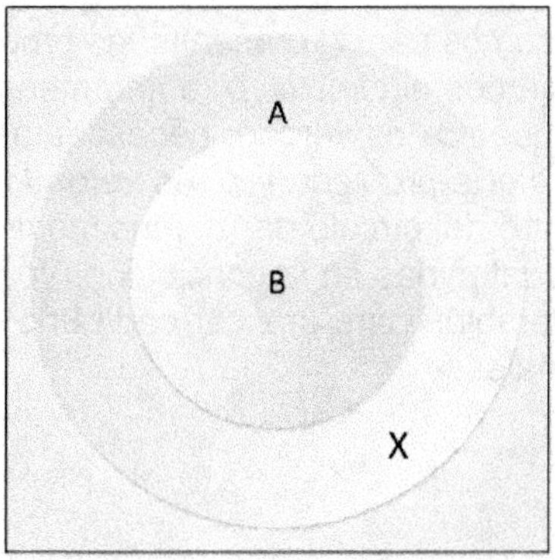

Figura 1.14: Diagrama de Venn para las premisas del argumento 5

Una familia importante dentro de los argumento deductivos son los llamados argumentos *deductivos condicionales*. Por ejemplo:

Argumento 6

- Premisa: Si vive en Temuco es amante de la lluvia.
- Premisa: Elena vive en Temuco.
- Conclusión: Elena es amante de la lluvia.

La característica de este tipo de argumentos deductivos es que una de las premisas es un condicional, en este caso, si p denota una persona que vive en Temuco y q la persona que ama la lluvia, entonces nuestra primera premisa es de la forma: "si p, entonces q ", la segunda afirma que para la persona llamada Elena, p es verdad y la conclusión afirma que para la persona llamada Elena, q es verdad. Es claro que este argumento es correcto. Los argumentos deductivos condicionales son de cuatro tipos lógicos, a saber:

Argumento	Antecedente	Consecuente	Neg. antecedente	Neg. consecuente
Premisas	Si p, entonces q p es verdad	Si p, entonces q q es verdad	Si p, entonces q p no es verdad	Si p, entonces q q no es verdad
Conclusión	q es verdad	p es verdad	q no es verdad	p no es verdad
Corrección	correcto	incorrecto	incorrecto	correcto

Tabla 1.13: Tipos de argumentos deductivos condicionales

En todos estos casos podemos usar diagramas de Venn para demostrar la corrección o incorrección de los argumentos, con la diferencia de que en lugar de usar círculos para representar conjuntos, los usamos para representar las proposiciones p y q.
Para graficar $(p \to q)$ dibujamos el círculo p enteramente dentro del círculo q destacando así, que cada vez que p es verdad, necesariamente q es verdad. Cuando deseamos graficar que una cierta propiedad p es verdad para un objeto X, entonces colocamos el objeto X dentro del círculo de p. Finalmente, verificamos si en este diagrama, las premisas están contenidas en la conclusión. Veamos algunos ejemplos para aclarar estos conceptos, y también para graficar cada uno de los cuatro tipos de argumentos deductivos condicionales.

Ejemplo
Utilizar diagrama de Venn para demostrar la corrección del argumento 6, el que corresponde a un argumento *antecedente.*

Solución

Denotemos por p una persona que vive en Temuco y por q la persona que ama la lluvia. Para graficar "si p, entonces q" colocamos el círculo de p enteramente dentro del de q. La segunda premisa nos dice que p es verdad para la persona Elena; eso lo graficamos colocando a X dentro del círculo de p. Así se obtiene la Figura 1.15.

Para verificar si en este diagrama de las premisas están contenidas en la conclusión, observamos que X está contenido en el círculo de q, diciéndonos que Elena ama la lluvia. El diagrama demuestra que el argumento es correcto.

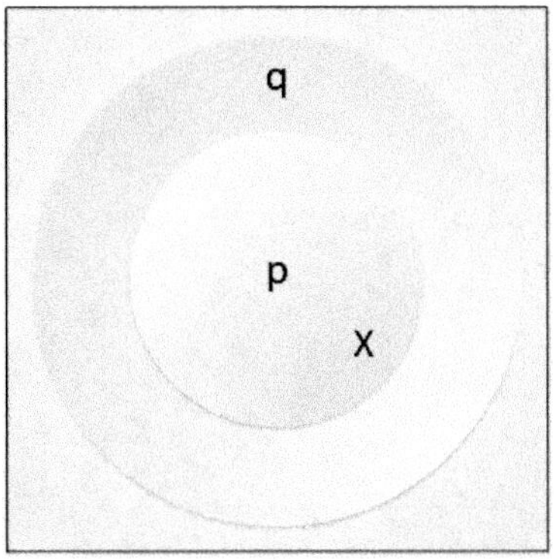

Figura 1.15: Diagrama de Venn para el argumento 6

Ejemplo
Use diagrama de Venn para verificar si el siguiente argumento que corresponde al tipo *consecuente* es correcto:

- Premisa: Si no estudias, reprobarás el curso.
- Premisa: Benjamín reprobó el curso.
- Conclusión: Benjamín no estudió.

Solución
En el diagrama de Venn representado en la Figura 1.16, si p corresponde a las personas que no estudian, q aquellas que reprueban el curso y X a Benjamín, vemos que las premisas se cumplen, pero no la conclusión. Por lo tanto el argumento es incorrecto.

Notemos que podríamos haber ubicado a Benjamín dentro del conjunto p, en cuyo caso se cumplirían las premisas y también la conclusión, pero basta con un solo caso, en que se cumplan las premisas y no la conclusión, para que el argumento sea incorrecto.

Ejemplo
Use diagrama de Venn para determinar si el siguiente argumento del tipo *negación de antecedente* es correcto:

- Premisa: Si te gustó el libro, entonces te encantará la película.
- Premisa: No te gustó el libro.

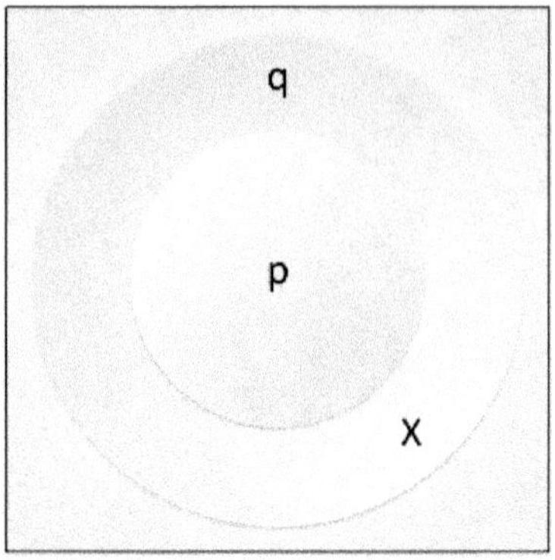

Figura 1.16: Diagrama de Venn que cumple las premisas, pero no la conclusión

- Conclusión: No te encantará la película.

Solución

Denotemos por p: "te gustó el libro" y por q: "te encantará la película" y graficamos "si p, entonces q", que representa la primera premisa. La segunda premisa nos dice que p es falso para ti, lo que graficamos colocando una X fuera del círculo p, pero no sabemos si debe estar también fuera del círculo q. Por lo consiguiente el diagrama de la Figura 1.17 satisface las premisas, pero no la conclusión. Por lo tanto, el argumento es incorrecto.

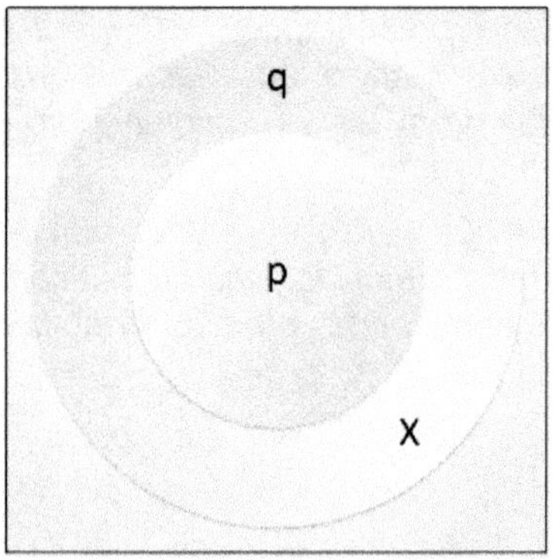

Figura 1.17: Diagrama de Venn para las premisas sobre la película que muestra incorrección del argumento

Ejemplo

Use diagrama de Venn para determinar si el siguiente argumento del tipo *negación del consecuente* es correcto:

- Premisa: Si estudias, entonces aprobarás el curso
- Premisa: Reprobaste el curso
- Conclusión: No estudiaste

Solución

Denotemos por p : "tu estudias" y por q : "aprobarás el curso" y graficamos "si p entonces q", que representa la primera premisa. La segunda premisa dice q es falso para ti, es decir, graficamos una X fuera del círculo q y como el círculo q contiene al círculo p X queda fuera del círculo p lo que representa la conclusión. Por lo tanto, el argumento es correcto.

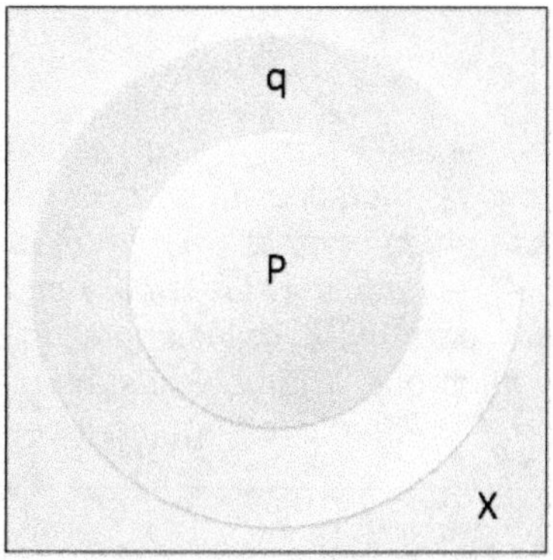

Figura 1.18: Diagrama de Venn para las premisas sobre el estudio

Observación

También son comunes los argumentos deductivos con cadenas de condicionales. Estos argumentos tienen la siguiente estructura lógica:

- Premisa: Si p, entonces q.
- Premisa: Si q, entonces r.
- Conclusión: Si p, entonces r.

Claramente, esta cadena de condicionales da por resultado un argumento correcto.

También podemos encontrarnos con argumentos que utilizan varias de las estructuras anteriores simultáneamente.

Ejemplo

Use diagrama de Venn para determinar la corrección del siguiente argumento:

- Premisa: Si hoy llueve, entonces voy a ir al cine.
- Premisa: Si voy al cine, no podré terminar mi tarea.
- Premisa: Terminé mi tarea.
- Conclusión: Hoy no llovió.

Solución

Denotemos por p *: "hoy llueve", por* q *:"voy al cine" y por* r *: "no podré terminar mi tarea". Entonces al graficar la primera y la segunda premisa obtenemos el círculo* p *contenido completamente en el círculo* q*, el que está enteramente contenido en el círculo* r*. La tercera premisa que denota la negación de la propiedad* r *para mí, la graficamos con una X fuera del círculo* r *y por lo tanto observamos que X también está fuera del círculo* p*, lo que representa la conclusión. Por lo tanto, el argumento es correcto.*

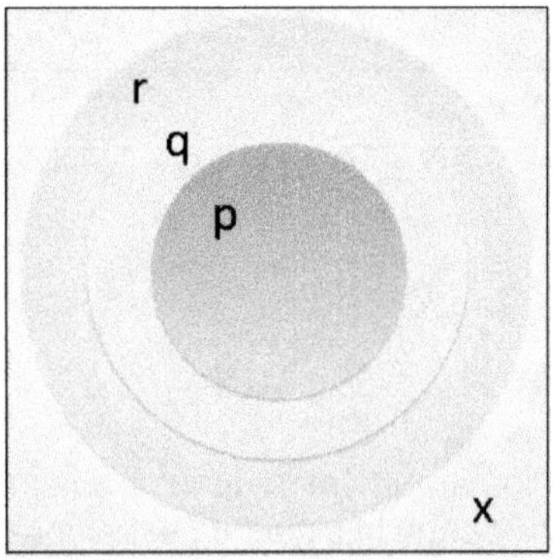

Figura 1.19: Diagrama de Venn para las premisas sobre el clima de hoy

Razonamiento crítico en la vida diaria o cómo leer el periódico 1.4

Las habilidades discutidas en las secciones anteriores son útiles en sí mismas, pero el razonamiento crítico necesita de muchas más destrezas. El razonamiento crítico requiere entre otras cosas, lectura cuidadosa (o escuchar en forma cuidadosa), pensamiento agudo, análisis lógico, buena visualización y cierto escepticismo. Debido a su amplio espectro, no podemos dar un procedimiento paso a paso, y en su lugar, lo desarrollaremos a través de la experiencia, cuestionando y analizando cada argumento o decisión que debemos enfrentar. En esta sección, daremos algunas ayudas generales (indicaciones) que podrían ser de utilidad.

Lectura cuidadosa

El lenguaje puede utilizarse de variadas y complejas formas que requieren de un esfuerzo cuidadoso para entender. Siempre leer (o escuchar) cuidadosamente para asegurarse de que se entendió exactamente lo leído (o escuchado). Además, debemos estar seguros de que entendimos realmente lo que leímos (o escuchamos), lo que se daba por supuesto y lo que debemos determinar.

Ejemplo

En un plebiscito se solicita a los ciudadanos que voten a favor o en contra de la propuesta C. La información con que cuenta la ciudadanía es la siguiente: "Si se desea proteger los servicios sociales que se perderían en caso de una reducción de impuestos apropiada, entonces vote contra la propuesta C".

Solución

La decisión es difícil porque la información es confusa, dado que está planteada en términos negativos. Pero una lectura cuidadosa nos dirá que votar a favor de la propuesta C significa una reducción de impuestos, pero a su vez una posible pérdida de servicios sociales ya logrados.

Buscar supuestos implícitos

Muchos argumentos reales son poco claros y se basan en términos ambiguos o en supuestos implícitos. En muchos casos el escritor (u orador) puede pensar que ciertas premisas son obvias, pero los lectores (u oyentes) no concuerdan.

Ejemplo

"Debemos construir más cárceles porque encarcelando más criminales va a disminuir la tasa de crímenes".

Solución

Da la impresión de un argumento extremadamente simple porque es muy corto, aunque el argumento tiene la siguiente forma:

Premisa: Si encarcelamos más criminales, se reduce la tasa de crímenes.

Conclusión: Debemos construir más cárceles.

Mirado de esta manera, el argumento no tiene sentido, pues las premisas no dicen nada sobre construcción de cárceles. Por lo tanto, el escritor (u orador) está dando por hecho algunos supuestos implícitos, como ser:

Supuesto 1: Si construimos más cárceles, entonces más criminales pueden ser encarcelados.

Supuesto 2: Si la tasa criminal disminuye, tendremos una mejor sociedad.

Supuesto 3: Si una política nos lleva a tener una mejor sociedad, entonces debe llevarse a cabo.

Ahora bien, todos los supuestos son debatibles y también la premisa del argumento; por ejemplo, podríamos argumentar que tener más cárceles requiere además de un sistema judicial más justo, complejo y eficiente. También, que encarcelar no necesariamente significa rehabilitar, etc.

En resumen, el argumento original solo tiene sentido si agregamos varios supuestos escondidos como premisas y todos ellos son debatibles.

Identificar el tema central

En un debate, no es simple identificar el tema central porque algunas personas pueden estar escondiendo sus verdaderas intenciones. Afortunadamente, en general, analizando el argumento cuidadosamente podemos determinar si el tema central está encubierto, aunque no sepamos cuál es.

Ejemplo

Analizar el siguiente segmento de un editorial de un diario local:

"Después del concierto realizado el sábado pasado en el Estadio Monumental, es claro que el problema de estacionamientos es crítico y sin solución. Los asistentes al concierto estacionaron en torno a 10 manzanas de distancia, sobre las veredas, tapando accesos de casas particulares, obstruyendo el tránsito en las aceras del sector residencial y tapando grifos de emergencia. En vista de este problema de estacionamientos, los futuros conciertos deberían prohibirse".

Solución

El argumento hace referencia a una serie de problemas causados por el mal estacionamiento, pero omitiendo detalles. El argumento tiene la siguiente forma:

Premisa: Existen problemas de estacionamiento para conciertos en el Estadio Monumental.

Conclusión: Futuros conciertos en ese lugar deben prohibirse.

La pregunta clave es: ¿el problema de estacionamiento es razón suficiente para prohibir futuros conciertos? Después de todo, el problema de estacionamiento tiene posibles soluciones; entre ellas, buses de acercamiento, nuevos lotes de estacionamiento, etc. La debilidad del argumento debe hacernos sospechar si el tema central es realmente el problema de estacionamientos o se está haciendo uso del problema para prohibir próximos conciertos o inclusive que se trate de una queja de algunos vecinos influyentes del sector. Es difícil saber a ciencia cierta cuál es el tema central, pero claramente no es el problema de estacionamientos.

Entender todas las opciones

Normalmente debemos tomar decisiones en aquellas situaciones en que tenemos más de una opción: ¿qué auto comprar?, ¿qué póliza de seguro aceptar?, ¿qué modelo de computador me conviene?, etc. La clave en esta toma de decisiones es tener claro cómo cada opción me va a afectar.

Ejemplo

Analiza la siguiente situación:
Estoy planeando mis vacaciones con seis meses de anticipación, necesito comprar un pasaje aéreo y las ofertas que tengo son las siguientes:

a) Una aerolínea me ofrece el pasaje por un costo de $400, pero en caso de cancelación, la devolución es de un 75 % del valor.
b) Otra aerolínea me ofrece el pasaje por un costo de $800 y devolución completa en caso de cancelación.

Solución

Podemos pensar en las dos opciones como proposiciones condicionales:
La opción a) nos dice:

- *Si compro el pasaje a) y voy al viaje, pago $400.*
- *Si compro el pasaje a) y no voy al viaje, pago $100.*

La opción b) nos dice:

- *Si compro el pasaje b) y voy al viaje, pago $800.*
- *Si compro el pasaje b) y no voy al viaje, pago $0.*

- *Si viajo: pasaje b) cuesta $400 más que pasaje a)*
- *Si no viajo: pasaje a) cuesta $100 más que pasaje b)*

¿Cuál creen que fue mi decisión?

Buscar la letra chica y la información faltante

Lo que puede parecer un gran trato sin la letra chica, podría ser nefasto con ella. Inclusive, en la letra chica, hay ocasiones en que falta información relevante. Use su pensamiento crítico para decidir cuál es la información omitida y pregunte por ella.

Ejemplo

Por internet encontré una oferta para comprar tres libros que me interesaban mucho a un precio de $30 cada uno, por supuesto que me entusiasmé, pues el precio de ellos en cualquier librería de Santiago era por lo menos el triple. Llené la forma y envié el pedido inmediatamente. Al recibir los libros, ellos vienen acompañados de una boleta por un total de $300. Mi reacción inmediata fue de sorpresa y además de indignación, así es que solicité una explicación.

Solución

El problema resultó ser que la forma que llené al comprarlos, tenía una letra chica que decía: "Se agregarán gastos de envío". No solo me encontré con la letra chica, sino con falta de información, pues no especificaba el valor de los gastos de envío. Terminé con mis tres libros a un precio mucho mayor, pero aprendí de qué se trata la letra chica y la falta de información.

¿Existen otras posibles conclusiones?

Nunca debemos aceptar el primer argumento o elección que se nos propone. Inclusive cuando un argumento demuestra una cierta conclusión, es posible que hayan otras conclusiones que no fueron dichas. Recuerde que muchos argumentos reales son inductivos, lo que significa que la conclusión nunca es demostrada, independiente de lo fuerte del argumento.

Ejercicios propuestos 1.5

1. Escoja la mejor respuesta para las siguientes preguntas y justifique su elección:

   a) Un argumento lógico siempre incluye:

      i) Al menos una premisa y una conclusión.

      ii) Al menos una premisa y una falacia.

      iii) Al menos una falacia y una conclusión.

   b) Una falacia es:

      i) Una proposición que no es verdad.

      ii) Un argumento apasionado.

      iii) Un argumento engañoso.

   c) ¿Cuál de los siguientes no es un argumento lógico?

      i) Una serie de proposiciones en las que la conclusión viene antes que las premisas.

      ii) Una serie de proposiciones que generan un debate acalorado.

      iii) Una serie de premisas que no llevan a una conclusión.

   d) La falacia de "Apelar a la ignorancia", ocurre cuando:

      i) El hecho de que la proposición *p* es verdad es utilizado para implicar que el opuesto de *p* es falso.

      ii) El hecho de que no podamos probar que *p* es verdad es utilizado para implicar que *p* es falso.

      iii) Una conclusión es descartada porque la persona que la propuso es ignorante.

2. Considere el siguiente argumento: "No apoyo el nuevo plan de salud propuesto por el ministro, porque no confío en sus motivos". ¿Cuál es la conclusión de este argumento?

   i) Yo no confío en sus motivos.

   ii) No apoyo el nuevo plan de salud del ministro.

   iii) El ministro no es confiable.

3. El argumento del ejercicio 2 es un ejemplo de:

   i) Un argumento lógico bien razonado.

   ii) Un argumento que utiliza la falacia del ataque personal.

   iii) Un argumento que utiliza la falacia de apelar a sentimientos.

4. Considere el siguiente argumento: "Tu falta de entusiasmo por el fútbol demuestra que no eres un amante de los deportes". Este argumento es un ejemplo de:

   i) Un argumento lógico bien razonado.

   ii) Un argumento que utiliza la falacia de la desviación.

   iii) Un argumento que utiliza la falacia de la generalización negligente.

5. Escoja la mejor respuesta para las siguientes preguntas y justifique su elección:

   a) "La Matemática es entretenida" , es:

      i) Un argumento.

      ii) Una falacia.

      iii) Una proposición.

b) Si usted conoce la tabla de verdad de la proposición p, entonces usted también conoce la tabla de verdad de:

   i) Su negación
   ii) Su conjunción
   iii) Su disjunción

c) Si se desea hacer una tabla de verdad para la proposición: $p \vee q \vee r$, ¿cuántas filas serán necesarias?

   i) Dos
   ii) Cuatro
   iii) Ocho

d) Dos proposiciones son lógicamente equivalentes si:

   i) Ambas tienen el mismo significado
   ii) Ambas tienen los mismos valores de verdad
   iii) Ambas son verdaderas

e) Considere la proposición: "Tienes que competir si quieres ganar". Si la traducimos a la forma $p \to q$, entonces q sería:

   i) Tienes que competir
   ii) Quieres ganar
   iii) Tienes que competir si quieres ganar

6. Dadas las proposiciones:

   a) $p : 1 + 2 = 6$
   b) $q : 8 > 5$
   c) $r : x = 2 \to x + 4 = 6$

   Determine el valor de verdad de:

   i) p, q, r
   ii) $\neg(p \wedge q) \to (p \vee r)$
   iii) $p \to (\neg r \to (p \wedge p))$

7. Para las siguientes proposiciones, escriba su converso, inverso y contrapositivo. Determine cuáles son lógicamente equivalentes.

   a) Si Viviana vive en Bogotá, entonces ella vive en Colombia.
   b) Si el paciente está vivo, entonces él está durmiendo.
   c) Es un pingüino, entonces puede volar.
   d) Si vives cerca del océano, entonces vives en Viña del Mar.
   e) Ser novelista es necesario para ser escritor.

8. Escriba una proposición condicional verdadera cuyo converso es falso.

9. Escriba una proposición condicional falsa cuyo converso es verdadero.

10. Escriba una proposición condicional verdadera cuyo converso es verdadero.

11. Escriba una proposición condicional falsa cuyo converso es falso.

12. Suponga que A representa el conjunto de todos los perros y B el conjunto de todos los gatos, dibuje el diagrama de Venn que representa mejor esta situación.

13. Dibuje un diagrama de Venn que represente las siguientes relaciones:

   a) Veterinarios y mujeres.
   b) Reptiles y mamíferos.
   c) Músicos y pintores.
   d) Enteros negativos y números naturales.

14. Dibuje el diagrama de Venn para las siguientes proposiciones:

   a) Todos los viudos son mujeres.

b) Algunos aviadores son mujeres.
c) Todos los presidentes de Chile han tenido más de 30 años.
d) Algunos mamíferos nadan.
e) Ningún perro tiene rabo.

15. Los caníbales de una cierta tribu se preparan para devorar a un misionero. Para probarle una última vez su respeto por la libertad y la dignidad humana, los caníbales proponen al misionero que decida él mismo su suerte, haciendo una corta declaración: si es verdadera, lo servirán asado y, en caso de ser falsa, lo servirán hervido. ¿Qué debe decir el misionero para salvar su vida?

16. El matemático Raymond Smullyan es el responsable (junto a otros) de estos problemas lógicos con "Buenos ", y "Malos". En todos ellos, el "Bueno" siempre dice la verdad y el "Malo" siempre miente. En los siguientes problemas cada uno de los personajes es Bueno o es Malo de manera excluyente:

a) A dice "B es bueno", y B dice "A es bueno". ¿Qué son A y B?
b) C dice "B es malo", y B dice "A y C son del mismo tipo". ¿Qué es A?

17. El rey explicó al prisionero que había un tigre en una habitación y una dama en la otra. Los letreros podían ser ambos verdaderos, o ambos falsos, y también podía ser que uno fuera verdadero y el otro falso. El letrero de la primera habitación decía:

"Aquí hay un tigre y el otro letrero miente". El letrero de la segunda habitación decía: "Aquí hay una dama y el otro letrero dice la verdad".

Traducir el problema al lenguaje lógico y probar que con estos datos, el prisionero puede decidir la habitación en que se encuentra la dama.

18. En el bus de turismo Puerto Natales a Torres del Paine viajaron 28 pasajeros, de los cuales 15 eran chilenos y el resto alemanes. Habían 12 varones chilenos y solo 3 mujeres alemanas. ¿Cuántos varones alemanes viajaron? Entre los 28 pasajeros de otro bus, también chilenos y alemanes, el número de mujeres chilenas era igual al de varones alemanes. Si habían 10 mujeres alemanas y el total de chilenos es 11, ¿cuántos varones chilenos viajaban?

19. Se realizó una encuesta televisiva a 885 alumnos de enseñanza superior de la región metropolitana y se encontró la siguiente información acerca de sus gustos televisivos:

a) 600 ven noticieros.
b) 620 ven programas deportivos.
c) 400 ven programas culturales.
d) 195 ven noticieros y programas culturales.
e) 190 ven programas culturales y deportivos.
f) 400 ven noticieros y programas deportivos.

Todos ven al menos uno de estos tres tipos de programas. ¿Hay algún alumno que vea los tres tipos de programas?

20. En los siguientes argumentos, decida si se trata de argumento deductivo o inductivo:

a) Veo a la misma señora salir del edificio todos los días a las 8:00 h. Ella debe vivir en el edificio.
b) Si pongo mucho peso en la maleta de mi auto, las ruedas traseras chirrean. Si las ruedas traseras chirrean, me da dolor de cabeza. Por lo tanto, si cargo mucho la maleta de mi auto, me da jaqueca.

c) Las últimas cuatro veces que fui al centro en auto, el tráfico estaba pesadísimo el martes y liviano el sábado. El tránsito en días de semana es mucho más pesado que en los fines de semana.

d) Los estudiantes que han hecho todos los problemas en el curso de matemática, han aprobado. Yo he hecho todos los problemas, así es que tengo que aprobar.

21. Dadas las siguientes premisas, determine cuáles de las conclusiones propuestas no son necesariamente ciertas. En ese caso justifique mediante un diagrama de Venn.

Premisas

Todos los artistas son pobres.

Para ser físico hay que titularse en la universidad.

Algunos matemáticos son artistas.

Ningún titulado de la universidad es pobre.

Conclusiones propuestas

a) Algunos matemáticos no son físicos.

b) Algunos físicos no son matemáticos.

c) Los físicos son pobres.

d) Algunos matemáticos no son pobres.

22. Dadas las siguientes premisas:

a) Todos los alumnos de Educación son inteligentes.

b) Las personas que no saben leer alemán, no aprecian a Kafka.

c) Algunos alumnos de Educación saben alemán.

Y las siguientes conclusiones:

a) Algunas personas que saben alemán son inteligentes.

b) Algunos alumnos de Educación aprecian a Kafka.

c) No todas las personas inteligentes son alumnos de Educación.

Frente a cada conclusión, decida si es o no consecuencia lógica de las premisas y justifique mediante diagrama de Venn.

23. Decidir si los siguientes son o no argumentos correctos y justifique (sacados de la obra de Lewis Carroll).

a) Un hombre prudente rehúye las hienas. Ningún banquero es imprudente. Por lo tanto, ningún banquero deja de rehuir las hienas.

b) Ningún pájaro, excepto los pavos reales, se pavonea de su cola. Algunos pájaros que se pavonean de sus colas no saben cantar. Por lo tanto, algunos pavos reales no saben cantar.

c) Todos los leones son feroces. Algunos leones no beben café. Por lo tanto, algunas criaturas que beben café son feroces.

24. Se proponen pares de proposiciones como premisas. Encuentre una conclusión para que el argumento sea correcto.

a) Ningún producto que ha sido vendido por nosotros está contaminado. Los productos no vendidos por nosotros son poco confiables.

b) Ningún chileno que ha nacido antes de 1970 está fuera del Registro Electoral. Los chilenos que no han nacido antes de 1970 son ciudadanos con menos responsabilidad política.

c) Ninguna mujer tiene depresión post parto si tiene hijos sanos. Todas las mujeres en el programa de atención materno-infantil tienen hijos sanos.

25. Busque en la prensa escrita un ejemplo de cada una de las falacias tratadas en este capítulo.

2 Proporcionalidad

Razones, proporciones y porcentajes 2.1

Partimos analizando tres maneras distintas de utilizar porcentajes:

Ejemplo
De un total de 44.072 hombres, $2,2\,\%$ de la población masculina de la Región Metropolitana no sabe leer ni escribir.

Ejemplo
Endesa registró un alza en sus acciones de $0,21\,\%$, quedando esta semana en \$ 821,50.

Ejemplo
Los televisores de alta definición tienen $125\,\%$ de mejor resolución que los equipos convencionales, pero cuestan $400\,\%$ más.

En cada uno de estos ejemplos, utilizamos porcentajes de modos diferentes. En el primer ejemplo, usamos porcentajes para expresar una fracción del total de los analfabetos de la Región Metropolitana de sexo masculino. En el segundo, empleamos porcentajes para describir un cambio en el valor de las acciones de una empresa, y en el tercero, utilizamos el porcentaje para comparar resolución con costo de un televisor.

Usar porcentajes como fracciones 2.1.1

Porcentaje es solo una forma de decir "dividido por 100", es decir, $P\%$ solo significa $P/100$. Por ejemplo, $2,2\%$ significa $2,2/100$, es decir, $0,022$. Si $2,2\%$ de los alumnos de octavo básico fuman y existen 100.000 alumnos en octavo básico, entonces el número de estudiantes de ese grado que fuman es:

$$2,2\% \text{ de } 100.000 = \frac{2,2}{100} \times 100.000 = 0,022 \times 100.000 = 2.200$$

Hemos visto que 2.200 de los 100.000 alumnos de octavo grado son fumadores.

Ejemplo
En una encuesta contestada por 1.200 personas, 44 % aprueba la gestión del entrenador de un equipo de fútbol. ¿Cuántas de las personas encuestadas apoyan al entrenador?

Solución

44% *de* $1.200 = (44/100) \times 1.200 = 0,44 \times 1.200 = 528$. *Es decir,* 528 *personas de las encuestadas apoyan la gestión del entrenador.*

Podemos convertir porcentajes a fracciones comunes como también a decimales y revertir el proceso. Por ejemplo, para traducir una fracción a un porcentaje "simplemente multiplicamos por 100": Un quinto de una cantidad C es igual a $\frac{1}{5} \times C$, lo que equivale a $\left(\frac{1}{5} \times 100\right)$ (%) de C, o sea 20 % de C.

Usar porcentajes para describir cambios 2.1.2

En muchas situaciones, utilizamos porcentajes para describir cómo una cierta cantidad varía en el tiempo. Por ejemplo: la deserción escolar de la enseñanza media en Chile en 1991 fue de 76.963 y en 1999 fue de 71.943 según la información de la División de Planificación y Presupuesto. Podemos expresar este cambio de dos maneras básicas:

- Como la deserción disminuyó en 5.020 alumnos, decimos que el cambio absoluto es de −5.020 alumnos.
- Como la disminución fue de 5.020 alumnos, lo que representa aproximadamente $6,5\%$ de los 76.963 alumnos que desertaron en 1991, decimos que el cambio relativo entre 1991 y 1999 con respecto a la deserción de 1991 fue de $-6,5\%$.

En general, para calcular cambios absolutos o cambios relativos, requerimos de dos números: un **valor referencial** y un **valor nuevo**. Teniendo estos dos números identificados, entonces podemos aplicar las siguientes fórmulas para obtener ambos cambios:

El **cambio absoluto** describe el incremento o disminución real de un valor de referencia con respecto al nuevo valor:

$$\text{cambio absoluto} = \text{nuevo valor} - \text{valor referencial} \tag{2.1}$$

El **cambio relativo** es la fracción que describe el tamaño del cambio absoluto en comparación con el valor referencial:

$$\text{cambio relativo} = \frac{\text{cambio absoluto}}{\text{valor referencial}} \tag{2.2}$$

El cambio relativo puede convertirse de fracción a porcentaje multiplicándolo por 100. A menos que del contexto quede claro cuál es el valor referencial, es necesario especificarlo.

Ejemplo

La población mundial era de $2,6$ miles de millones en 1950 y de $6,0$ miles de millones en el año 2000. Describa el cambio absoluto y relativo de la población durante este período.

Solución

En este ejemplo es claro que el **valor referencial** *es la población de* 1950 *que era* $2,6$ *miles de millones de personas y el nuevo valor es la población del año* 2000 *que era* $6,0$ *miles de millones.*
Por lo tanto:

- *Cambio absoluto* $= 6,0$ *miles de millones* $- 2,6$ *miles de millones* $= 3,4$ *miles de millones*
- *Cambio relativo* $= \dfrac{3,4 \text{ miles de millones}}{2,6 \text{ miles de millones}} \approx 1,3 = 130\,\%$

Es decir, la población mundial aumentó en $3,4$ *miles de millones de personas, o bien en* $130\,\%$ *entre* 1950 *y* 2000.

Usar porcentajes para comparar — 2.1.3

Los porcentajes también son utilizados para comparar dos números. Por ejemplo:

Supongamos que queremos comparar el precio de un auto Mercedes de $30.000.000 al de un Honda de $16.000.000. Su diferencia es de $14.000.000, es decir, el Mercedes cuesta $14.000.000 más que el Honda.

Para expresarlo como un porcentaje es necesario especificar nuestro valor referencial. Si tomamos como valor referencial el precio del Honda, obtenemos

$$\frac{\$14.000.000}{\$16.000.000} = 0,875 = 87,5\,\%$$

lo que representa que en términos relativos, el Mercedes nos costará 87,5 % más que el Honda. También podríamos considerar que el valor referencial es el precio del Mercedes, obteniendo:

$$\frac{-\$14.000.000}{\$30.000.000} = -0,467 = -46,7\,\%$$

lo que representa que en términos relativos, el Honda nos costará 46,7 % menos que el Mercedes.

Ejemplo

En 1998, se matricularon 19.200 alumnos en Educación y 7.900 en Ciencias básicas en todas las universidades del Consejo de Rectores de Chile. Compare el número de matrículas de Educación con el de Ciencias básicas en términos relativos y absolutos.

Solución

En este caso el valor referencial es 7.900 *y el de comparación es* 19.200*, por lo tanto la diferencia absoluta es:* 11.300 *y la diferencia relativa es:* $\frac{11.300}{7.900} \approx 1,43 = 143\,\%$.

Es decir, en términos absolutos se matricularon 11.300 *alumnos más en las carreras de Educación que en las de Ciencias básicas y esto significa* 143 % *más de alumnos en Educación que en Ciencias básicas en las universidades del Consejo de Rectores de Chile en* 1998.

Si consideramos una población que triplica su número de 200 a 600, tenemos dos modos equivalentes de expresar este cambio con porcentajes, a saber:

1. Usando **más que**: La nueva población es 200 % **más que** la población original, $\frac{600-200}{200}$. De esta manera estamos recalcando el cambio relativo en la población.
2. Usando **de**: La nueva población es un 300 % **de** la original, $\frac{600}{200}$. Esto significa que es tres veces el tamaño de la original. De esta manera estamos recalcando que la razón entre la nueva población y la original es de 3 a 1.

En general, el uso de las palabras **de** y **más que** nos indicará la forma de obtener el valor comparado a partir del valor de referencia:

- Si el valor comparado es $P\,\%$ **más** que el valor de referencia, entonces el valor comparado es $(100+P)\,\%$ del valor de referencia.
- Si el valor comparado es $P\,\%$ **menos** que el valor de referencia, entonces el valor comparado es $(100-P)\,\%$ del valor de referencia.
- Si el valor comparado es $P\,\%$ **del** valor de referencia, entonces el valor comparado es $\frac{P}{100}$ veces el valor de referencia

Ejemplo
Carolina gana 50 % más que Andrés, ¿cuántas veces es mayor el ingreso de ella que el de él?

Solución

El valor de referencia es el sueldo de Andrés. Aquí utilizamos la regla que P % **más**, *significa* $(100 + P)$ % *del valor de referencia.*

En este ejemplo P *es* 50, *por lo tanto el sueldo de Carolina es* 150 % *del de Andrés, lo que es equivalente a que es* $1,5$ *veces el sueldo de Andrés.*

Ejemplo
Una multitienda publicita una liquidación con descuento de 25 % en todos sus productos hasta agotar el stock. ¿Cómo se compara el precio de liquidación de un producto con el precio original?

Solución

El 25 % *de descuento en un producto significa* 25 % **menos que** *el valor original. Por lo tanto el precio de liquidación de un producto es* $(100 - 25)\% = 75\%$ *del precio original. Por ejemplo, algo que antes costaba* \$100, *ahora se liquida por* \$75.

Ejemplo
René es 22 % más alto que Daniel, ¿qué porcentaje de la altura de Daniel tiene René?

Solución

Si la estatura de René es 22 % *más que la de Daniel, esto significa que René tiene una estatura que es un* $(100 + 22)\% = 122\%$ **de** *la estatura de Daniel, es decir,* $1,22$ *veces la estatura de Daniel.*

Porcentajes de porcentajes — 2.1.4

Los cambios en los porcentajes o la comparación entre ellos a menudo pueden ser confusos cuando los valores son ellos mismos porcentajes. Por ejemplo, tenemos una cuenta de ahorro y el banco aumenta la tasa de interés que recibíamos de 3 % a 4 %. Es tentador decir que la tasa de interés aumentó en 1 %, pero en realidad no es así: la tasa aumentó en un punto porcentual, que corresponde a la diferencia del incremento o disminución de la tasa de porcentaje, pero el cambio relativo en la tasa de interés fue:

$$\frac{\text{nuevo valor} - \text{valor referencial}}{\text{valor referencial}} = \frac{4\% - 3\%}{3\%} = 0,33 = 33\%$$

Por lo tanto, el banco nos aumentó la tasa de interés en 33 %, aunque la tasa aumentó en solo un punto porcentual. Esto significa que el **cambio absoluto** en la tasa de interés fue de un punto porcentual mientras que el cambio relativo en la tasa de interés fue del 33 %.

Ejemplo

El porcentaje de adultos mayores que leen diariamente un periódico bajó del 78 % al 64 %. Describa el cambio.

Solución

La baja del 78 % *al* 64 % *significa* 14 *puntos porcentuales, que corresponde al* **cambio absoluto** *en el porcentaje de adultos mayores que leen algún periódico. El* **cambio relativo** *es*

$$\frac{64\,\% - 78\,\%}{78\,\%} = -0,18 = -18\,\%$$

El resultado negativo señala que se produjo un descenso en la lectura de los periódicos entre los adultos mayores.

Ejemplo

En cierta multitienda, si se compra un producto a crédito resulta 25 % **más** caro **que** al contado, pero si se paga con la tarjeta de la tienda se obtiene 10 % de descuento sobre el precio a crédito del producto. Si conocemos el valor de cierto producto al contado, ¿cómo calculamos su precio a crédito pagando con la tarjeta de la tienda?

Solución

Una manera de atacar el problema es traduciendo el **más que** *para obtener el valor comparado. Precio a crédito es* (100 + 25) % = 125 % *del precio al contado. Con esta ecuación, vemos que si el precio al contado de un producto fuera* \$100.000, *su precio a crédito será de* 125 % *de* \$100.000 = 1,25 × \$100.000 = \$125.000. *Como ahora tenemos* 10 % *de descuento sobre este precio, obtenemos que estaríamos pagando:*

$$\$125.000 - \frac{10}{100} \times \$125.000 = \$112.500$$

Resumen **2.1.5**

El valor comparado es:

$$\text{valor comparado} = (100 + P)\,\%\ \text{del valor referencial} = \frac{(100 + P)}{100} \times \text{valor referencial}$$

y

$$\text{valor referencial} = \frac{100 \times \text{valor comparado}}{(100 + P)}$$

Si el valor comparado es menor que el valor referencial, entonces usamos $(100 - P)$ en lugar de $(100 + P)$ en las ecuaciones anteriores.

Proporciones en la vida diaria: la regla de tres. Escalas 2.2

Para comprender el concepto de proporcionalidad, directa o inversa, debemos comenzar por comprender el concepto de razón. Siempre que hablamos de razón entre dos números, nos referimos al cuociente entre ellos, es decir, el resultado de dividirlos.

Entonces, la **razón** entre los números **a** y **b** es $\frac{a}{b}$.

Por ejemplo, la razón entre 10 y 5 es $\frac{10}{5} = 2$ y entre $0,15$ y $0,3$ es $\frac{0,15}{0,3} = 0,5$

Cuando se nos presentan dos razones para ser comparadas entre sí, para ver cómo se comportan entre ellas, estaremos hablando de una **proporción numérica**.

Los números a y b están en la misma proporción que los números c y d si la razón entre a y b es la misma que entre c y d, es decir,

$$\frac{a}{b} = \frac{c}{d}.$$

Se lee a es a b como c es a d.

Por ejemplo 2 es a 5 como 8 es a 20, porque $\frac{2}{5} = \frac{8}{20}$. En la proporción $\frac{a}{b} = \frac{c}{d}$ los términos a y d se llaman **extremos** y los dos restantes se llaman **medios**.

La propiedad fundamental en toda proporción es que el producto de los extremos es igual al producto de los medios. Es decir:

$$\frac{a}{b} = \frac{c}{d} \leftrightarrow a \times d = b \times c$$

Ejemplo

Las alturas de dos edificios están en la razón 4 es a 5. Si el primer edificio mide 20 metros, ¿cuánto mide el segundo?

Solución

Sea x la altura del segundo edificio, entonces tenemos que 20 *es a x como* 4 *es a* 5. *Por lo tanto:*

$$\frac{20}{x} = \frac{4}{5}$$

y despejando x obtenemos que la altura del segundo edificio es de 25 *metros.*

Proporcionalidad directa 2.2.1

Dos magnitudes a y b se dicen **directamente proporcionales** si su razón a/b es constante. Esto significa que si una de las magnitudes aumenta al triple, la otra también aumenta al triple y

si una de ellas disminuye a la mitad, entonces la otra también lo hace. En general, si una de las magnitudes aumenta en cierta proporción o porcentaje, entonces la otra aumenta en la misma proporción o porcentaje.
Por ejemplo, si un auto se moviliza a velocidad constante de 50 kilómetros por hora, la cantidad de kilómetros recorridos es directamente proporcional al tiempo empleado.

Ejemplo
Si un saco de papas pesa 20 kg, ¿cuánto pesan 4 de estos mismos sacos?

Solución

Una manera sencilla de resolver este problema es aumentar la cantidad de sacos de uno en uno y ver en cada paso su peso. La siguiente tabla nos muestra esta técnica:

Número de sacos	1	2	3	4
Peso en kg	20	40	60	80

Como vemos, para pasar de la primera fila a la segunda, debemos multiplicar por 20 *y de la segunda a la primera dividimos por* 20.

Las magnitudes de **números de sacos** *y de* **peso en kg** *son* **directamente proporcionales**, *y la constante de proporcionalidad es* $1/20$, *de modo que n sacos pesarán* $20n$ *kg.*

Esta forma de operar de las proporciones nos permite introducir lo que llamamos **regla de tres** y que nos será de gran utilidad para resolver una gran cantidad de problemas, especialmente de la vida diaria.

Regla de tres simple 2.2.2

En 50 litros de agua de mar hay 1.300 gramos de sal, ¿cuántos litros de agua de mar contendrán 5.200 gramos de sal?

Como en doble cantidad de agua de mar habrá doble cantidad de sal, en el triple, habrá tres veces, etc., las magnitudes de agua de mar y cantidad de sal son **directamente proporcionales**. Si representamos con x el número de litros de agua de mar que contendrá 5.200 gramos de sal y formamos la siguiente tabla:

Litros de agua	50	x
Gramos de sal	1.300	5.200

se verifica que la proporción:

$$\frac{50}{1.300} = \frac{x}{5.200}$$

Despejando la variable x, tenemos:

$$x = \frac{50 \times 5.200}{1.300} = 200$$

En la práctica, no usamos la tabla y escribimos esto de la siguiente forma:

$$50\text{l} \rightarrow 1.300\mathbf{g}$$
$$x\text{l} \rightarrow 5.200\mathbf{g}$$

Luego

$$x = \frac{50 \times 5.200}{1.300} = 200$$

Este modo de plantear y resolver problemas sobre proporciones se conoce como la **regla de tres simple**.

Ejemplo
Un automóvil gasta 5 litros de bencina cada 100 **km**. Si quedan en el depósito 6 litros, ¿cuántos kilómetros podrá recorrer el automóvil?

Solución

Denotemos por x los kilómetros que podrá recorrer el automóvil, entonces los datos del problema nos dicen que:

$$5\text{ l} \rightarrow 100\ \mathbf{km}$$
$$6\text{ l} \rightarrow x\ \mathbf{km}$$

o equivalentemente,

$$\frac{5}{100} = \frac{6}{x}$$

Entonces, despejando x,

$$x = \frac{6 \times 100}{5} = 120$$

tenemos que se pueden recorrer 120 **km.**

Magnitudes inversamente proporcionales 2.2.3

Si dos magnitudes son tales que al doble, triple, etcétera, de cantidad de la primera le corresponde la mitad, la tercera parte, etcétera, de la segunda, entonces decimos que son **inversamente proporcionales**. Esto sucede cuando el producto de ambas magnitudes es constante.
Por ejemplo, si se desea recorrer una distancia de 350 kilómetros a velocidad constante, el tiempo empleado es inversamente proporcional a la velocidad.

Ejemplo
Si 3 hombres requieren de 24 días para hacer un trabajo, ¿cuántos días emplearán 18 hombres igualmente eficientes para realizar el mismo trabajo?

Solución

En este ejemplo, a doble cantidad de hombres, el trabajo durará la mitad; a triple número de trabajadores, el trabajo demorará una tercera parte del tiempo, por lo tanto nos encontramos ante magnitudes **inversamente proporcionales**. *Formamos la tabla:*

Hombres	3	6	9	...	18
Días	24	12	8	...	?

Vemos que los productos:

$$3 \times 24 = 6 \times 12 = 9 \times 8 = 72$$

Por lo tanto

$$18 \times x = 72$$

Luego $x = 4$, *es decir, los 18 hombres tardarán 4 días en hacer el mismo trabajo. Nótese que aquí la constante de proporcionalidad, que es 72, se obtiene multiplicando las magnitudes y que su producto es siempre igual.*

Importante
Como regla general, la constante de proporcionalidad entre dos magnitudes inversamente proporcionales se obtiene multiplicando las magnitudes entre sí, y el resultado se mantendrá constante.

Ejemplo
Con un cierto capital, podemos comprar 12 libros a $10.000 cada uno. Con ese mismo capital, ¿cuántos libros podríamos adquirir si costaran $15.000 cada uno.

Solución

Sea x el número de libros que adquiriremos. Entonces

$$12 \times \$10.000 = x \times \$15.000$$

Nuestra constante aquí es $120.000 *y despejando x de la ecuación anterior, obtenemos que podríamos comprar* 8 *libros a* $15.000 *cada uno.*

Regla de tres simple inversa (o directa) 2.2.4

Ejemplo
En un jardín infantil se cuenta con leche para alimentar a 220 niños durante 45 días. ¿Cuántos días podrán dar la misma cantidad de leche a 450 niños bajo las mismas condiciones?

Solución

Vemos que con la misma cantidad de leche, si el número de niños se duplica, entonces tendremos la mitad de los días para alimentarlos, es decir, se trata de magnitudes que son inversamente proporcionales. Sea x el número de días que tendrán leche los 450 niños. Entonces

Número de niños	220	450
Números de días	45	x

Se cumple que

$$220 \times 45 = 450 \times x$$

Por lo tanto

$$x = \frac{220 \times 45}{450} = 22$$

En general esto lo denotamos por:

$$\begin{array}{lcl} 220 \textit{ niños} & \rightarrow & 45 \textit{ días} \\ 450 \textit{ niños} & \rightarrow & x \textit{ días} \end{array}$$

Luego, 450 *niños podrán recibir leche durante* 22 *días.*

Ejemplo
Para envasar cierta cantidad de líquido se necesitan 8 toneles de 200 litros de capacidad cada uno. Queremos envasar la misma cantidad de líquido empleando 32 toneles. ¿Cuál deberá ser la capacidad de esos toneles?

Solución

$$\begin{array}{lcl} 8 \textit{ toneles} & \rightarrow & 200 \textit{ litros} \\ 32 \textit{ toneles} & \rightarrow & x \textit{ litros} \end{array}$$

Entonces

$$x = \frac{8 \times 200}{32} = 50 \textit{ litros}$$

Luego, debemos tener 22 *toneles de* 50 *litros de capacidad para envasar la misma cantidad de líquido.*

Proporcionalidad compuesta de magnitudes 2.2.5

Regla de tres compuesta

Ejemplo
Cuatro niños durante 10 días de campamento han gastado en comer 25.000 pesos. En las mismas condiciones, ¿cuánto gastarán en comer 6 niños durante 15 días?

- El doble de número de niños acampando el mismo número de días gastarán el doble. Luego las magnitudes **número de niños** y **dinero gastado** son directamente proporcionales.
- El mismo número de niños si acampan el doble número de días gastarán el doble. Luego las magnitudes **número de días** y **dinero gastado** son directamente proporcionales.

Teniendo ya establecida la relación entre las dos magnitudes conocidas, a saber número de niños y número de días, con la cantidad desconocida **dinero gastado**:

Sabemos que	4 niños	→	10 días	→	gastan		25.000 pesos
	1 niño	→	10 días	→	gasta	25.000/4 =	6.250 pesos
	1 niño	→	1 día	→	gasta	6.250/10 =	625 pesos
	6 niños	→	1 día	→	gastan	625 × 6 =	3.750 pesos
Resultado	6 niños	→	15 días	→	gastan	3.750 × 15 =	56.250 pesos

Por lo tanto, 6 niños durante 15 días gastarán 56.250 pesos.

Ejemplo
15 obreros trabajando 6 horas diarias, tardan 30 días en realizar un trabajo. ¿Cuántos días tardarán en hacer el mismo trabajo 10 obreros igualmente eficientes, empleando 8 horas diarias?

- El doble número de obreros trabajando el mismo número de días necesitarán la mitad de horas diarias para realizar el mismo trabajo. Por lo tanto el número de obreros y el número de días son inversamente proporcionales.
- El doble número de horas diarias de trabajo por el mismo número de obreros tardarán la mitad de días en realizar el trabajo. Por lo tanto, el número de horas diarias de trabajo y el número de días de trabajo son inversamente proporcionales.

Hemos relacionado las dos magnitudes conocidas **número de obreros** y **número de horas diarias**, con la cantidad desconocida de **número de días de trabajo**.

Sabemos que	15 obreros	→	6 horas diarias	→	tardan		30 días
	1 obrero	→	6 horas diarias	→	tarda	$30 \times 15 =$	450 días
	1 obrero	→	1 hora diaria	→	tarda	$450 \times 6 =$	2750 días
	10 obreros	→	1 hora diaria	→	tardan	$2750/10 =$	270 días
Resultado	10 obreros	→	8 horas diarias	→	tardan	$270/8 =$	33,75 días

Por lo tanto, 10 obreros trabajando 8 horas diarias tardarán 33,75 días en completar el trabajo.

Ejemplo
Se han necesitado 2.000 calorías para calentar 2 litros de agua desde 10 °C a 50 °C. Si a 5 litros de agua a la misma temperatura inicial le suministramos 8.000 calorías, ¿qué temperatura alcanzarán?

Solución

- *A mayor cantidad de calorías, más se calienta el agua: proporción directa.*
- *Con las mismas calorías a mayor cantidad de agua, menos se calienta: proporción inversa.*

Sabemos que	*2.000 calorías*	→	*2 l de agua*	→	*cambian*		*40°C*
	1 caloría	→	*2 l de agua*	→	*cambian*	$40/2.000 =$	*0,02°C*
	1 caloría	→	*1 l de agua*	→	*cambian*	$0,02 \times 2 =$	*0,04°C*
	8.000 calorías	→	*1 l de agua*	→	*cambian*	$0,04 \times 8.000 =$	*320°C*
Resultado	*8.000 calorías*	→	*5 l de agua*	→	*cambian*	$320/5 =$	*64°C*

Luego, la temperatura del agua subirá 64°C y será de 74°C

Ejemplo de un problema de escala
En general utilizamos tres maneras de expresar escalas:

Verbalmente : Se puede describir una escala diciendo por ejemplo que 1 centímetro representa un kilómetro, abreviadamente:1**cm** = **1km**.

Gráficamente : El dibujo de una regla puede mostrar la escala visualmente. Por ejemplo, en un mapa como muestra la Figura 2.1a.

Como razón : Podemos dar la razón entre un tamaño a escala y un tamaño real. Por ejemplo, dado que 100.000 centímetros constituyen 1 kilómetro, una escala en la que 1**cm** representa 1**km**, se puede expresar con la razón 1/100.000. Como por ejemplo, los autos escala que se muestran en la Figura 2.1b.

Las escalas son usadas en muchos otros ámbitos, además de los mapas; por ejemplo, arquitectos e ingenieros construyen escalas para visualizar sus planos.

Ejemplo
La distancia de la Tierra al Sol es aproximadamente 150 millones de kilómetros. El diámetro del Sol es aproximadamente 1,4 millones de kilómetros y el diámetro de la Tierra es de 12.760 kilómetros. Coloque estos números en perspectiva utilizando una escala de 1 a 10.000 millones.

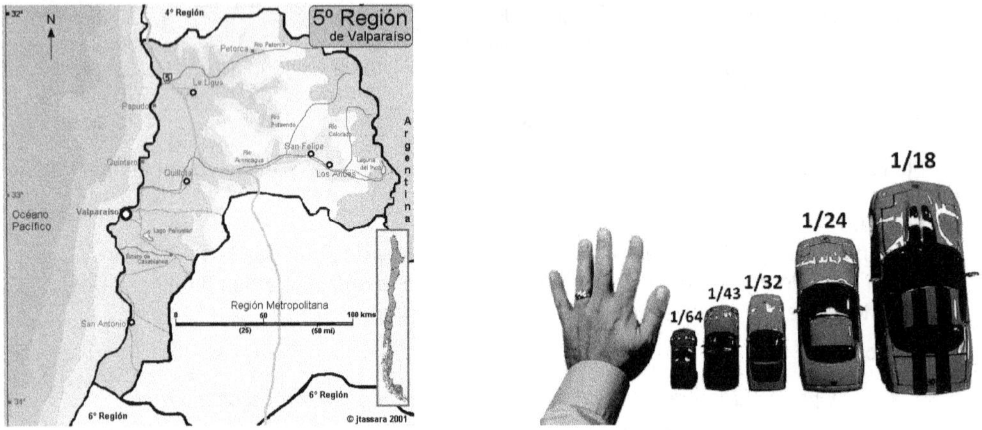

(a) (b)

Figura 2.1

Solución

La escala propuesta nos dice que los objetos reales son 10.000 millones (10^{10}) de veces más grandes que los del modelo.

$$
\begin{aligned}
\textbf{\textit{Escala de distancia de la Tierra al Sol}} &= \frac{\textit{distancia real}}{10^{10}} \\
&= \frac{1,5 \times 10^{8}\ \mathbf{km}}{10^{10}} \\
&= 1,5 \times 10^{-2}\ \mathbf{km} \\
&= 1,5 \times 10^{-2}\ \mathbf{km} \times \frac{10^{3}\ \mathbf{m}}{1\ \mathbf{km}} \\
&= 15\ \mathbf{m}
\end{aligned}
$$

Nótese que en el último paso, hemos convertido la distancia de kilómetros a metros porque es más sencillo de entender 15 metros que 0,015 kilómetros.

La escala para los diámetros la calculamos de manera similar, pero aquí convertimos las unidades en centímetros (Sol) y milímetros (Tierra).

$$\textbf{\textit{Escala del diámetro del Sol}} = \frac{\textit{diámetro real}}{10^{10}}$$
$$= \frac{1{,}4 \times 10^{6}\ \textbf{km}}{10^{10}}$$
$$= 1{,}4 \times 10^{-4}\ \textbf{km}$$
$$= 1{,}4 \times 10^{-4}\ \textbf{km} \times \frac{10^{5}\ \textbf{cm}}{1\ \textbf{km}}$$
$$= 14\ \textbf{cm}$$

$$\textbf{\textit{Escala del diámetro de la Tierra}} = \frac{\textit{diámetro real}}{10^{10}}$$
$$= \frac{1{,}276 \times 10^{4}\ \textbf{km}}{10^{10}}$$
$$= 1{,}276 \times 10^{-6}\ \textbf{km}$$
$$= 1{,}276 \times 10^{-6}\ \textbf{km} \times \frac{10^{6}\ \textbf{mm}}{1\ \textbf{km}}$$
$$= 1{,}276\ \textbf{mm}$$

Una aplicación importante de proporcionalidad

Consideremos la recta L, que se muestra en la Figura 2.2, que no es vertical ni horizontal:

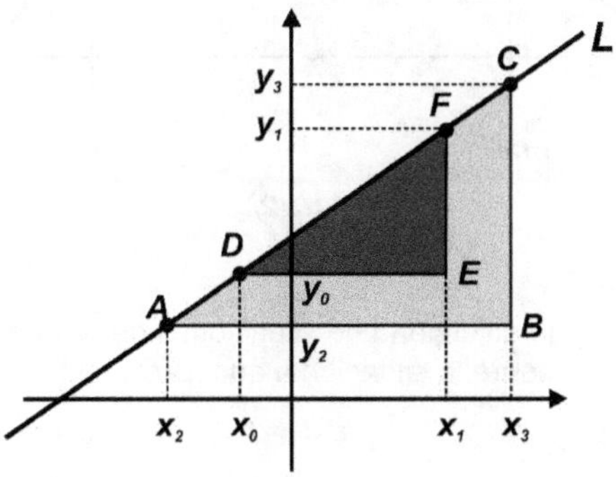

Figura 2.2

Observando los triángulos ABC y DEF, notamos que son semejantes, es decir:

$$\frac{AB}{DE} = \frac{BC}{EF} = \frac{AC}{DF} = c$$

donde c es la constante de proporcionalidad. Esto nos dice que:

1. $AB = c \cdot DE$
2. $BC = c \cdot EF$

Por lo tanto

$$\frac{BC}{AB} = \frac{EF}{DE}$$

y esto seguirá sucediendo, independientemente de la elección de los puntos A, D, F, y C sobre la recta L.

Al número $m = \frac{BC}{AB}$ se le conoooce como **pendiente** de la recta.
Notemos que m puede ser un número positivo o negativo y es cero solamente cuando la recta L es horizontal.

Ejemplos de rectas con pendiente positiva y con pendiente negativa se aprecian en la Figura 2.3.

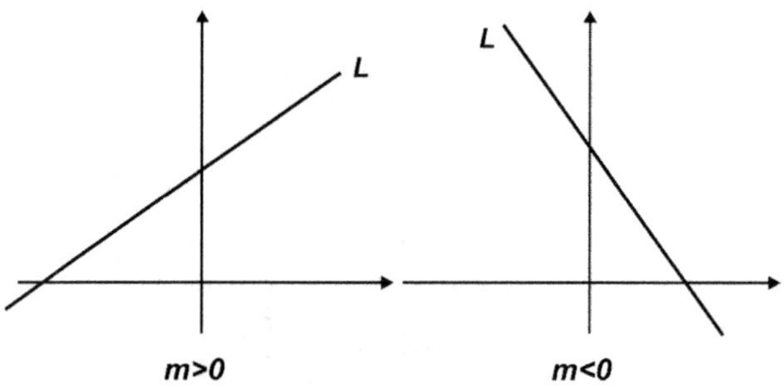

Figura 2.3

Las rectas modelan una gran diversidad de situaciones de la vida real y la pendiente de ellas nos da muchísima información sobre la situación a analizar.

Ejemplo
Supongamos que la gráfica de la Figura 2.4 modela el recorrido que Pedrito realiza caminando desde su casa hasta su colegio:

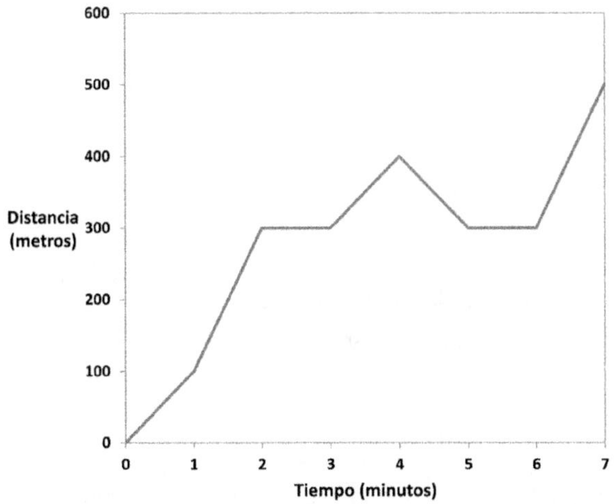

Figura 2.4: Recorrido de Pedrito desde el colegio hasta su casa

Solución

Analizando el gráfico, vemos que el primer minuto Pedrito caminó 100 *m mientras que en el segundo minuto caminó* 200 *m más, o sea, el doble que durante el primer minuto, es decir, que aumentó su velocidad y si miramos las rectas* L_1 *entre* $t = 0$ *y* $t = 1$ *y la recta* L_2 *entre* $t = 1$ *y* $t = 2$ *notamos que este aumento se refleja en que la pendiente de* $L_1 = 100$ *es menor que la de* $L_2 = 200$. *Entre* $t = 2$ *y* $t = 3$ *no aumenta la distacia, es decir, Pedrito se detuvo a conversar con un amigo (pendiente en este tramo es* 0*). En* $t = 3$ *continuó su marcha a la misma velocidad que lo hizo entre* $t = 0$ *y* $t = 1$ *porque tiene la misma pendiente esta recta, a saber* 100. *Curiosamente entre* $t = 4$ *y* $t = 5$ *la pendiente es negativa (=* -100*), lo que nos dice que se devolvió* 100 *m por algún motivo y entre* $t = 5$ *y* $t = 6$ *se mantuvo detenido. Entre* $t = 6$ *y* $t = 7$ *comenzó a correr a la misma velocidad que lo hizo entre* $t = 1$ *y* $t = 2$.

Ejemplo
Un paracaidista se lanza desde una avioneta. En el siguiente gráfico, en el eje X se representa el tiempo transcurrido desde el momento del lanzamiento y el eje Y representa la distancia del paracaidista al suelo.

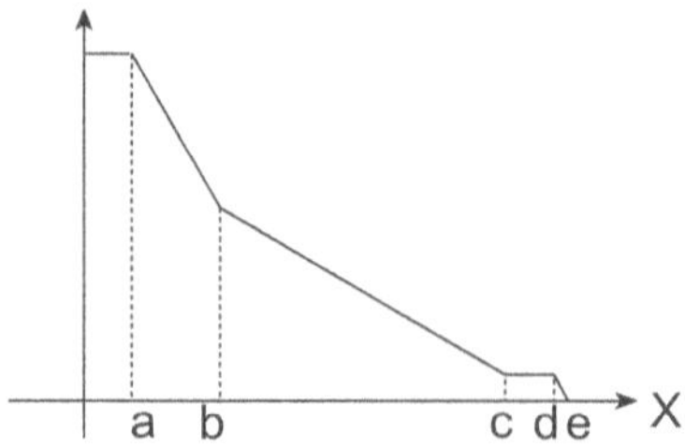

1. ¿Qué significado tienen los instantes a, b y e?
2. Dé una posible interpretación para el lapso $[c,\ d]$

Solución

1. *El instante a, es aquel en que la altura comienza a disminuir, por lo tanto es el instante en que el paracaidista se lanzó desde la avioneta.*
La razón entre la altura y el tiempo es mayor en $[a, b]$ que en $[b, c]$; b es el instante en que la velocidad disminuye, o sea, cuando se abre el paracaídas. En e la altura es 0, por lo tanto es el instante en que llega al suelo.
2. *Entre c y d la altura es constante. Una posible interpretación es que el paracaidista cayó sobre un edificio y luego se tiró al suelo.*

Ejemplo
A partir de las nueve de la mañana se empezó a verter agua a razón constante sobre un recipiente vacío que tiene la forma del siguiente gráfico.

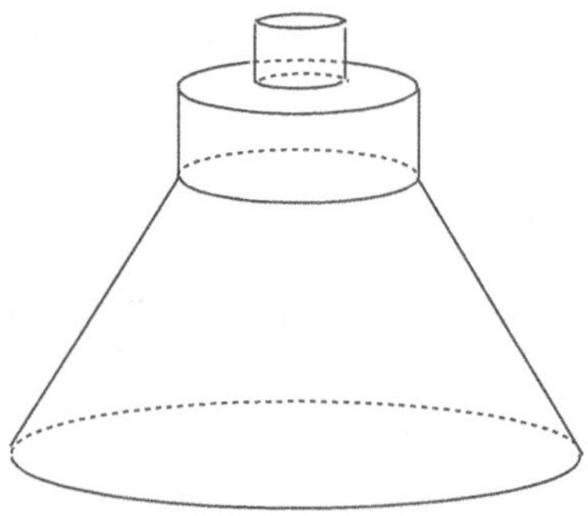

Figura 2.5: Envase

Grafique la situación en un sistema de ejes coordenados en el cual el eje X representa el tiempo transcurrido desde las nueve de la mañana y el eje Y el nivel del agua en el recipiente.

Solución

Desde la base hacia arriba podemos dividir el envase en tres partes: primero el envase se va angostando, por lo tanto la velocidad en que sube el nivel aumenta. Luego se mantiene constante, por lo tanto la velocidad en que sube el nivel se mantiene constante y hay un tercer tramo en el cual la velocidad también es constante, pero mayor que la anterior.

Ejemplo

Un campesino de 80 kg salió de un granero con un saco de 40 kg de semilla, se dirigió a un potrero y empezó a sembrar a ritmo constante. Cuando había sembrado la mitad de la semilla se detuvo a conversar con un compañero y luego siguió sembrando con el mismo ritmo anterior. Grafique la situación en un sistema de ejes coordenados en el cual el eje X representa el tiempo transcurrido desde que el campesino salió del granero y el eje Y el peso conjunto del campesino y la semilla en el saco.

Solución

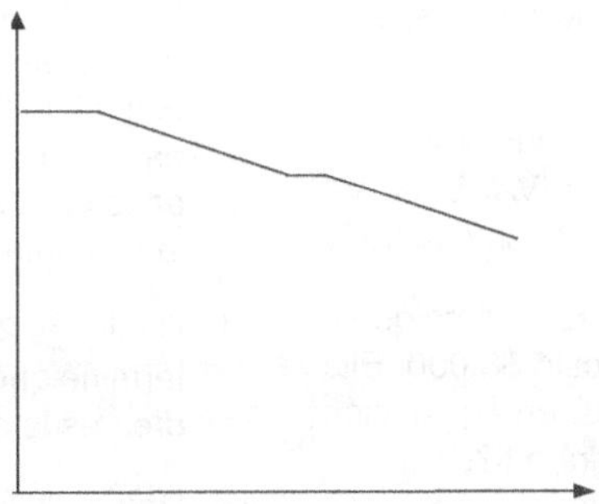

Figura 2.6: Campesino

Ejercicios propuestos 2.3

1. El precio de una comida en un restaurante cuatro estrellas era de $15.000 por una pareja hace 10 años. Estos valores han aumentado en 120 % desde entonces. Determine el precio de una comida de estas características actualmente.

2. Una población aumenta de 50.000 a 75.000 personas. ¿Cuáles son los cambios absolutos y relativos de esta población?

3. El precio de un ticket para el cine aumentó de $1.000 a $1.500. ¿Qué porcentaje representa el nuevo precio con respecto al antiguo?

4. Tu boleta muestra que tu nueva camisa cuesta $15.000 incluido el IVA. Si el IVA es 19 %, ¿cuánto pagaste en impuesto?

5. Tu amiga Francisca compró un libro que a ti te interesa tener y le costó $3.000. Ella te cuenta que ahora está en liquidación en 20 %. ¿Cuánto te saldrá a ti?.

6. Si actualmente tú ganas $50.000 mensuales, pero estás esperando un aumento del 10 % anual, ¿cuál será tu sueldo mensual en cinco años?

7. En los siguientes ejercicios, expresa el número dado en tres formas: fracción reducida, decimal y porcentaje.

   a) $\frac{2}{5}$

   b) 30 %

   c) 0, 20

   d) 0, 85

   e) 69 %.

   f) $\frac{7}{5}$

8. El sueldo de Jorge aumentó de $200.000 en el 2007 a $250.000 en el 2010. En el mismo período de tiempo, el sueldo de Verónica aumentó de $250.000 a $350.000. ¿Cuál sueldo aumentó más en términos absolutos?, ¿y en términos relativos?

9. El número de muertos por ataques cardíacos disminuyó de 108.000 personas en 1970 a 91.000 personas en 2005. Encuentre el cambio absoluto y el relativo en porcentajes.

10. En el 2006, Francia era el país número uno en relación al número de turistas, con 77 millones anuales de turistas. España era el segundo y recibía 50 millones anuales. Determina la diferencia relativa y la absoluta.

11. Daniel es 25 % más alto que Andrea. Determine qué porcentaje de la altura de Andrea es la altura de Daniel.

12. Una multitienda ofrece una liquidación de toda su mercadería en 25 %. Determina cuántas veces más es el precio original de un producto en relación al precio de liquidación.

13. En un período de 25 años, el porcentaje de la población que vive en países desarrollados descendió de 25 % a 20 %. Expresa este cambio en términos de puntos porcentuales y cómo cambió en términos de porcentajes.

14. Compraste una bicicleta cuyo precio sin IVA era de $35.000. Si el IVA es de 19 %, ¿cuánto pagaste por la bicicleta?

15. Fuiste a un restaurante y tu cuenta fue de $17.000, tú dejas $2.500 de propina,

¿cuál fue el porcentaje de la propina que dejaste?

16. Después de comer en un restaurante, pagaste $20.000. Esto incluyó 20 % de propina, ¿cuánto pagaste por la comida?

17. La clase consta de 60 % de mujeres, de las cuales 10 % son rubias. ¿Qué porcentaje de la clase tiene el pelo rubio?

18. Para un terreno de 0,6 **km** de largo y 200 **m** de ancho, determina la razón entre el largo y el ancho.

19. Las edades de tres hermanas: María, Carmen y Lucía, son entre sí como 2 : 5 : 3. Si sus edades suman 30 años, determina la edad de Lucía.

20. Si A y B son magnitudes directamente proporcionales. Determine según la siguiente tabla, los valores de x e y:

A	5	x	15
B	30	42	y

21. Cuando nació Pedro, Mario tenía 8 años. Si actualmente sus edades están en la razón 3 : 5, ¿qué edad tiene Mario?

22. Hernán, Miguel y Osvaldo compraron un número de rifa en $2.000 y cuyos aportes fueron: Hernán $800, Miguel $500 y Osvaldo $700. Si obtuvieron un premio de $280.000, ¿cuánto le correspondió del premio a cada uno, al realizarse en forma proporcional a lo aportado?

23. En una guarnición hay 4.800 soldados con alimentos para 48 días. Si la dotación disminuye a 3.200 hombres, ¿para cuántos días alcanzarán los alimentos?

24. Un curso organiza un paseo y el bus le cobra $40.000 para llevarlos y traerlos. En un comienzo iban 25 estudiantes. El precio por pasaje se divide en partes iguales entre los que viajan. ¿En cuánto aumenta el pasaje si al final solo viajan 20 estudiantes?

25. En un recipiente hay 16 litros de una mezcla que contiene agua y alcohol. Si 7 litros de esta mezcla son de alcohol, ¿cuántos litros de agua deberán agregarse a la mezcla para que la cantidad de alcohol y el total de la mezcla queden en la razón 1/3?

26. Si 8 hombres arman 16 máquinas en 12 días, entonces, ¿cuántos días se demorarán 15 hombres, de igual rendimiento que los iniciales, en armar 50 máquinas?

27. Para hacer un bizcocho tenemos una receta que mezcla 1/4 **kg** de harina, 10 **cl** de yogur y 175 **g** de azúcar. ¿Qué cantidad de harina y azúcar se necesitarán para mezclarlas con 6 yogures de 12,5 **gl** cada uno?

28. En una prueba ciclista se reparten $250.000 de premio entre los tres participantes de forma inversamente proporcional al tiempo empleado. El primero ha tardado 1 hora, el segundo 2 horas y el tercero 6 horas. ¿Cuánto recibe cada uno?

29. Con 7/4 **kg** de papas fritas, puedo invitar a 7 amigos. ¿A cuántos puedo invitar con 2**kg** y medio?

30. Un granjero ha calculado que para 80 gallinas que él posee, dispone de comida para 60 días. Si compra 40 gallinas más, ¿ cuánto le durará la comida?

31. Una fábrica dispone de una cantidad de mesas. Para distribuirlas contrata 30 camiones que llevarán 15 mesas cada uno durante 1 día. ¿Cuántos camiones serán necesarios para transportar la misma cantidad de mesas si cada uno lleva 12 mesas en 5 días?

32. Una temperatura de horno aumenta uniformemente después de conectarlo. A los 6 minutos alcanza los 65°C y a los 13 minutos, los 96,5°C. ¿Cuántos minutos a partir de la conexión serán necesarios para alcanzar 191°C?

33. Te encuentras paseando en Río de Janeiro y te fascinaste con una blusa multicolor que cuesta 18.000 reales brasileños. Si el cambio es un real por $1,8, ¿cuánto te sale la blusa en pesos chilenos?

Trabajos de investigación para ser discutidos en talleres

1. Buscar en la prensa escrita una noticia que se refiera a porcentajes y que esté mal aplicada.
2. Investigar al matemático **Tales de Mileto**, descubrir alguno de sus teoremas que tenga relación con proporciones y buscar alguna aplicación.
3. Investigar la **sección áurea** y mostrar alguna aplicación al arte.

3 Astronómicamente grande y microscópicamente pequeño

Apreciación de las distancias siderales y atómicas. Notación científica 3.1

Trabajar con unidades es una técnica muy poderosa de resolución de problemas, pero solo si las unidades están dadas claramente y todos entendemos su significado. En la actualidad hay un sistema de medición estándar que se utiliza internacionalmente, salvo por algunas excepciones. Este sistema se conoce como el **Sistema Métrico Internacional** (SI) y fue introducido en Francia a fines del siglo XVIII. Este sistema fue creado por dos motivos fundamentales: reemplazar una gran variedad de unidades que se utilizaban en ese momento por un sistema con muy pocas unidades básicas y simplificar las conversiones usando el sistema decimal, es decir, con base 10. En este sistema las unidades básicas son 7, pero nos concentraremos en 3:

- El **metro** para medir longitudes se abrevia por **m**
- El **kilogramo** para medir masa se abrevia por **kg**
- El **segundo** para medir tiempo se abrevia por **s**

Estas unidades pueden combinarse con un prefijo que indica que multiplicamos la cantidad por alguna potencia de 10. La tabla 3.1 presenta algunos prefijos y símbolos utilizados en el SI.

Las potencias de 10 indican cuántas veces debemos multiplicar por 10. Por ejemplo:

$$\begin{aligned} 10^3 &= 10 \times 10 \times 10 = 1.000 \\ 10^{-3} &= \frac{1}{10^3} = \frac{1}{10 \times 10 \times 10} = \frac{1}{1.000} = 0,001 \end{aligned}$$

Prefijo	Símbolo	Valor	Prefijo	Símbolo	Valor
deci	d	10^{-1}	deca	da	10^{1}
centi	c	10^{-2}	hecto	h	10^{2}
mili	m	10^{-3}	kilo	k	10^{3}
micro	μ	10^{-6}	mega	M	10^{6}
nano	n	10^{-9}	giga	G	10^{9}

Tabla 3.1: Algunos prefijos utilizados en el SI

Las operaciones con potencias de 10 se resumen en:

Multiplicación de potencias 10:	$10^n \times 10^m$	=	10^{n+m}
División de potencias de 10:	$\dfrac{10^n}{10^m}$	=	10^{n-m}
Potencia de potencias de 10:	$(10^n)^m$	=	10^{nm}

Por ejemplo, para multiplicar potencias de 10 solo debemos sumar los exponentes:

$$10^7 \times 10^{-3} = 10^{7+(-3)} = 10^4 = 10.000$$

Por otro lado, para dividir potencias de 10 debemos restar los exponentes:

$$\frac{10^3}{10^4} = 10^{3-4} = 10^{-1} = 0,1$$

$$\frac{10^{-6}}{10^{-4}} = 10^{-6-(-4)} = 10^{-2} = 0,01$$

Por último, una potencia de 10 elevada a otra potencia corresponde a elevar 10 al producto de las potencias, por ejemplo:

$$(10^2)^3 = 10^{2\times 3} = 10^6 = 1.000.000$$

Ejemplo
Convertir 2.759 centímetros a metros y calcular cuántos nanosegundos hay en un microsegundo.

Solución

De la tabla tenemos que **series centi** *significa* 10^{-2}*, luego* 1 **cm** = 10^{-2} **m** *o equivalentemente* 1 **m** = 100 **cm**.

Por lo tanto

$$2.759\ \mathbf{cm} \times \frac{1\ \mathbf{m}}{100\ \mathbf{cm}} = 27{,}59\ \mathbf{m}$$

En el segundo caso, comparamos las cantidades dividiendo el tiempo más largo (microsegundos), por el tiempo más corto (nanosegundos):

$$\frac{1\ \mu s}{1\ ns} = \frac{10^{-6}\ s}{10^{-9}\ s} = 10^{-6-(-9)} = 10^{3} = 1.000$$

Luego un microsegundo es 1.000 *veces más largo que un nanosegundo.*

Existen varias unidades de medición de la temperatura, pero las más comunes son los grados Celsius y los grados Farenheit. La relación entre ambas unidades está dada por:

Para convertir de	utilizamos
Grados Celsius (C) a Farenheit (F)	$F = 1{,}8 \times C + 32$
Grados Farenheit (F) a Celsius (C)	$C = \frac{F - 32}{1{,}8}$

Tabla 3.2: Conversión entre grados Celsius y grados Farenheit

Ejemplo

Si el promedio de la temperatura corporal del ser humano es de 37 grados Celsius, ¿cuánto vale este promedio en grados Farenheit?

Solución

Sabemos por la tabla anterior que $F = 1{,}8C + 32$ *por lo tanto* $1{,}8 \times 37 + 32 = 98{,}6$*, por lo tanto, el promedio de la temperatura corporal del ser humano es de* $98{,}6$ *grados Farenheit.*

En el diario vivir nos encontramos con distintas unidades. Por ejemplo, unidades de energía cuando pagamos una cuenta de luz, unidades de potencia cuando compramos gasolina, o cuando miramos cuántas calorías tiene un cierto producto que queremos comer. También nos encontramos con expresiones que definen sus propias unidades como, por ejemplo, la densidad del agua dada en gramos por centímetro cúbico, la concentración de personas por metro cuadrado en un cierto espectáculo o inclusive la densidad de información que puede tener un DVD en cada centímetro cuadrado. Es decir, tenemos una relación entre las unidades que ya son familiares y que deben sobrentenderse del contexto mismo.

Cuando trabajamos con números muy grandes o muy pequeños, es mucho más sencillo escribirlos utilizando lo que se conoce como **notación científica**. En este formato cada número los escribimos como el producto de dos cantidades: un número entre 1 y 10 multiplicado por una potencia de 10. Esta notación facilita muchísimo la escritura de números grandes y pequeños, pero debemos tener cuidado al utilizarlos, ya que podríamos ser engañados fácilmente. Por ejemplo, un número como 10^{80} es tan fácil escribirlo que podríamos pensar que no es un número muy grande; sin embargo, es tan grande que supera el número total de átomos conocidos en el universo.

Otro ejemplo para contextualizar esta idea es el diámetro del núcleo de hidrógeno cuyo valor es de $0,000000000000001$ metros, pero que en notación científica escribiríamos como 10^{-15} metros. Otra ventaja de esta notación es que permite hacer aproximaciones rápidamente sin necesidad de una calculadora. Por ejemplo, si queremos calcular 5.795×326, podemos aproximar 5.795 a 6.000 y 326 a 300, con lo cual

$$5.795 \times 326 \approx 6.000 \times 300 = 6 \times 10^3 \times 3 \times 10^2 = 18 \times 10^5 = 1.800.000$$

Dado que el número exacto es 1.889.170, nuestro rápido cálculo nos dio una buena aproximación.

Ejemplo

En una ciudad de 8.000.000 de habitantes se desea hacer una rápida estimación de la basura que se acumula cada día, sabiendo que en promedio cada persona desecha $0,0009$ toneladas diarias.

Solución

Tenemos que calcular $8.000.000 \times 0,0009 = 8 \times 10^6 \times 9 \times 10^{-4} = 72 \times 10^2 =$ 7.200 *toneladas diarias.*

Precisión y dígitos significativos 3.2

Ahora que ya contamos con un método para escribir números grandes y pequeños, queremos avanzar para colocar los números en perspectiva. No existe un único método para darles significado a los números, pero aquí expondremos algunas técnicas que resultan útiles para el propósito.

Utilizar estimaciones 3.2.1

Por ejemplo, si queremos visualizar una altura de 150 metros, podemos utilizar el hecho de que cada piso de un edificio mide aproximadamente 3 metros. Por lo tanto, podemos visualizar 150 metros imaginándonos un edificio de 50 pisos. Hay que tomar en consideración que las estimaciones nunca son exactas, pero son útiles a pesar de que nos dan un valor dentro de un rango de variación muy grande.

Una estimación de un **orden de magnitud** especifica solo un rango de variación grande. Por ejemplo, podemos inferir muchas cosas al saber si la población de un cierto pueblo está dentro de las 10.000 personas o supera el millón de personas; aquí el rango de variación está entre 10.000 y un millón. En general cuando usamos una estimación de orden de magnitud, incluimos la palabra **orden** en la expresión. Por ejemplo decimos que la población de Chile es del orden de los 15.000.000 de habitantes.

Ejemplo

Haga una estimación del orden de magnitud de lo que gastan los chilenos en helados al año.

Solución

Dado que los chilenos somos más proclives a comer helados en los meses de calor que podemos estimar en siete, desde septiembre a marzo inclusive, podemos además suponer razonablemente que cada persona come en promedio un helado semanal, lo que daría un promedio de 28 *en el período de calor mencionado por año, y que el promedio del precio de cada helado es de* $\$\,200$, *tendríamos entonces que el gasto anual estimado para los chilenos en helados es del orden de:* $15.000.000 \times 28 \times 200 = 1,5 \times 10^7 \times 2,8 \times 10^1 \times 2 \times 10^2 = 8,4 \times 10^{10}$. *Es decir, el gasto en helados anualmente es del orden de los* 84.000 *millones de pesos.*

Una segunda técnica para colocar los números en perspectiva es por el método de **comparación**. Por ejemplo, el hombre más rico del planeta tiene una fortuna del orden de los 100.000 millones de dólares. Difícil imaginar lo que esto significa, pero supongamos que al igual que Rico McPato desea contar su fortuna, que se encuentra en billetes de 1 dólar. Si suponemos que cada billete lo cuenta en 1 segundo, entonces podemos calcular cuánto se demorará:

Los 100.000 millones los podemos escribir como 10×10^{11} y 60 segundos son 1 minuto y 60 minutos son 1 hora, es decir, 360 segundos son una hora; como 24 horas son un día, 8.640 segundos conforman un día y si consideramos los 365 días que forman un año, tendríamos entonces que un año contiene 3.153.600 segundos. Es decir, en un año, Rico McPato solo alcanzará a contar 3.153.600 dólares, por lo tanto para contar toda su fortuna requerirá de aproximadamente 3.171 años y esto es sin tomarse ningún descanso. Al comparar la fortuna de Rico McPato con la cantidad de años que tendría que vivir para contarlos, nos da un claro marco de referencia para entender la cuantía de su fortuna.

Otro ejemplo interesante tiene relación con la vida en nuestro planeta. Todos suponemos que los organismos vivos seguirán floreciendo en la Tierra mientras el Sol no muera. Los científicos estiman que en aproximadamente 5 mil millones de años el Sol morirá. ¿Tenemos una remota idea de cuán largo es ese tiempo? Primero comparemos lo que le queda de vida al Sol con una vida humana longeva, digamos de 100 años. Eso es:

$$\frac{5 \times 10^9 \text{ años}}{100 \text{ años}} = 5 \times 10^7$$

Es decir, lo que le queda de vida al Sol es aproximadamente 50 millones de veces una vida humana. Podemos dar aún más perspectiva a este número dividiendo una vida humana de 100 años por los 50 millones y convirtiendo el resultado de años a minutos:

$$\frac{100}{5 \times 10^7} = 2 \times 10^{-6} \times 365 \times 24 \times 60 \approx 1 \text{ min}$$

Luego, la longitud de una vida humana en comparación a lo que le queda de vida al Sol es aproximadamente como **un minuto** en una vida humana de 100 años.

Muchos de los números con que nos encontramos en la vida diaria son menos precisos que lo que suponemos, y por lo tanto nos pueden llevar a cometer errores a menos que aprendamos a examinarlos e interpretarlos dentro de su imprecisión. Entender la naturaleza de la incertidumbre nos permitirá estar mejor preparados para entender las cifras que nos rodean; por ejemplo, los típicos números que leemos en la prensa o escuchamos en las noticias.

Un factor primordial al trabajar con números es cómo expresamos la incertidumbre de medida. Por ejemplo, si me peso y afirmo que estoy pesando 54 kilos no es lo mismo que si afirmo que peso 54, 00 kilos. En la primera afirmación me estoy refiriendo a una pesa cuya escala redondea el kilo siguiente, mientras que en la segunda me estoy refiriendo a una pesa que redondea a la centésima parte de un kilo.

Los dígitos en un número que representan las cifras del número que realmente medimos y por lo tanto tienen significado, se llaman **dígitos significativos**. Por ejemplo, 54 kilos tiene dos dígitos significativos e implica medición hasta el siguiente kilo, mientras que 54, 00 tiene cuatro dígitos significativos e implica medición hasta la centésima parte de un kilo.

Nótese que los ceros son significativos cuando representan una verdadera medida y no cuando simplemente sirven para marcar la coma decimal. En el ejemplo, suponemos que los ceros en 54, 00 kilos son significativos porque si no, no existe ninguna razón para incluirlos, pero los ceros en por ejemplo 600 centímetros no son significativos porque si lo escribimos como 6 metros es más simple de entender y solo tiene un dígito significativo.

Como vemos, el problema en contar los dígitos significativos es poder deducir si los ceros tienen un verdadero significado. Por ejemplo, si su profesor les afirma que en su clase hay 100 alumnos, no hay forma de saber si hay exactamente 100 o es una aproximación. Para evitar este tipo de ambigüedad, escribimos los números en notación científica, y en tal caso, los ceros aparecen solamente cuando son significativos. Es decir, 1×10^2

Tipo de dígito	Significado
Distinto de cero	Siempre significativo
Ceros después de un dígito ($\neq 0$) y que están a la derecha de una coma	Siempre significativos
Ceros entre dos dígitos ($\neq 0$)	Siempre significativos
Ceros a la izquierda del primer dígito $\neq 0$	Nunca significativos
Ceros a la derecha del último dígito $\neq 0$ pero antes de la coma	Nunca significativo a menos que se especifique

Tabla 3.3: Identificación de los dígitos significativos de un número

implica una medición aproximada al centésimo estudiante, mientras que $1,00 \times 10^2$ implica exactamente 100 alumnos.

Ejemplo
Determine el número de dígitos significativos y el significado de los siguientes números:

1. Un tiempo de $11,90$ segundos
2. Una longitud de $0,000067$ metros
3. Una población de 240.000 habitantes
4. Una población de $2,40 \times 10^5$ habitantes

Solución

1. *El número* $11,90$ *segundos tiene cuatro dígitos significativos e implica una medida de exactitud hasta el* $0,01$ *segundo.*
2. *El número* $0,000067$ *metros tiene dos dígitos significativos e implica una exactitud hasta* $0,000001$ *metros.*
3. *El número* 240.000 *habitantes tiene dos dígitos significativos e implica una exactitud hasta* 10.000 *habitantes.*
4. *El número* $2,40 \times 10^5$ *habitantes tiene tres dígitos significativos, lo que implica una exactitud hasta* 1.000 *habitantes.*

Ejemplo
Calcule $7,7 \times 9,92$ con dos dígitos significativos.

Solución
$7,7 \times 9,92 = 76,384$, *pero como son dos los dígitos significativos que debemos entregar, entonces la respuesta es* 76.

Ejemplo
Calcule 240.000×72.106 con cuatro dígitos significativos.

Solución

$240.000 \times 72.106 = 1,730544 \times 10^{10}$. *Como la respuesta debe ser con cuatro dígitos significativos, entonces redondeamos a* $1,731 \times 10^{10}$.

Aproximaciones y errores 3.3

Estamos en condiciones de trabajar con los errores mismos. Comenzaremos describiendo dos tipos de errores y discutiremos cómo cuantificar el tamaño de los errores y cómo informar el resultado final de la cuenta de los errores. Fundamentalmente los errores se clasifican en dos categorías: **random** y **sistemáticos**. Ilustraremos la diferencia utilizando dos ejemplos:

1. Nos encontramos en la consulta de un pediatra tratando de pesar una guagua de tres meses en una pesa digital. Todos los que hemos tenido contacto con guaguas sabemos que no les gusta que las pesen y por lo tanto pesarlas no es fácil: en ese momento ellas lloran y se mueven, y por lo tanto el resultado de la lectura del peso varía. En nuestro caso, con el movimiento el valor del peso flucťua entre $5,0$ y $5,8$ kilos. Para esta medición, decimos que la variación del resultado de la pesa es un **error random**, porque cualquier medida particular que escojamos dentro de ese intervalo de variación puede ser muy grande o muy pequeña.

2. Supongamos ahora que hemos pesado guaguas todo el día. Al final del día, notamos que la pesa marca $0,5$ kilos vacía. Esto significa que todas los valores de los pesos de las guaguas que pesamos durante el día están aumentadas en $0,5$ kilos. Este tipo de error se conoce como **error sistemático**, porque es un error que afecta consistentemente todas las mediciones.

Resumiendo:

- Los errores **random** ocurren por eventos impredecibles en el proceso de medición.
- Los errores **sistemáticos** ocurren cuando hay un problema en el sistema de medición que afecta a todas las mediciones por igual.

Un error sistemático afecta a todas las mediciones por igual y por lo tanto, al descubrir el error, se puede volver atrás y ajustar todas las mediciones realizadas. En contraposición, si el error es random, es imposible corregirlo por su propia naturaleza. Sin embargo, este error se puede minimizar realizando muchas mediciones y después tomando su promedio. Por ejemplo, al pesar una guagua, podríamos hacerlo 10 veces, y después promediar estas mediciones: el valor promedio dará una mejor aproximación a su peso real.

Además de querer saber si un error es random o sistemático, nos gustaría también saber algo sobre la magnitud del error cometido. Fundamentalmente, nos gustaría saber si el error es suficientemente grande como para preocuparnos o suficientemente pequeño para restarle importancia. Supongamos que vamos a una carnicería y solicitamos 2 kilos de lomo liso y como la pesa no estaba muy bien calibrada, en realidad obtuvimos $1,5$ kilos de lomo. Ahora supongamos que compramos un auto y en el manual dice que el auto pesa $1.252,8$ kilos, pero en realidad pesa $1.252,3$ kilos. El error cometido en ambos ejemplos es el mismo, $0,5$ kilos; sin embargo, es claro que en el primer caso nos importa muchísimo, mientras que en el caso del auto no le damos mayor importancia. La importancia del error puede depender de cómo lo veamos.

1. El **error absoluto** describe la diferencia de la supuesta medida del valor real:

$$\text{error absoluto} = \text{valor medido} - \text{valor real}$$

2. El **error relativo** compara la medida del error cometido con el valor real:

$$\text{error relativo} = \frac{\text{error absoluto}}{\text{valor real}}$$

En ambos casos, el de la carne y del auto, el error absoluto es de $0,5$ kilos, pero en el caso de la carne el error absoluto de $0,5$ kilos es un tercio del valor real. Es decir, el error relativo en el caso de la carne es $0,33$, bastante grande, mientras que en el caso del auto el error relativo es de $0,000399$, o sea, de $0,03\,\%$, un valor muy pequeño.

Ejemplo

Encuentre el error absoluto y el relativo en cada caso:

1. Tu peso es de 54 kilos, pero en una pesa dice 59 kilos.
2. Tú afirmas que tu auto te costó 5.000.000 de pesos, pero su precio real es de 6.000.000 de pesos.

Solución

1. *El error absoluto es:*

$$59\ kilos - 54\ kilos = 5\ kilos$$

El error relativo es:

$$\frac{5\ kilos}{54\ kilos} = 0,09 = 9\,\%$$

2. *El error absoluto es:*

$$5.000.000 - 6.000.000 = -1.000.000\ pesos$$

El error relativo es:

$$\frac{-1.000.000}{6.000.000} = -0,16 = -16\,\%$$

Cuando se entrega una medición, debemos confirmar su veracidad considerando errores potenciales que pudieron influir. En particular su **exactitud** y su **precisión**. La meta de cualquier medición es obtener un valor lo más cercano posible al valor real. Cuanto más cercano esté al valor real, su exactitud es mayor. Si en un censo se mide que la población de un cierto pueblo es de 7.600 habitantes, pero en realidad es de 10.450, el reporte del censo no es muy exacto. Si una empresa afirma que las ganancias esperadas para el siguiente año son de 100 millones de pesos y resulta que fueron de 101 millón de pesos, podemos decir que su proyección fue bastante exacta.

La precisión de un número describe la cantidad de detalles considerados en la medición. Por ejemplo, una distancia dada como 2, 345 kilómetros es más precisa que la de 2, 3 kilómetros.

Estimaciones: Problemas de Fermi 3.4

Se denominan problemas de Fermi o estimación de Fermi, en homenaje al físico italiano Enrico Fermi, a problemas que involucran el cálculo de cantidades que parecen imposibles de estimar dada la limitada información disponible. La respuesta a un problema de Fermi no puede comprobarse por deducción lógica y siempre es aproximado, pero la forma en que se resuelven es de gran valor para el arte de vivir. Los problemas de Fermi tienen características típicas: al escucharlos no se entiende cómo resolverlos. Se está seguro de que falta información, pero cuando el problema se divide en subproblemas, cada uno de ellos es de fácil resolución, y se logra finalmente hacer una estimación que se aproxima notablemente a la solución exacta.

El problema clásico de Fermi, generalmente atribuido a él, es calcular cuántos afinadores de piano hay en Chicago. Nosotros lo adaptaremos para responder cuántos afinadores de piano hay en Santiago de Chile. Veamos el método:

Si la población de la zona urbana de Santiago fuera de 3.000.000 de habitantes, y una familia promedio cuenta con 4 personas y 1/6 de ellas poseen un piano, existirían en Santiago unos 125.000 pianos ((3.000.000/4)/6). Si cada piano es afinado cada 10 años, entonces tendrían que hacerse 12.500 afinamientos al año. Si cada afinador puede poner a punto 4 pianos diarios, y trabaja durante 250 días al año, para cubrir todos los afinamientos anuales se requerirían 50 ajustes diarios repartidos entre 13 afinadores en la ciudad.

La respuesta no es exacta. Podría ser cualquier valor entre 5 y 20, pero con toda seguridad no afirmaríamos que hay 2.000 afinadores en Santiago. La idea de Fermi era demostrar que aunque la respuesta es desconocida, puede estimarse una cantidad que está dentro del margen de lo posible. Esto se debe a que los errores tienden a cancelarse entre sí cuando hay varios cálculos conectados y así es poco probable que todos los errores de una hipótesis subestimen o sobreestimen al mismo tiempo. La distribución de errores hace que estos tiendan a anularse entre sí convergiendo al número correcto.

Un problema más cercano a nuestro contexto es el siguiente:

Se desea estimar cuánto dinero se recauda por la donación de los pesos en los vueltos al pagar en las cajas de un supermercado durante un mes. Los datos relevantes son: el promedio de donación por persona, cantidad de cajas, tiempo de atención promedio y horario de atención del supermercado. Es razonable suponer que en promedio cada persona dona \$3, la cantidad de cajas es alrededor de 50, una persona es atendida cada 5 minutos y un supermercado atiende por 12 horas todos los días de la semana y un mes tiene 30 días.

Por lo tanto, lo que se recauda en un mes es aproximadamente:

$$3\left(\frac{\text{pesos}}{\text{persona}}\right)\times 50(\text{cajas})\times 12\left(\frac{\text{personas}}{\text{hora}\times\text{caja}}\right)\times 12\left(\frac{\text{horas}}{\text{día}}\right)\times 30(\text{días})\approx \$700.000$$

Podríamos estar en desacuerdo con algunas suposiciones, aunque es importante recalcar que en estos problemas lo que interesa es el orden de magnitud y no un resultado exacto. Podemos, por ejemplo, aumentar el promedio de lo donado por persona (lo que se muestra en la Tabla 3.4) y apreciar que el promedio de los pesos donados aumenta, pero el total es siempre del orden del millón (entre uno y dos millones).

Pesos	Cajas	Personas	Horas	Días	Donación
3	50	12	12	30	$648.000
4	50	12	12	30	$864.000
5	50	12	12	30	$1.080.000
6	50	12	12	30	$1.296.000
7	50	12	12	30	$1.512.000
8	50	12	12	30	$1.728.000
9	50	12	12	30	$1.944.000

Tabla 3.4: Promedio de lo donado por persona

Ejemplo
El reloj de Lewis Carroll

No tengo reloj, no me gusta saber la hora qué es; prefiero guiarme por mi reloj biológico y bueno, no me va nada mal, en definitiva, ningún reloj con el que me cruzo marca la misma hora, el que está adelantado para así no llegar tarde, el que se quedó con la hora antes del cambio horario esperando un nuevo cambio, el que agotó la pila olvidado en una pared o en un cajón...

Una vez más aparece Lewis Carroll para plantear un problema:

¿Qué es mejor: un reloj que da la hora exacta una vez por año o un reloj que es puntual dos veces al día?

Solución

Analicemos cada uno de los relojes. Vamos al caso más sencillo: el reloj que es puntual dos veces al día, debe ser un reloj que está parado, ya que cada día (24 horas), si el reloj estuviera andando correctamente, la aguja horaria habría dado 2 vueltas completas, por lo tanto habría pasado 2 veces por la posición de la aguja horaria detenida.

En el segundo caso, se trata de un reloj que se atrasa x segundos al día, de manera que al cabo de un año la aguja horaria habría dado exactamente una vuelta menos de lo que debería haber dado. La pregunta ahora sería: ¿cuánto tendría que atrasarse el reloj para que al cabo de un año se hubiera perdido una vuelta (12 horas)? Esto es una regla de tres simple:

Si en 365 días ha perdido $12 \times 60 \times 60 = 43.200$ *segundos, entonces en un día habrá perdido x segundos, donde* $x = 43.200/365 = 118,36$ *segundos =* 1 *minuto y* 58,36 *segundos al día. Según este análisis, es mejor el reloj que da la hora exacta una vez al año.*

Ejercicios propuestos 3.5

1. Transforme cada uno de los siguientes números escritos en notación científica a notación ordinaria y escriba su valor.
   - 3×10^3
   - 6×10^6
   - 3.4×10^5
   - 2×10^{-2}
   - $2,1 \times 10^{-4}$
   - 8×10^2
   - $7,66 \times 10^{-2}$
   - $3,3 \times 10^{-5}$
2. Escriba los siguientes números en notación científica:
   - 233
   - 126.547
   - 0,11
   - 0,08642
   - 98,180004
   - 0,0045
   - 624.738.200
3. Realice las siguientes operaciones sin calculadora y exprese su resultado en notación científica. Puede redondear sus respuestas a un decimal.
   - $(3 \times 10^3) \times (2 \times 10^2)$
   - $(4 \times 10^2) \times (3 \times 10^8)$
   - $(3 \times 10^3) + (2 \times 10^2)$
   - $(8 \times 10^{12}) \div (4 \times 10^4)$
   - $(3,2 \times 10^5) \times (2 \times 10^4)$
   - $(9 \times 10^{13}) \div (3 \times 10^{10})$
4. En los siguientes ejercicios compare los números y dé el factor por el que difieren. Por ejemplo: 10^6 es 100 veces o 10^2 veces más grande que 10^4.
   - 10^{35} y 10^{25}
   - 10^{17} y 10^{27}
   - 1 billón y 1 millón
   - 7 trillones y 7.000
   - 10^{-8} y 2×10^{-13}
   - $9,3 \times 10^2$ y $3,1 \times 10^{-2}$
   - $3,5 \times 10^{-2}$ y 7×10^{-8}
5. En los siguientes ejercicios, aproxime la respuesta por el método de estimaciones. Después haga el cálculo con la calculadora y comente cuán buena fue su aproximación:
   - 300.000×100
   - 5,1 millones$\times$19.000
   - $(4 \times 10^9) \div (2,1 \times 10^6)$
   - $4.288.364 \div 2.132$
   - $(6,129845 \times 10^6) \div (2,198 \times 10^4)$
   - 3 billones $\div$25.000
   - $43 \div 765$
6. En los siguientes ejercicios, haga una estimación del orden de magnitud:
   - La cantidad en pesos que gastan los chilenos anualmente en ir al cine.
   - El número de respiraciones realizadas por usted en una semana.
   - La cantidad de agua que usted bebe en un año.
   - El número total de palabras en este capítulo.

- La cantidad total de dinero que usted gasta durante un año en alimentación.

7. Bajo las reglas usuales de contar dígitos significativos, ¿cuál de los siguientes números tiene más dígitos significativos?
   - $5,0 \times 10^{-1}$; 5×10^{3}; 500.000
   - $1,02$; $1,020$; $0,000020$

8. Usted trata de medir la temperatura externa a una cierta hora. Si utiliza tres termómetros colocados directamente al sol, el sol puede afectar su medición por:
   a) error random
   b) error sistemático
   c) disminución en la precisión

9. En la corrección de la PSU se comete un error que causa que varios miles de estudiantes bajen 50 puntos de su puntaje. Entonces:
   a) Todos los puntajes tienen el mismo error relativo, pero el error absoluto varió.
   b) Todos los puntajes tienen el mismo error absoluto, pero el error relativo varió.
   c) Ambos errores fueron iguales en todos los casos.

10. Una pesa digital muestra que tu peso es de 62 kilos, pero tu peso real es de 59, 5 kilos, entonces:
    a) La pesa fue bastante precisa, pero no muy exacta.
    b) La pesa fue bastante exacta, pero no necesariamente precisa.
    c) La pesa fue tanto precisa como exacta.

4 Interpretando datos

Introducción 4.1

La estadística juega un rol preponderante en la actual sociedad y de hecho, es muy difícil pensar en algún tema que no esté de alguna manera relacionado con las estadísticas. Se utilizan para determinar la efectividad de una cierta droga en el tratamiento del cáncer, en las encuestas de opinión sobre la popularidad de un cierto gobierno, en los estudios de mercado, en el estudio de las probabilidades que un equipo de fútbol gane un mundial, en la educación, en la agricultura, en la predicción del tiempo, etcétera. Mientras que la ciencia de la estadística es la ciencia de recaudar, organizar e interpretar información, las estadísticas son los datos que describen o resumen alguna situación. Por ejemplo, si en un curso hay 30 alumnos cuyas edades fluctúan entre los 18 y 25 años, entonces los números 30 estudiantes, 18 años y 25 años son las estadísticas que describen ese curso.

Los estudios estadísticos son realizados de diferentes modos y para una gran diversidad de objetivos, pero todos comparten algunas características. Consideremos, por ejemplo, los estudios sobre los *ratings* televisivos que son utilizados para estimar el número de personas que vieron un cierto programa durante la semana y así determinar el programa más popular de la semana. En la edición web de un diario del 24 de septiembre de 2009 aparece el titular: "Debate presidencial tuvo menos rating que ¿Dónde está Elisa?". Seguido del comentario: "Mientras que la teleserie nocturna promedia cada noche alrededor de 40 puntos, el encuentro político (el primero que se hace por TV en la presente campaña) apenas superó los 30 puntos en su peak de sintonía". ¿Qué significado tiene esto? Cada punto de rating representa 1 % de la **población** que es medida mediante un aparato electrónico colocado en los televisores de una cierta **muestra** de la población de Chile. El rating de 30 puntos indica el porcentaje de hogares con la TV prendida en el canal del debate.

En rigor, la **población** en un estudio estadístico es el conjunto completo de personas u objetos que se están estudiando y la **muestra** es un subconjunto de la población de la cual se obtiene la información.

Las características específicas asociadas a una colección de objetos o individuos bajo estudio que sean susceptibles de medición u observación (género, edad, nivel socioeconómico) se llaman **variables** y los **datos** u observaciones son los valores que toman las variables como ser, masculino, 37, ABC1.

Las variables se dividen en dos grupos: **variables cuantitativas** y **variables cualitativas**.

Las **variables cuantitativas** se pueden medir o cuantificar y tiene sentido efectuar algunas operaciones aritméticas con ellas, por ejemplo, sumarlas o aumentarlas al doble y siempre son representadas por números.

A su vez, las variables cuantitativas se dividen en dos grupos: **variables continuas** y **variables discretas**.

Las variables **continuas** son aquellas cuyos posibles valores forman un intervalo de números reales y que resultan normalmente de una medición; como por ejemplo, estatura o peso de un individuo.

Por otra parte, una variable es **discreta** si para todo dato que no sea el máximo, existe otro dato que es el inmediatamente superior, es decir, la variable no toma valores entre ellos, por ejemplo, número de hijos o cantidad de docenas de huevos en un canasto.

Los datos de una variable cualitativa **nominal** son aquellos cuyos posibles valores son clases o categorías, entre las cuales no se puede establecer ningún ordenamiento sugerido por la magnitud eventual de los valores, como ser, el color de los ojos o las caras de un dado.

Se llaman parámetros muestrales a ciertos valores que se obtienen a partir de los datos obtenidos de la muestra y que determinan la distribución de esta; por ejemplo, promedio, varianza, etcétera. Los parámetros muestrales nos permiten estimar los verdaderos valores presentes en la población; estos valores se llaman **parámetros poblacionales.**

Ejemplo

Algunos antropólogos determinaron el tamaño promedio de los cerebros de los antiguos neandertales en Europa, estudiando los cerebros de restos de ellos que fueron encontrados en tres lugares distintos del sur de Europa. Describa la población, la muestra, los parámetros poblacionales y los estadísticos muestrales.

Solución

En este ejemplo, la población son los antiguos neandertales de Europa. Específicamente, quieren encontrar la medida promedio de sus cerebros, lo que constituye el parámetro poblacional. La muestra son los escasos individuos que fueron encontrados en los tres lugares del sur de Europa y los estadísticos muestrales podrían ser los promedios de las medidas de los cerebros de la muestra.

Los pasos básicos en un estudio estadístico son:

1. Especificar el **objetivo del estudio** en forma precisa. Es decir, determinar la población que se quiere estudiar y qué es exactamente lo que se quiere estudiar de ella.
2. Encontrar una **muestra representativa** de la población.
3. Recolectar información de la muestra y resumir esta información con **estadísticos muestrales** interesantes.
4. Utilizar los estadísticos muestrales para **inferir parámetros poblacionales**.
5. Obtener **conclusiones**: Determinar lo que se ha aprendido y si el objetivo original fue alcanzado.

Una **muestra representativa** es una muestra en la cual las características relevantes de los miembros de la muestra coinciden con las características de la población. Por ejemplo, una muestra que nos entrega una computadora que selecciona estudiantes al azar, es llamada **muestra aleatoria simple** y generalmente es una muy buena manera de escoger una muestra representativa.

Los métodos más comunes para escoger muestras son:

Muestra random simple : Escogemos una muestra de ítemes, de tal manera que cada muestra de un cierto tamaño tenga la misma posibilidad de ser elegida.

Muestreo sistemático : Escogemos un método sencillo de selección; por ejemplo, de una lista seleccionamos contando hasta 10 en forma reiterada, aquellos que se encuentran en los décimos lugares.

Muestra conveniente : Usamos una muestra que es conveniente selecciona; por ejemplo, las personas que se encuentran en una sala de clases. En general, no entrega muestras representativas.

Muestra estratificada : Este método se utiliza cuando nos preocupan las diferencias entre subgrupos dentro de la población; por ejemplo, niveles educacionales, niveles económicos o diferencias religiosas, etcétera.

Si deseamos, por ejemplo, realizar un estudio del peso promedio de los estudiantes masculinos universitarios, no sería buena idea escoger como muestra la selección de fútbol de la universidad. Esto se conoce como una muestra **sesgada**, que por supuesto llevaría a conclusiones erradas. En general, un estudio estadístico es sesgado cuando tiende a favorecer ciertos resultados.

Fundamentalmente, los estudios estadísticos caen en dos categorías:

Estudio observacional : Se observan o se miden en encuestas las características de la muestra, pero no se controlan ni se modifican las condiciones a las que los individuos están expuestos. Por ejemplo, una encuesta sobre hábitos alimenticios.

Experimento : Investigadores aplican un cierto tratamiento a una muestra o parte de una muestra y estudian los efectos del tratamiento. Por ejemplo, un estudio para determinar si grandes dosis de vitamina C pueden ayudar a prevenir los resfríos. Para realizar esto, los investigadores deberán utilizar grandes dosis de vitamina C en parte de su muestra. Es difícil determinar si un experimento es exitoso, a menos que se comparen grupos que reciben el tratamiento versus los que no lo reciben. En este caso tendremos un **grupo de tratamiento** (el que recibe el tratamiento) y un **grupo de control** (el que no lo recibe).

La mayoría de las investigaciones estadísticas son realizadas cuidadosamente y con integridad; sin embargo, son lo suficientemente complejas como para que un sesgo pueda aparecer de muchas maneras diferentes. Siempre debemos examinar las conclusiones de un análisis estadístico muy cuidadosamente, buscando cualquier detalle que pueda hacernos dudar del resultado. Veamos algunos *hints* que nos permitan contestar la pregunta: ¿debo yo creer en este estudio estadístico?

Hint 1 **Identificar el propósito, población y tipo de estudio** Antes de evaluar los detalles de un estudio estadístico, debemos averiguar de qué se trata exactamente. Para ello, debemos contestar las siguientes preguntas básicas:

1. ¿Cuál es el propósito del estudio?
2. ¿Cuál era la población estudiada? ¿Esta población estaba definida clara y apropiadamente?
3. ¿Qué tipo de estudio se realizó? ¿Era el tipo apropiado para lograr el propósito del estudio?

Ejemplo

Un periódico afirma lo siguiente: "Investigadores entregaron a los 50 participantes al congreso su carta astral y se les preguntó si el horóscopo que se les entregó era preciso: 85 % de los participantes contestaron que sí. Por lo tanto la conclusión de los investigadores fue que los horóscopos son válidos la mayoría de las veces".

El propósito de este estudio era determinar la validez de los horóscopos. Basados en los horóscopos que publica un periódico, este estudio fue observacional. Sin embargo, la precisión del horóscopo es de algún modo subjetivo. Este estudio debió ser un experimento controlado en el cual a algunos participantes se les entregaba el verdadero horóscopo y a otros uno falso. De esta manera, los investigadores podrían haber estudiado las diferencias entre los dos grupos. En resumen, el tipo de estudio fue inapropiado y por lo tanto los resultados no tienen sentido.

Hint 2 **Tomar en consideración la fuente** Los estudios estadísticos son objetivos, pero las personas que los realizan no lo son necesariamente. Por lo tanto, hay que considerar la fuente del estudio para evitar que esté sesgado.

Ejemplo
Existen muchos estudios que entregan clara evidencia de que el tabaco es perjudicial para la salud. Sin embargo, hay unos pocos estudios que determinan que no existe daño en fumar y que por el contrario, podría ser saludable. Estos últimos estudios fueron financiados por compañías tabacaleras. Por supuesto que este es un ejemplo en que debemos considerar la fuente de la información.

Hint 3 **Buscar el sesgo en la muestra** Buscar el sesgo que pueda hacer que la muestra no sea representativa. Hay dos formas comunes de sesgo que pueden afectar la muestra:

Sesgo de selección : Ocurre cuando los investigadores seleccionan una muestra que no es representativa de la población. Por ejemplo, una elección primaria que solo considera a los inscritos en un partido político claramente no va a reflejar la opinión de todos los votantes.

Sesgo participativo : Ocurre en general en las consultas voluntarias, pues las personas que participan son fundamentalmente aquellas a las que el tema en particular les interesa, pero el resultado no refleja la opinión de la totalidad de la comunidad.

Ejemplo
En 1958 se realizó una encuesta para predecir los resultados de la elección presidencial en Chile. Los candidatos eran Jorge Alessandri, Salvador Allende, Eduardo Frei Montalva, Luis Bossay y Antonio Zamorano. Se escogió en forma aleatoria una muestra poblacional muy amplia: un millón de personas, escogidas arbitrariamente dentro de ciertas listas que incluían guía telefónica, miembros de distintos clubes sociales, etcétera. A todos ellos se les envió una postal solicitando el nombre del candidato

que consideraban como el triunfador. Solo 400.000 personas contestaron la encuesta, obteniendo como resultado que Alessandri ganaría las elecciones con un porcentaje del 59 % de los votos emitidos.

El resultado de esta elección fue: 31, 52 % para Alessandri, 28, 91 % para Allende y 20, 75 % para Frei con 1.235.553 votos escrutados. ¿Qué pasó con esta encuesta? Aquí el problema es que la muestra poblacional sufría de ambos sesgos. Sesgo de selección porque las personas que en 1958 tenían teléfonos eran una minoría absoluta y en general del segmento económico alto, al igual que los que pertenecían a algún club social. Hay sesgo participativo porque los que contestaron voluntariamente eran personas más interesadas políticamente en la elección.

Hint 4 **Buscar problemas en las definiciones o las mediciones de las variables**

Ejemplo

En Estados Unidos se realizó un estudio que involucraba 1 % más acaudalado del país. A partir de los resultados obtenidos, estas personas están dispuestas a pagar en promedio:

1. $ 487.000 por amor verdadero.
2. $ 407.000 por una gran inteligencia.
3. $ 285.000 por talento.
4. $ 259.000 por juventud eterna.

En este ejemplo, las variables son muy difíciles de definir. ¿Qué se entiende por amor verdadero? ¿Amor por un día, por toda la vida o algo distinto? Lo mismo pasa con las otras variables; por ejemplo sostener una cuchara sobre la nariz, ¿es un talento?

Ejemplo

Las autoridades intentan evitar que entren drogas ilegales a Chile. Sin embargo, tienen éxito en confiscar entre 10 % y 20 % de las que se internan. ¿Debería creer en esta encuesta?

En este ejemplo tenemos dos variables: la cantidad de droga ilegal interceptada y la cantidad no interceptada. La primera variable es fácil de medir, pero la segunda es imposible, pues la droga es ilegal y por lo tanto es improbable que alguien la declare.

Hint 5 **Buscar variables que confunden** Variables que no se pretende que entren en el estudio pueden dificultar la interpretación correcta de este.

Ejemplo

Queremos hacer un estudio de cómo afecta la contaminación en el cáncer de pulmón. Escogemos dos muestras poblacionales, una en la comuna de

Pudahuel y otra en Olmué. Se encuentra que las proporciones de cáncer pulmonar son similares en ambas comunas, por lo tanto se concluye que la contaminación ambiental no es un factor significativo en este tipo de cáncer.

Aquí las variables son cantidad de contaminación y cantidad de casos con cáncer pulmonar. Sin embargo, dado que la proporción de fumadores está directamente relacionada con cáncer pulmonar, esa es una variable que confunde, y por lo tanto cualquier estudio que desee relacionar contaminación con cáncer pulmonar debe considerarla.

Hint 6 **Considerar el escenario y la fraseología del estudio** Aunque un estudio sea conducido con una muestra correcta y claramente definidos los términos y las preguntas, es importante detectar los problemas de escenario y de fraseología que pueden producir inexactitudes y respuestas deshonestas. Las respuestas deshonestas son usuales cuando se trata de situaciones sensibles como hábitos personales o ingresos. Por ejemplo, si la pregunta es: ¿hace trampa en su declaración de impuestos?, va a ser muy difícil identificar a los que dicen la verdad de los que mienten. En otros casos, inclusive las respuestas honestas no son muy exactas si la fraseología invita a un sesgo. Por ejemplo, en Alemania se hicieron las dos siguientes preguntas:

1. ¿Usted diría que el tráfico contribuye más o menos a la contaminación ambiental que las industrias?
2. ¿Usted diría que las industrias contribuyen más o menos a la contaminación ambiental que el tráfico?

Con la primera pregunta 45 % contestó el tráfico y 32 %, las industrias, mientras que con la segunda pregunta solo 24 % contestó el tráfico y 57 % las industrias. Solo con cambiar el orden de las palabras tráfico e industrias, se produce un cambio dramático en el estudio.

Hint 7 **Verificar que los resultados se presentan correctamente** Aunque un estudio estadístico esté realizado correctamente, puede ser mal interpretado en gráficos y/o conclusiones. Por ejemplo, un periodista podría mal interpretar un gráfico u obtener conclusiones no garantizadas para reportar una historia de manera más espectacular.

Ejemplo
Un estudio se realizó para determinar los costos de las matrículas universitarias en comparación con los mismos en 10 años anteriores. La conclusión es que aumentaron en 150 % durante ese período. ¿Aceptaría la conclusión?

Solución

Dado que la conclusión no entrega ninguna evidencia de cómo se realizó el estudio, en particular, si se consideró, por ejemplo, la inflación de ese período, yo tendría que dudar de la conclusión.

Hint 8 Relajarse y considerar las conclusiones Finalmente, aunque el estudio realizado sea razonable de acuerdo a todos los ítems anteriores, debemos analizar las conclusiones, haciéndonos al menos las siguientes preguntas:

1. ¿El estudio logró sus objetivos?
2. ¿Las conclusiones tienen sentido?
3. ¿Podría encontrar una explicación alternativa para los resultados obtenidos?
4. Si las conclusiones tienen sentido ¿ellas tienen algún significado práctico?

Tablas y gráficos estadísticos 4.2

Cuando miramos un periódico, un informe o un estudio gubernamental, es casi seguro que nos encontramos con tablas y gráficos estadísticos. Algunos son simples de entender, otros son más complicados y pueden producir confusión e inclusive llevarnos a cometer errores. En esta sección veremos los principios básicos tras las tablas y los gráficos.

Una profesora hace la siguiente lista de notas de su curso de 25 alumnos que dieron una prueba de matemáticas:

$$7; 4; 4; 5; 4; 3; 4; 4; 2; 3; 4; 4; 4; 5; 5; 7; 6; 1; 5; 6; 7; 6; 2; 4; 5.$$

Tabla 4.1: Notas obtenidas en una prueba de matemáticas.

Esta lista contiene la data cruda, pero no es muy fácil de leer. Una manera más eficiente de entregar esta información es con una **tabla de frecuencia**.

En una **tabla de frecuencia** se entrega en la primera columna los datos, también conocidos como **categorías**. Si la variable es cuantitativa o cualitativa ordinal, los datos se entregan ordenados o jerarquizados, usualmente de menor a mayor. En la segunda columna, llamada columna de **frecuencias absolutas** (FA), se ubica frente a cada dato su frecuencia, es decir, el número de veces que aparece en la muestra.

Algunas tablas presentan una tercera columna correspondiente a las **frecuencias relativas** (FR). Estas se obtienen dividiendo la frecuencia absoluta por el tamaño de la muestra (número total de datos). La frecuencia relativa se expresa como una fracción o en forma porcentual.

Notas	Frecuencia
1	1
2	2
3	2
4	9
5	5
6	3
7	3

Tabla 4.2: Tabla de frecuencia para los datos de la prueba de matemáticas presentados en la Tabla 4.1

En el ejemplo, 3 de los 25 estudiantes obtuvieron un 7. Luego, la frecuencia relativa de la nota 7 es de $\frac{3}{25}$ o de 12 %. La frecuencia relativa total debe ser 1 o 100 %. Sin embargo, muchas veces se redondea el porcentaje, por lo que podemos encontrarnos con una suma menor o mayor al 100 %.

También en el ejemplo tenemos que la frecuencia acumulada de estudiantes que obtuvieron nota superior o igual a 4 es 20.

En el caso de una variable cuantitativa o cualitativa ordinal, es usual agregar otras dos columnas: una para **frecuencias absolutas acumuladas** (FAA) y otra para las **frecuencias relativas acumuladas** (FRA).

La frecuencia absoluta acumulada de un dato se obtiene sumando a su frecuencia absoluta las frecuencias absolutas de todos los datos menores o precedentes a él. La frecuencia relativa acumulada se calcula de manera similar.

Ejemplo
La tabla 4.3 nos muestra frecuencia, frecuencia relativa y acumulada para el ejemplo anterior.

Si analizamos la fila correspondiente al dato 4, vemos que la frecuencia absoluta es 9. Es decir, 9 alumnos obtuvieron nota 4, lo que corresponde a 36 % de los alumnos. La frecuencia absoluta acumulada es 14, es decir, 14 alumnos obtuvieron nota inferior o igual a 4, lo que corresponde a 56 % de los alumnos.

Si se trabaja con variables continuas, las categorías corresponden a intervalos disjuntos entre sí. En el caso de variables discretas con muchos datos, puede ser útil agruparlos también en categorías correspondientes a intervalos. Por ejemplo, si se trata de un estudio de sueldos, se pueden formar categorías de $0 hasta $100.000, de $100.001 a $200.000 y así sucesivamente. En estos casos, la frecuencia de cada intervalo es simplemente el número de veces que datos en ese intervalo aparecen en la muestra.

Notas	Frecuencia	(FR)	FAA	FRA
1	1	1/25 = 4 %	1	1/25 = 4 %
2	2	2/25 = 8 %	3	3/25 = 12 %
3	2	2/25 = 8 %	5	5/25 = 20 %
4	9	9/25 = 36 %	14	14/25 = 56 %
5	5	5/25 = 20 %	19	19/25 = 76 %
6	3	3/25 = 12 %	22	22/25 = 88 %
7	3	3/25 = 12 %	25	1 = 100 %

Tabla 4.3: Tabla de frecuencia relativa y acumulada para los datos en cuadro 4.2

Gráficos de barra y circulares 4.3

Los gráficos de barra y los circulares se utilizan usualmente para variables cualitativas o variables cuantitativas cuando las categorías son simplemente los datos. Los gráficos de barra permiten una mejor comparación de las frecuencias de las distintas categorías y los circulares nos dan una mejor idea del valor porcentual, porque se construyen utilizando las frecuencias relativas.

En los gráficos de barra se asignan columnas a las categorías, cuyas alturas son proporcionales a sus frecuencias. Las columnas deben estar separadas unas de otras; si no se separan, se entenderá que es un histograma. En el gráfico circular (o de torta), se asigna a cada categoría, sectores circulares que no se sobrepongan y cuyas áreas corresponden a la frecuencia relativa de la categoría que representan, del área total del círculo. Se debe presentar el porcentaje que representa cada categoría y la suma de los porcentajes debe ser 100 %.

Veamos las ideas básicas:

Consideremos los resultados de la prueba de matemática dados en el cuadro 4.2. Un gráfico de barra mostraría cada categoría con una barra cuya longitud corresponde a su frecuencia, como se puede apreciar en la figura 4.1:

Nótese que la frecuencia está marcada a la izquierda y a la derecha está marcada la frecuencia relativa.

En contraste, los gráficos circulares se utilizan fundamentalmente para frecuencias relativas, dado que el total del círculo debe representar la frecuencia relativa total del 100 %. El tamaño de cada sector circular es proporcional a la frecuencia relativa de la categoría que representa. Veamos como representamos en un gráfico circular la prueba de matemáticas, como se observa en la figura 4.2:

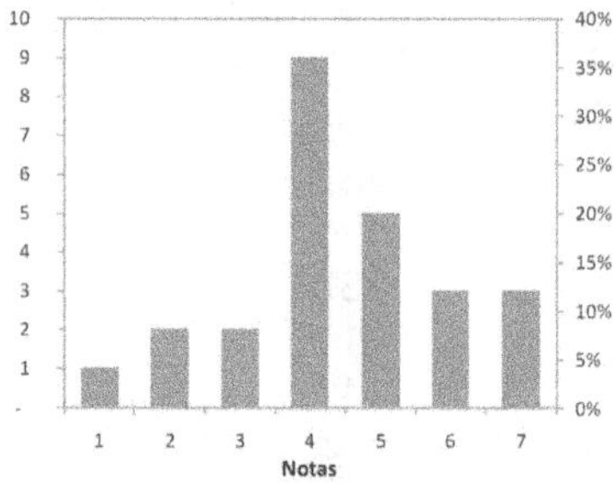

Figura 4.1: Gráfico de barras para los datos del cuadro 4.1

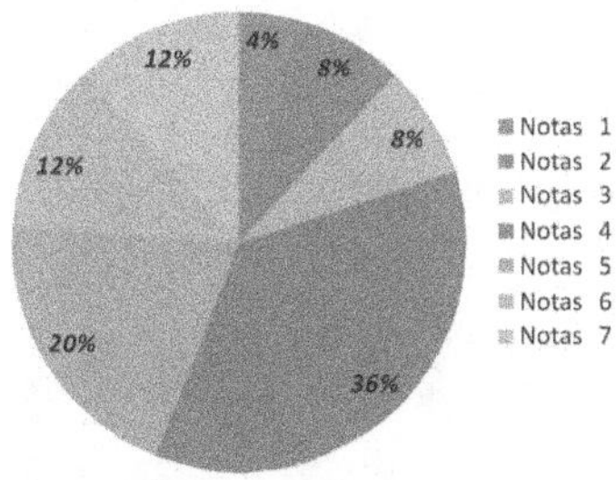

Figura 4.2: Gráfico circular para los datos del cuadro 4.1

Ejemplo

El dióxido de carbono se libera en la atmósfera fundamentalmente por combustión de material combustible como carbón, parafina, bencina, etcétera. La siguiente tabla muestra los valores de emisión de los ocho países que emiten más dióxido de carbono anualmente. Dibuje un gráfico de barras para la emisión total y la emisión por persona, colocando las barras en orden decreciente en tamaño.

Solución

Aquí las categorías son los países y como los nombres de los países son datos cualitativos, un gráfico de barra es apropiado. Los valores de la emisión total varían entre 145 *y* 1.802 *millones de toneladas métricas de carbón. Por lo tanto, un rango de* 0 *a* 2.000 *es una buena elección para la barra vertical. En el caso de las emisiones por persona, la medición es en toneladas métricas de carbón.*

País	Emisión total	Emisión por persona
China	1.802	1,2
Estados Unidos	1.586	5,3
Rusia	432	2,9
India	430	0,4
Japón	337	2,6
Alemania	210	2,6
Canadá	145	4,6
Inglaterra	145	2,5

Tabla 4.4: Emisión anual total de CO_2 para algunos países desarrollados

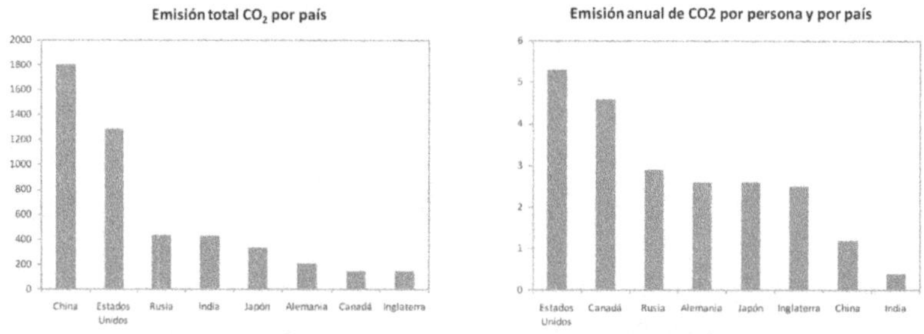

(**a**) Gráfico de barras de la emisión total de algunos países industrializados

(**b**) Gráfico de barras de la emisión por habitante de algunos países industrializados

Figura 4.3: Emisión de CO_2 por país

Ejemplo

La Figura 4.4 muestra las distintas áreas de interés de los alumnos de cuarto medio en un gráfico circular. Dibuje un gráfico de barras que muestre los mismos datos en orden decreciente de intereses. ¿Cuáles son las tres áreas de mayor interés? ¿Qué podría decir sobre este estudio?

Solución

Del gráfico podemos deducir la siguiente tabla de valores:

A partir de la tabla 4.5 podemos construir el siguiente gráfico de barras:

Al mirar el gráfico de la Figura 4.5 podríamos decir que las tres primeras áreas de interés son Administración, Artes y Humanidades y Profesionales. El problema con la subdivisión aquí es que las categorías no son excluyentes: dentro de los profesionales están por ejemplo los periodistas que también podrían considerarse dentro del área de Artes y Humanidades. También en-

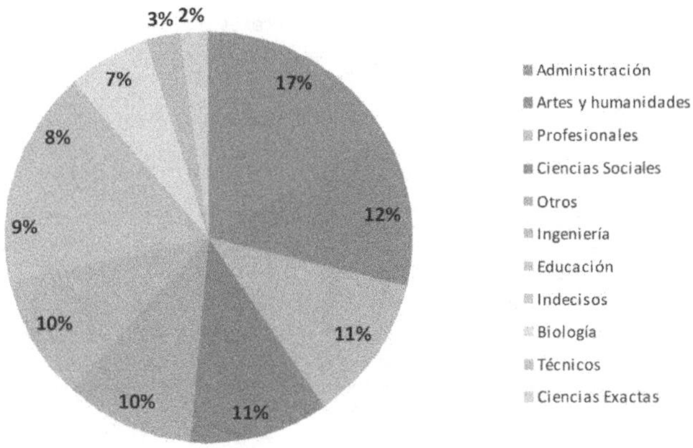

Figura 4.4: Gráfico circular que muestra áreas de interés de los alumnos de cuarto Medio.

Área de interés	Porcentaje
Administración	17
Arte y humanidades	12
Profesionales	11
Ciencias sociales	11
Ingeniería	10
Educación	9
Indecisos	8
Biología	7
Técnicos	3
Ciencias exactas	2
Otros	10

Tabla 4.5: Áreas de interés de un grupo de alumnos de cuarto medio

tre las Ciencias exactas se encuentra la Biología y además la Medicina está incluida en el área de Biología, que a su vez también puede ser considerada una profesión, etcétera.

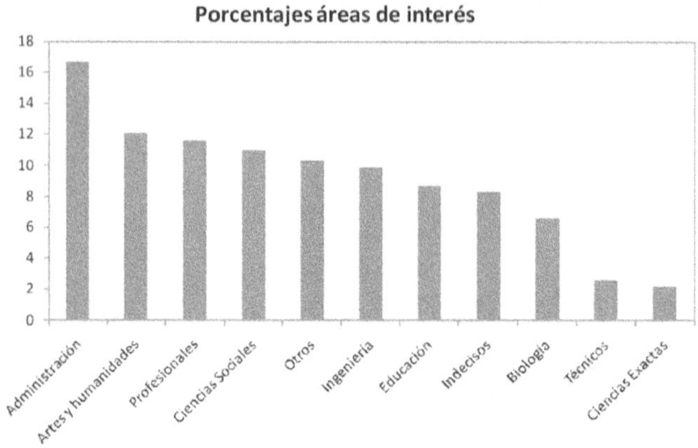

Figura 4.5: Gráfico de barras que muestra áreas de interés de los alumnos de cuarto Medio.

Histogramas y gráficos de línea 4.4

Para la categoría de datos cuantitativos, los dos tipos de gráficos más comunes para la representación de las distribuciones de frecuencia son los **histogramas** y **gráficos de líneas** o **polígonos de frecuencia**. El objetivo principal aquí es comparar frecuencias absolutas de las mismas categorías o variables. Es semejante a un gráfico de barras, aunque este presenta sus columnas acopladas. Un **histograma** consiste en una serie de rectángulos con sus bases que corresponden a los intervalos de clase, sobre el eje horizontal. Estos intervalos pueden o no ser del mismo largo, los intervalos son consecutivos y por lo tanto los rectángulos se tocan.

El área de cada rectángulo es proporcional a la frecuencia de la clase. Si los intervalos de clase tienen todos igual tamaño, las alturas de los rectángulos son proporcionales a las frecuencias de clase y se acostumbra en tal caso a tomar las alturas numéricamente iguales a las frecuencias de clase. Si los intervalos de clase no son de igual tamaño, estas alturas deberán ser calculadas.

Un **polígono de frecuencias** es un gráfico de línea trazado sobre las marcas de clase y su altura es proporcional a la frecuencia de la clase representada por dicho valor. El objetivo principal es observar una tendencia entre las frecuencias absolutas de las mismas categorías o variables. Puede obtenerse uniendo los puntos medios de los techos de los rectángulos en el histograma.

En la Figura 4.6, cada barra representa 5 puntos en un examen. Aquí no hay espacios entre las barras y por lo tanto ellas se tocan.

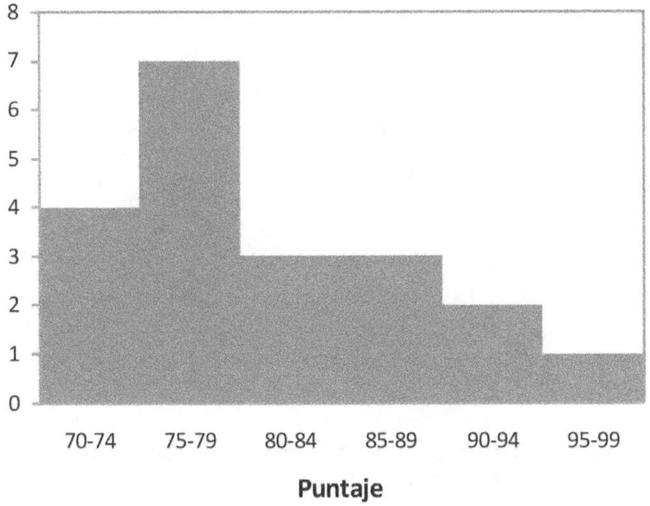

Figura 4.6: Distribución de puntajes en un examen.

Si lo observado es la variación de alguna variable con respecto al tiempo, tanto si es un histograma como si es un polígono de frecuencia, el gráfico se llama **diagrama de series de tiempo**. Por lo tanto, un **diagrama de serie de tiempo** es un histograma o diagrama de línea en el cuál el eje horizontal representa el tiempo. Por ejemplo, la Figura 4.7 muestra cómo ha variado con respecto al tiempo la tasa de homicidios en Estados Unidos:

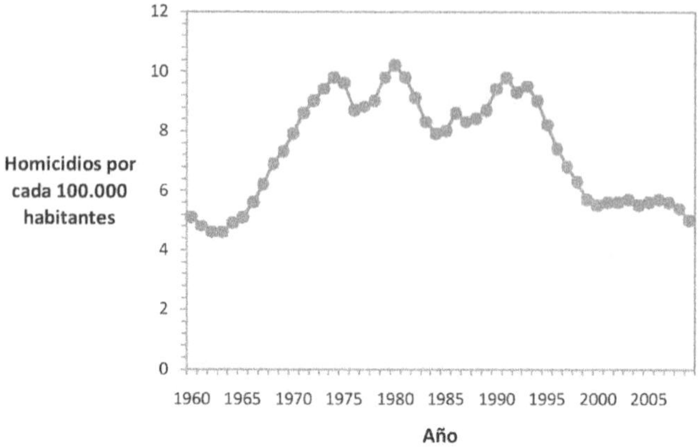

Figura 4.7: Tasa de homicidios por cada 100.000 habitantes en Estados Unidos. Datos obtenidos en `http://www.disastercenter.com/crime/uscrime.htm`

Resumiendo:

Histograma :Es un gráfico de barras para categorías de datas cuantitativas. Las barras tienen un orden natural y sus anchos tienen significados específicos.

Gráfico de línea :Muestra el valor de la data para cada categoría como un punto y los puntos se conectan con una línea. Para cada punto, su posición horizontal es el centro del objeto que representa y su posición vertical es el valor de la data para el objeto.

Diagrama de serie de tiempo :Es un histograma o diagrama de línea en el cual el eje horizontal representa el tiempo.

Ejemplo
La siguiente tabla muestra las edades de las actrices que ganaron un Oscar de la Academia entre 1927 y 2008. Dibuje un histograma y un gráfico de línea para representar estos datos.

Rango de edad	20-29	30-39	40-49	50-59	60-69	70-79	80-89
Número de actrices premiadas	28	34	12	1	5	1	1

Tabla 4.6: Edades de las actrices premiadas con un Oscar de la Academia entre 1927 y 2008

Solución *Las figuras 4.8 (a) y 4.8 (b) muestran los dos gráficos y de ambos podemos concluir que la tendencia es que las actrices jóvenes tienen mayor probabilidad de ganar un Óscar.*

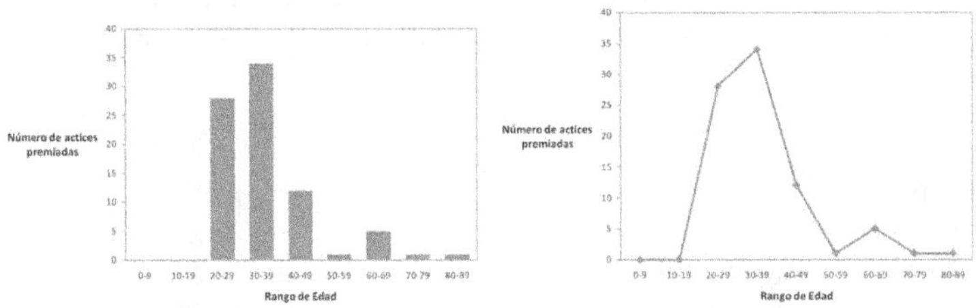

(a) Gráfico de barras **(b)** Gráfico de línea

Figura 4.8: Gráficos del número de actrices premiadas con un Oscar de la Academia entre 1927 y 2008

Un objetivo fundamental en muchos estudios estadísticos es determinar si es que un factor incide en otro. Por ejemplo, ¿fumar causa cáncer pulmonar? Ahora vamos a discutir como la estadística puede ser usada para buscar correlaciones que puedan sugerir una relación de causa-efecto, y lo más importante, determinar la causalidad.

Para comenzar, veamos cómo los investigadores llegaron a la conclusión de que fumar causa cáncer pulmonar. Antes de empezar a investigar la causa, necesitaron establecer correlaciones entre fumadores y cáncer. Este proceso se inició con observaciones y las iniciales fueron muy informales. Los doctores observaron que los fumadores constituían una alta proporción de los enfermos con cáncer pulmonar. Este fue el indicio para realizar investigaciones serias y cuidadosas que relacionaran cáncer pulmonar entre la población de fumadores y la de no fumadores. Estos estudios demostraron que grandes fumadores tenían más posibilidades de desarrollar cáncer pulmonar. Estadísticamente hablando, hay más posibilidades de desarrollar cáncer pulmonar entre la población de fumadores que de no fumadores.

Una **correlación** existe entre dos variables cuando valores más grandes de una variable consistentemente llevan a valores más grandes de la otra variable o cuando valores más grandes de una llevan a valores más pequeños de la otra.

Ejemplo

- Existe una correlación entre estatura y peso de las personas. Personas más altas tienden a pesar más.
- Demanda de tomates y precio del kilo de tomates. Si el precio aumenta, la demanda tiende a bajar.
- Tiempo de dedicación al estudio de un curso y la nota final del curso. Especifique la correlación de estas dos variables.

La Tabla 4.7 muestra las producciones de las 10 películas de ciencia ficción más populares durante el 2009, con su costo de producción y sus ganancias en millones de dólares.

Película	Costo	Ganancia
Hombre araña 3	258	337
King-Kong	207	218
El regreso de Superman	204	200
Crónicas de Narnia	200	373
Iron man	186	318
Indiana Jones y el templo de la calavera de cristal	185	317
Wall-E	180	223
El caballero de la noche	185	533
La salvación de Terminator	185	125
La momia: tumba del dragón	175	102

Tabla 4.7: Costo y ganancias de algunas películas

Los productores de películas esperan obtener una buena correlación entre costo y ganancia. Para buscar tal correlación, vamos a utilizar un **diagrama de dispersión** (Figura 4.9) que muestre relaciones entre las dos variables: **costo de producción** y **ganancias**. Un **diagrama de dispersión** es un gráfico en el cual cada punto representa el valor de dos variables. El objetivo principal es observar una tendencia entre frecuencias absolutas de las mismas categorías o variables cuantitativas. Se usan dos variables de manera simultánea para observar si ambas tienen alguna relación, es decir, si poseen correlación.

Para construir este diagrama, seguimos los siguientes pasos:

- Asignamos cada variable a un eje coordenado. En este caso, a la variable **costo de producción** le asignamos el eje X y a la variable **ganancias** el eje Y. Escogemos un rango de variación para cada variable; en el ejemplo, desde 160 hasta 280 millones de dólares para el eje X y desde 0 hasta 600 millones de dólares para el eje Y.
- Para cada película de la tabla colocamos en el gráfico un punto cuya posición horizontal corresponde a la ganancia que se obtuvo y su posición vertical corresponde al costo de producción.
- (Opcional) Colocamos nombres a todos o a algunos puntos.

Al mirar la Figura 4.9, los puntos aparecen dispersos en el gráfico, aparentemente sin patrón específico. Es decir, para estas películas de grandes presupuestos, parece no haber relación entre la cantidad de dinero invertido en la producción y las ganancias obtenidas.

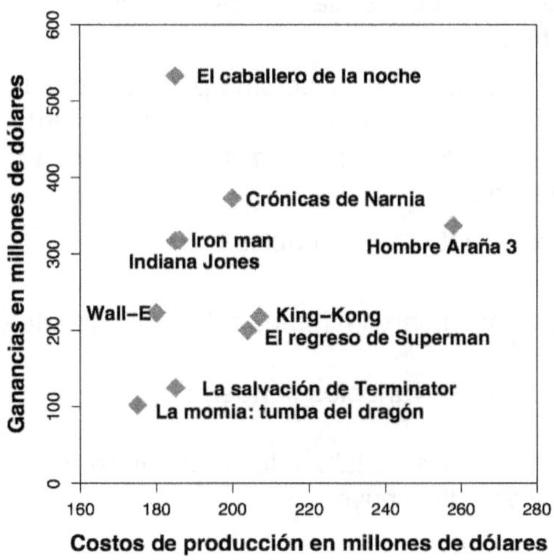

Figura 4.9: Diagrama de dispersión entre los costos y las ganancias de algunas películas

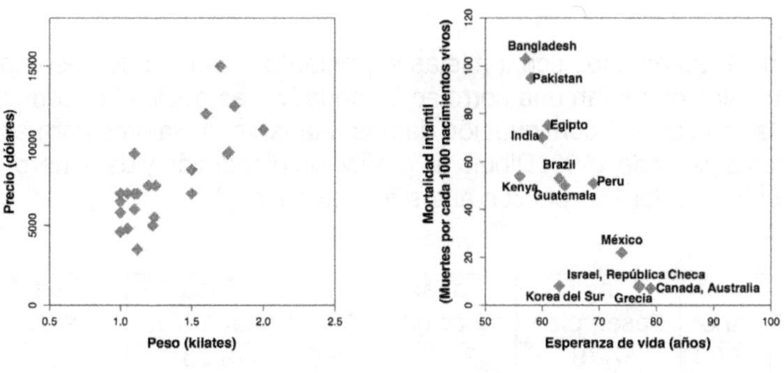

(a) Diagrama de dispersión entre el peso de un diamante y su precio de venta

(b) Diagrama de dispersión entre la esperanza de vida y la mortalidad infantil

Figura 4.10: Ejemplos de diagramas de dispersión

Ahora consideremos los diagramas 4.10 (a) y 4.10 (b). En (a) tenemos un diagrama de dispersión que grafica el peso (en kilates) de 23 diamantes versus su precio de venta. Aquí los puntos muestran una clara tendencia hacia arriba, es decir, a mayor peso va asociado en general un mayor precio de venta. Dado que en este ejemplo los precios tienden a subir con los pesos de los diamantes, decimos que en esta figura se muestra una **correlación positiva**.

En (b), tenemos un diagrama de dispersión para las variables **esperanza de vida** y **mortalidad infantil** en 16 países del mundo. Aquí también notamos una tendencia clara, pero esta vez es una **correlación negativa**: los países con mayor esperanza de vida tienen menor mortalidad infantil.

Las posibles relaciones entre dos variables son:

No hay correlación :No se observa ninguna relación evidente entre las variables.

Correlación positiva : Ambas variables tienden a aumentar (o disminuir) juntas.

Correlación negativa : Las dos variables tienden a ir en direcciones opuestas; una aumenta mientras la otra disminuye.

Fuerza de una correlación: Cuanto más cercanas las dos variables sigan una tendencia general, más fuerte es la correlación (ya sea positiva o negativa). Una correlación perfecta es cuando todos los puntos están en una línea recta, o equivalentemente, la relación es 1 : 1.

Ejemplo
Antes de 1990 muchos economistas suponían que la tasa de desempleo y la tasa de inflación tenían una correlación negativa, es decir, el desempleo baja y la inflación sube. A continuación damos una tabla de valores para estas dos variables a partir de 1998. Dibuje un gráfico de dispersión y de acuerdo a este, dé su opinión sobre la relación antes mencionada.

Año	Tasa desempleo	Tasa inflación	Año	Tasa desempleo	Tasa inflación
1990	7,79	27,4	2000	9,23	4,5
1991	8,18	18,7	2001	8,94	2,6
1992	6,65	12,7	2002	9,77	2,8
1993	6,55	12,2	2003	9,52	1,01
1994	7,87	8,9	2004	10,3	2,43
1995	7,33	8,2	2005	6,22	3,7
1996	6,37	6,6	2006	7,81	2,6
1997	6,09	6,0	2007	7,1	7,8
1998	6,42	4,7	2008	7,81	7,8
1999	9,83	2,3	2009	9,69	-1,4

Solución

La Figura 4.11 muestra el gráfico de dispersión sin incluir el año 2010, *por tener rangos distintos de información. Sobre el eje X colocamos la tasa de desempleo y sobre el eje Y, la tasa de inflación. A primera vista no se ve una correlación obvia entre las dos variables. Por lo tanto, estos datos no corroboran la hipótesis planteada por los economistas.*

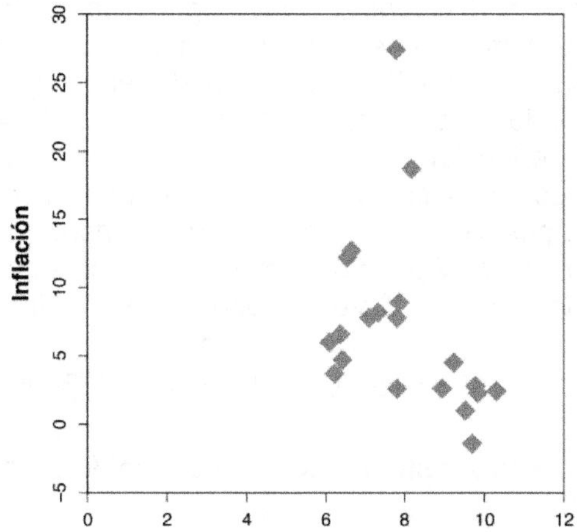

Figura 4.11: Diagrama de dispersión entre la tasa de desempleo y la tasa de inflación

Estableciendo causalidad 4.5

Si suponemos que hemos descubierto una correlación y sospechamos de causalidad, ¿cómo podemos comprobar nuestra conjetura?

Volvamos al ejemplo de los fumadores y el cáncer de pulmón. La fuerte correlación entre fumadores y cáncer pulmonar no demostró por sí misma que fumar causa cáncer pulmonar. En principio, podríamos haber creado un experimento controlado, pero eso resultaría muy poco ético, pues requeriría forzar a un grupo al azar a que fume cigarrillos. Para demostrar esta conjetura, se utilizaron varias líneas de acción. En primer lugar, los investigadores encontraron correlaciones entre fumar y cáncer pulmonar entre muchos grupos de personas: mujeres y hombres de diferentes razas y culturas. En segundo lugar, entre grupos de personas que parecían muy similares, se encontró que el cáncer de pulmón era mucho más escaso entre aquellos que no fumaban. En tercer lugar, en los grupos de personas que eran más fumadores y por períodos más largos de tiempo, se encontró una proporción mayor de cáncer pulmonar. En cuarto lugar, cuando los investigadores buscaron otras causas posibles de cáncer pulmonar (exposición a gases o a asbesto), encontraron que todos los otros casos de cáncer pulmonar se daban entre fumadores.

Estos descubrimientos hacían que el caso tomara fuerza, pero no regulaba la posibilidad de algún otro factor de incidencia, como la genética que podría predisponer tanto a las personas a fumar como a tener cáncer pulmonar. Se estudiaron otras dos líneas adicionales que hacían que esta última posibilidad fuera muy poco probable. Una evidencia se logró a través de experimentos con animales, donde se volvió a encontrar una correlación entre los que inhalaban humo de cigarrillos y el cáncer, lo que descartó el factor genético, al menos en animales. La segunda evidencia se obtuvo de biólogos que estudiaban las células por medio de pequeñas muestras de tejido pulmonar humano. Aquí descubrieron el proceso básico por el cual ingredientes de cigarrillos pueden crear mutaciones de tipo cancerígenas. Este proceso no tenía relación con factores genéticos. Terminado este proceso, obtenemos la causalidad entre fumar y cáncer pulmonar. Si resumimos los hechos en este ejemplo, podemos dar las ideas fundamentales para demostrar causalidad:

Para investigar si un supuesto hecho es la causa de cierto efecto, debemos:

- Encontrar situaciones en las cuales el efecto está relacionado con la supuesta causa mientras que otros factores varían.

- Entre grupos que se diferencian solamente por la presencia o ausencia de la causa, verificar que el efecto está presente o ausente en forma similar.

- Buscar evidencia de que mayores cantidades de la supuesta causa producen mayores cantidades del efecto.

- Si el efecto podría ser producido por otras causas potenciales, asegurar que el efecto aún se mantiene después de analizar las otras posibles causas.

- Si fuera posible, realizar un experimento con animales o células o modelos computacionales.

- Tratar de determinar el mecanismo físico por medio del cual la causa produce el efecto.

Estadísticos de resumen 4.6

Las tablas de frecuencia y los gráficos nos muestran cómo los datos se distribuyen sobre varias categorías. La **distribución** de una variable describe los valores asumidos por ella y la frecuencia absoluta o relativa de estos valores.

En muchos casos, estamos menos interesados en esta distribución completa y más interesados en algunos términos que la describen y la resumen. Aquí veremos cómo podemos caracterizar una distribución de datos por medidas de su centro, promedio o forma.

¿Qué es promedio? 4.6.1

En la prensa la palabra **promedio** o **media** se menciona con mucha frecuencia; sin embargo, no siempre tiene un único significado. Las tres formas más comunes de caracterizar el centro de una distribución de datos son las siguientes (usualmente se las denomina por promedio).

Veamos la siguiente tabla de datos que describe el número de series de las cinco películas de ciencia ficción más vistas durante el año 2009:

Película	Número de series
Alien	4
Volver al futuro	3
El planeta de los simios	6
Viaje a las estrellas	11
La guerra de las galaxias	6

¿Cuál es el número promedio de series en estas películas?

Una forma de responder a esta pregunta sería tomando el **promedio aritmético** o la **media** de ellas:

$$\frac{4+3+6+11+6}{5}=6$$

Es decir, estas cinco películas tienen un promedio de 6 series. En general, el **promedio aritmético** de datos se obtiene sumando todos los valores de los datos y dividiéndolo por el número de datos. Este concepto es el que usualmente llamamos **promedio** (también se le dice **media**) y representa el punto de balance de la distribución de los datos.

Podríamos describir igual el promedio de las series de estas cinco películas mediante su **mediana** o valor central del conjunto de datos. Para encontrar la **mediana**, arreglamos los datos en orden ascendente (o descendente) repitiendo los datos que aparecen más de una vez. Si el número de valores es impar, hay exactamente un único valor en el centro y ese valor es la **mediana**. Si el número es par, en el centro tendremos dos valores, y la **mediana** en este caso será el número que está exactamente a la mitad entre ellos. Arreglando los valores de la tabla tenemos:

$$3, 4, 6, 6, 11$$

El número de datos es impar y por lo tanto la **mediana** es el número del centro, a saber: 6.

Un tercer valor que también se le dice promedio en algunos casos es la **moda**, que es el valor más común del grupo de valores en un conjunto de datos. En el caso de las series de las películas, la moda es 6, dado que es el único valor que se repite. Una base de datos puede contener una única moda, ninguna moda o más de una.

Ejercicio
Recorriendo ocho locales comerciales, se encontró que un mismo producto (una barra energizante) tenía los siguientes precios para el consumidor:

$$523, 619, 619, 648, 667, 715, 763, 859$$

Determine la media, la mediana y la moda para estos precios.

Solución

El promedio es:

$$\frac{523 + 619 + 619 + 648 + 667 + 715 + 763 + 859}{8} = 676,6$$

dado que hay un número par de valores que ya están ordenados, la mediana es:

$$\frac{648 + 667}{2} = 657,5$$

La moda es:

$$619$$

Para explorar la diferencia entre estos tres conceptos, veamos el siguiente ejemplo:

Cinco instituciones de educación superior ofrecen los siguientes montos de dinero como beca para los alumnos que ingresen a sus instituciones durante el primer año de estudio y que tengan el mejor promedio de notas del último año de su colegio (0 significa que no ofrecen beca):

$$0, 0, 0, 0, 2.500.000.$$

La beca promedio de estas tres instituciones es:

$$\frac{2.500.000}{5} = 500.000 \text{ pesos}$$

¿Será justo en este caso afirmar que el monto representativo de las becas es de 500.000 pesos? En realidad, no. El problema aquí es que la única institución que realmente ofrece una beca hace que el común de las becas sea más grande.

Si no contamos la que ofrece la beca, el promedio sería 0. Dado que el valor de 2.500.000 es tan grande comparado con el resto (cero) que lo llamamos un **dato anómalo**. En general, los **datos anómalos** pueden hacer que el promedio se dispare tanto hacia arriba como hacia abajo, haciendo que el promedio no sea representativo de la base de datos.

Ejemplo
Durante un entrenamiento de gimnasia, el profesor decide hacer un seguimiento de los pulsos de sus cinco mejores alumnos. En la mitad del entrenamiento, se leen los siguientes ritmos cardíacos:

$$130, 135, 140, 145, 325$$

¿Cuál es una mejor medición en este caso, la media o la mediana?

Solución

En este ejemplo, notamos que cuatro de los cinco valores están muy cercanos, mientras que el quinto se dispara y lo más probable es que el medidor no se encuentre en buen estado, dado que un ritmo de 325 estaría causando un paro cardíaco al alumno.

Por lo tanto ese valor es un dato anómalo y no debería considerarse. Si tomamos la media de estos valores, estaríamos considerando este dato. Lo apropiado en este caso será considerar la mediana, es decir, 140 como promedio de las pulsaciones en la mitad del entrenamiento.

Los diferentes significados del promedio pueden conducirnos a confusiones. En ocasiones, porque no se nos dice si se está considerando la media o la mediana y en otras, porque no tenemos suficiente información sobre cuál fue el promedio calculado.

Ejemplo
En un artículo de un periódico aparece la siguiente noticia: "El sueldo promedio de los obreros especializados que trabajan en compañías de electricidad es de 40.000 pesos diarios". Los trabajadores de cierta compañía eléctrica, al leer este artículo, solicitaron un aumento, argumentando que ellos ganaban en promedio 35.000 pesos diarios. El gerente de esta compañía rechaza la solicitud de aumento, argumentando que el promedio de sus sueldos es de 42.000 pesos diarios. ¿Pueden ambos argumentos ser correctos?

Solución

En realidad, ambos pueden tener razón, porque los trabajadores pueden estar utilizando la mediana, mientras que el gerente utiliza la media. Por ejemplo, si la compañía tiene cinco empleados calificados cuyos sueldos diarios son:

$$34.000, 35.000, 35.000, 51.000, 55.000$$

entonces la media es 42.000 *y la mediana* 35.000 *pesos diarios y ambos argumentos serían correctos.*

Formas de las distribuciones 4.6.2

Ahora queremos prestar atención a la forma global de una distribución. A pesar de que podemos ver toda la forma de la distribución mediante un gráfico, nos gustaría también describir la forma general del gráfico en palabras. Nos enfocaremos en tres características de la distribución: **número de cimas**, **las simetrías** y **las variaciones**.

Número de cimas

Dado que nuestro interés primordial es describir la forma general de la distribución, usualmente es más fácil trabajar con curvas suaves que con la data real. La Figura 4.12 muestra tres ejemplos de esta ide: en dos de ellos (a y b), la distribución está dada por un histograma y en (c) por un gráfico de línea.

Las líneas suaves aproximan la distribución, pero no muestran todos sus detalles. Las

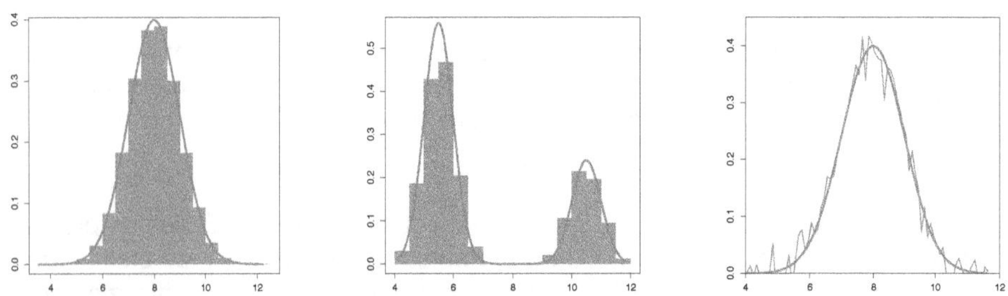

(a) (b) (c)

Figura 4.12: Número de cimas en distribuciones de datos

figuras (a) y (c) tienen una única cima (**unimodales**). Nótese que la cima representa la moda de cada distribución. La figura (b) tiene dos cimas, así es que la llamamos **bimodal**. Otras distribuciones podrían no tener cimas, las llamamos **distribuciones uniformes** y también podrían haber con más de dos cimas.

Ejercicio

¿Cuántas cimas esperaría usted en las siguientes distribuciones?

1. Estatura de las estudiantes mujeres en la universidad.
2. Estatura de todos los estudiantes en la universidad.
3. El número de estudiantes con un último dígito particular (entre 0 y 9) en su credencial universitaria.

Solución

1. *Se esperaría una sola cima porque muchas mujeres están cercanas al promedio (la media) y muy pocas serían mucho más altas o más bajas que la media.*
2. *Se esperarían dos cimas: una correspondiente a la media de las estaturas de los hombres y otra de las mujeres en la universidad.*
3. *Dado que el último dígito de la credencial universitaria se da al azar, la frecuencia en que aparezca cada dígito debería ser muy parecida y como se trata de 10 dígitos, cada uno correspondería al* 10 % *del total. Por lo tanto se esperaría una distribución sin ninguna cima.*

Simetrías

Una segunda manera de describir las formas de las distribuciones es mediante sus simetrías. Una distribución es **simétrica** cuando su parte izquierda es la imagen reflejada en un espejo de su parte derecha.

Ejemplos de distribuciones simétricas pueden verse en la Figura 4.13:

Una distribución que no es simétrica debe tener valores que tienden a estar más dispersos hacia un lado que hacia el otro. En este caso decimos que la distribución está **sesgada**. En la Figura 4.13 vemos tres distribuciones, en la Figura 4.13 (a), tenemos

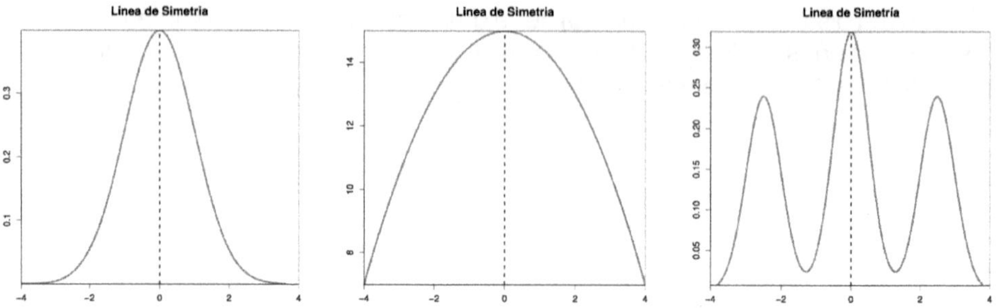

(a) (b) (c)

Figura 4.13: Distribuciones simétricas de datos

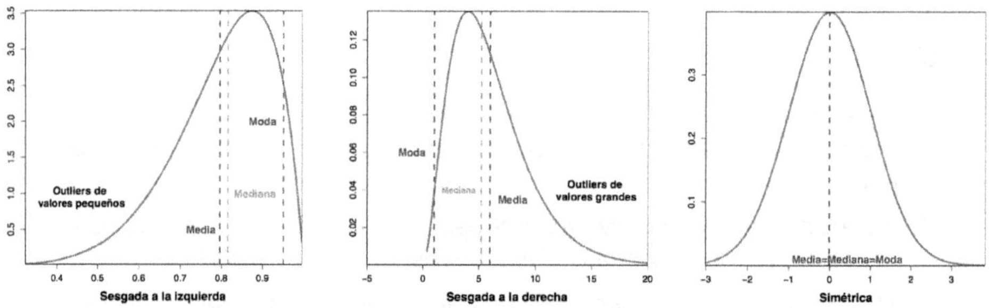

(a) (b) (c)

Figura 4.14: Simetrías en distribuciones de datos

que los valores están más esparcidos hacia la izquierda, haciéndola **sesgada hacia la izquierda**.

Gráficamente se ve como que tiene una cola estirada hacia la izquierda. En el caso de la Figura 4.14b, tenemos una distribución **sesgada hacia la derecha** y nuevamente observamos una cola estirada hacia la derecha.

En la Figura 4.14, también podemos ver cómo el sesgo afecta la posición relativa entre media, mediana y moda. En una distribución sesgada hacia la izquierda, la cola empuja la media y la mediana hacia la izquierda de la moda. Similarmente con la distribución sesgada hacia la derecha que empuja la mediana y la media hacia la derecha de la moda. En el caso de una distribución simétrica, estas tres medidas coinciden.

Ejercicio
En las siguientes situaciones, determine si esperaría una distribución simétrica, sesgada hacia la izquierda o hacia la derecha. Justifique su respuesta.

1. Estatura de una muestra de 100 mujeres.
2. Ingreso familiar en Chile.
3. Velocidad de autos en una carretera en la que se utiliza de modo visible un radar para medir velocidades.

Solución

1. *La distribución de una muestra de mujeres debería ser simétrica, porque es razonable suponer que el número de mujeres que supera la estatura media es similar a la que está por debajo de ella.*
2. *La mayoría de las familias en Chile tienen ingresos entre bajo y medio, y solamente un porcentaje pequeñísimo de la población tiene ingresos considerablemente altos, pero lo suficiente como para empujar la media a un valor mayor, estirando la distribución hacia la derecha. Por lo tanto, debería ser una distribución sesgada hacia la derecha.*
3. *Normalmente los automovilistas tienden a bajar de velocidad ante un aviso de radar. Muy pocos excederán la velocidad permitida. Por lo tanto, esta será una distribución sesgada hacia la izquierda con una moda cerca de la velocidad permitida y algunos autos con una velocidad bastante menor que la permitida.*

Variación

Una tercera manera de describir globalmente una distribución es por medio de su **variación**. Esta es una medida de cuán dispersos se encuentran los valores de la data. Una distribución en la que los valores de la data se encuentran muy cercanos, tiene una baja variación.

En la Figura 4.15, vemos ejemplos de tres posibles variaciones. En el caso de variación baja, tenemos una cima muy pronunciada. La variación aumenta cuando la data se distribuye más ampliamente en torno al centro.

Ejemplo
¿Cómo esperaría que difiera la variación entre tiempos en una maratón olímpica y una maratón local?

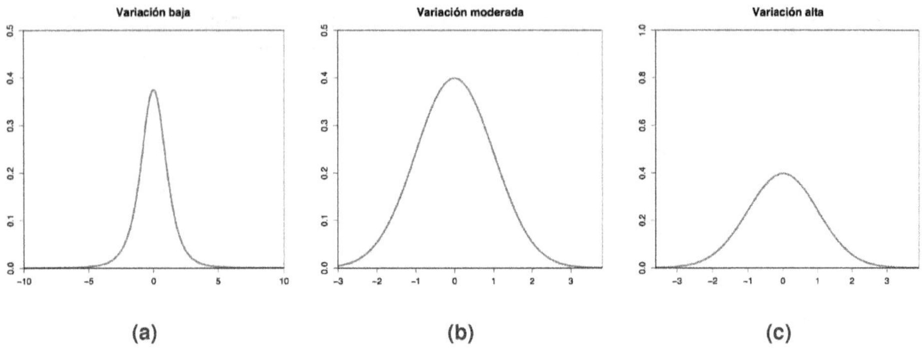

Figura 4.15: Variaciones posibles en distribuciones de datos

Solución

En una olimpíada, están invitados a correr los mejores atletas mundiales, por lo tanto se esperaría que sus tiempos sean muy próximos al récord mundial. Es decir, baja variación.
En el caso de una maratón local, todas las personas pueden participar y mostrarán distintas habilidades para correr, entre muy lentos y muy rápidos, quizás algunos cercanos al récord mundial. Por lo tanto, la variación es muy grande y tendremos un gráfico de variación alta.

Importancia de la variación

Hasta ahora hemos visto cómo describir la **variación** en un sentido cualitativo. Sin embargo, la idea de **variación** es tan importante que debemos ser capaces de describirla también en sentido cuantitativo. Veamos algunas maneras usuales de medir la variación.

Ejemplo

Supongamos que nos encontramos ante dos bancos: A y B. En el banco A, los clientes pueden escoger una de tres filas distintas que llevan a cajeros diferentes. En el banco B, hay tres cajeros distintos, pero una única fila, de tal manera que el cliente es llamado al primer cajero que se desocupa. La siguiente tabla muestra los tiempos de espera, en minutos, para 11 clientes en ambos bancos. Los tiempos están arreglados en orden ascendente.

Banco A	4,1	5,2	5,6	6,2	6,7	7,2	7,7	7,7	8,5	9,3	11
Banco B	6,6	6,7	6,7	6,9	7,1	7,2	7,3	7,4	7,7	7,8	7,8

En ambos bancos la media y la mediana de los tiempos de espera son iguales y son de $7,2$ minutos,aunque es probable que encontremos más clientes insatisfechos en el banco A que en el banco B. La diferencia en la insatisfacción de los clientes se debe a la variación de los tiempos de espera en ambos bancos. Los tiempos en el banco A tienen un rango bastante amplio, entre $4,1$ y 11 minutos, con lo cual algunos clientes tendrán un tiempo de espera bastante más largo que otros y eso probablemente los enoje. En cambio, en el banco B, los tiempos varían entre $6,6$ y $7,8$ minutos, por lo tanto la espera es muy pequeña y probablemente los clientes pensarán que han sido tratados de modo igualitario. La Figura 4.16 nos muestra las diferencias en las variaciones de manera visual.

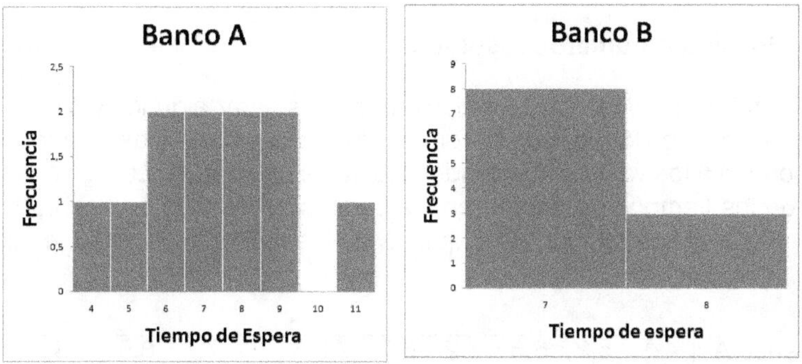

Figura 4.16: Variación en la distribución de datos para el tiempo de espera de los bancos

ffl

La forma más simple de describir la variación de datos es calculando su **rango** que es la diferencia entre el valor máximo y el valor mínimo de los datos. En el caso del ejemplo anterior, en el banco A el **rango** es de $11 - 4,1 = 6,9$ minutos y el **rango** del tiempo de espera del Banco b es $7,8 - 6,6 = 1.2$ minutos.

A pesar de que el **rango** es muy fácil de calcular y puede ser muy útil,también ocasionalmente induce a error, como veremos en el próximo ejemplo.

Ejemplo

En la siguiente tabla, se muestran las notas que obtuvieron ocho alumnos en dos pruebas:

Prueba 1	1	7	7	7	7	7	7	7
Prueba 2	2	3	4	5	6	6,5	7	5,5

El rango de la prueba 1 es 7 – 1 = 6 puntos y el de la prueba 2 es 7 – 2 = 5 puntos. Sin embargo, la prueba 1, salvo por una única nota baja (un 1, que corresponde a un dato anómalo), no tiene variaciones, pues todo el resto de los estudiantes obtuvieron un 7. En el caso de la prueba 2, ningún par de estudiantes obtuvo la misma nota y el rango de valores es muy amplio. Es decir, las notas de la prueba 2 son más variadas, a pesar de que en la Prueba 1 el rango de variación es más grande. Como conclusión, vemos que el recorrido es sensible a valores extremos, lo que nos lleva a considerar medidas de variación adicionales.

Cuartiles y los cinco números resumen

Una mejor forma de describir la variación es considerar algunos valores intermedios de los datos, además de los valores extremos. Una manera usual, es mirando los cuartiles que corresponden a los valores que dividen los datos en cuartos. La siguiente tabla repite los valores de los tiempos de espera en los bancos, marcando en negrita los cuartiles. Nótese que el cuartil central, que es el que divide los datos por la mitad, es simplemente la mediana.

Banco A	4.1	5.2	**5.6**	6.2	6.7	**7.2**	7.7	7.7	**8.5**	9.3	11
Banco B	6.6	6.7	**6.7**	6.9	7.1	**7.2**	7.3	7.4	**7.7**	7.8	7.8

El **primer cuartil**, o **cuartil inferior**, es el que divide el primer cuarto del conjunto de datos de los tres cuartos restantes. Es decir, es la mediana de la primera mitad de un conjunto de datos.

El **segundo cuartil**, o **cuartil del medio**, es la mediana del conjunto de datos.

El **tercer cuartil**, o **cuartil superior**, es la mediana de la segunda mitad del conjunto de datos.

Los **cinco números resumen** consisten en entregar los valores mínimo, máximo, primer cuartil, segundo cuartil y tercer cuartil.

En el ejemplo del tiempo de espera en los bancos, este resumen corresponde a:

	Banco A	Banco B
mínimo	4, 1	6, 6
primer cuartil	5, 6	6, 7
mediana	7, 2	7, 2
tercer cuartil	8, 5	7, 7
máximo	11	7, 8

También podemos exhibir los **cinco números resumen** en un diagrama conocido como **diagrama de caja y bigote**. Un diagrama de este tipo consiste en una caja rectangular, donde encerramos los valores del primer cuartil hasta el tercero. Este rectángulo está dividido por un segmento vertical que indica dónde se posiciona la mediana y por lo tanto, su relación con el primer y el tercer cuartiles. Esta caja se ubica a escala sobre un segmento que tiene como extremos los valores mínimo y máximo de la variable. Las líneas que sobresalen de la caja se llaman **bigotes**. Estos bigotes tienen un límite de prolongación, de modo que cualquier dato o caso que no se encuentre dentro de este rango es marcado e identificado individualmente. También se suele colocar ambas figuras verticalmente. Dado que no hay datos que se alejen del conjunto de todos ellos, en la figura no aparecen datos más allá de los bigotes.

La Figura **??** muestra un **diagrama de caja y bigote** para el ejemplo de los tiempos de espera en los dos bancos.

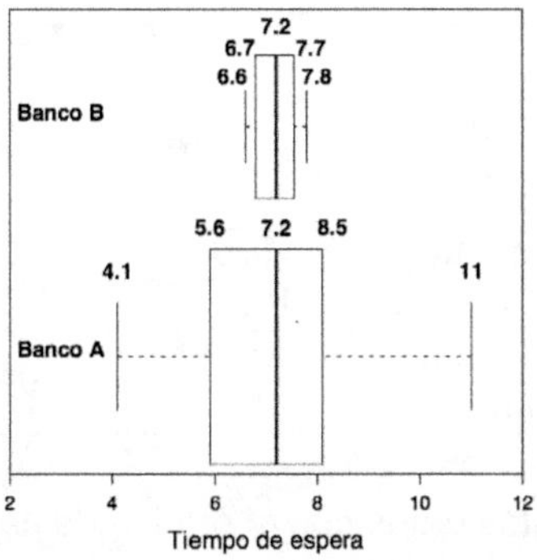

Figura 4.17: Diagrama de caja y bigote

Ejemplo
Las siguientes tablas muestran dos conjuntos de datos que representan los tiempos medidos en segundos en una carrera de 100 metros.

1. **Conjunto 1**

9,92	9,97	9,99	10,01	10,06	10,07	10,08	10,10	10,13	10,13
10,14	10,15	10,17	10,17	10,18	10,21	10,24	10,26	10,31	10,38

2. **Conjunto 2**

9,89	9,90	9,98	10,05	10,35	10,41	10,54	10,76	10,93	10,98
11,05	11,21	11,30	11,46	11,55	11,76	11,81	11,85	11,87	12,00

Cada conjunto tiene 20 datos, por lo que la mediana se encuentra a mitad de camino entre el dato 10 y el dato 11. El primer cuartil es la mediana entre el quinto y el sexto dato, y el tercer cuartil es la mediana entre los datos de los lugares 15 y 16. Por lo tanto los cinco números resumen son:

	Conjunto 1	Conjunto 2
mínimo	9, 92	9, 89
primer cuartil	10, 065	10, 38
mediana	10, 135	11, 015
tercer cuartil	10, 195	11, 655
máximo	10, 38	12, 00

La Figura **??** grafica estos datos con el gráfico de caja y bigote.

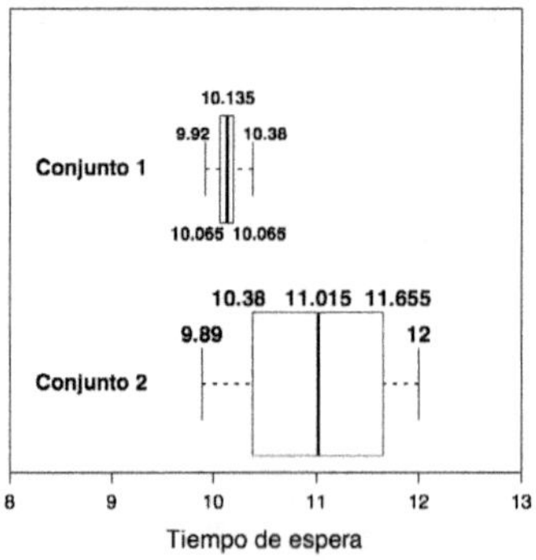

Figura 4.18: Diagrama de caja y bigote para los datos del ejemplo

Como podemos apreciar en la Figura **??** el diagrama de caja y bigote es muy útil para comparar dos o más conjuntos de datos. Nuestro ejemplo ilustra la mayor variación en los tiempos de la carrera para el conjunto 2.

Al igual que con los cuartiles, los **quintiles** son los datos que dividen la muestra en cinco partes iguales, agrupándolos en los porcentajes $20, 40, 60$ y 80. En general se denotan por Q_1, Q_2, Q_3 y Q_4. Para calcular los quintiles, primero se ordenan los datos, luego se aplica la siguiente fórmula para encontrar los datos que corresponden a los **quintiles**:

$$Q_1 = \frac{N}{5},\ Q_2 = \frac{2N}{5},\ Q_3 = \frac{3N}{5},\ Q_4 = \frac{4N}{5}$$

donde N es el número de observaciones.

Cuando no se obtienen números enteros, el resultado se aproxima.

A continuación les asignamos a los quintiles el valor de los datos correspondientes:

- Quintil 1 $= \frac{1}{5} = 0,2$
- Quintil 2 $= \frac{2}{5} = 0,4$
- Quintil 3 $= \frac{3}{5} = 0,6$
- Quintil 4 $= \frac{4}{5} = 0,8$

Luego, para obtener la observación de cada quintil, tenemos que multiplicar N por el tanto por uno que corresponda.

Ejemplo

Dados los siguientes datos, calcular Q_1, Q_2, Q_3 y Q_4.
39, 90, 99, 107, 155, 186, 234, 262, 275, 310, 336, 368, 395, 405, 424, 479, 496, 541, 546, 571, 673, 713, 716, 738, 753, 784, 793, 816, 840, 969, 976, 986, 998.

Solución

En este caso nuestro N es 33, *luego debemos multiplicar* 33 *por* 0,2; 0,4; 0,6 *y* 0,8 *para obtener los quintiles:*

$$Q_1 = 6,6,\ Q_2 = 13,2,\ Q_3 = 19,8 \text{ y } Q_4 = 26,4$$

Aproximando, dado que los resultados no son números enteros, tenemos que Q_1 *es el séptimo dato, es decir,* 234, Q_2 *es el* 14*avo dato, o sea* 405, Q_3 *es el* 20 *avo dato que es* 571 *y* Q_4 *es el* 27*–avo dato que corresponde a* 793.

El término **quintil** es bastante utilizado en economía para caracterizar la distribución del ingreso de una población. Los quintiles de ingreso se refieren a la clasificación de los hogares en cinco tramos de ingreso mutuamente excluyentes entre sí y con un orden ascendente en los ingresos per cápita que representan. Cada quintil clasifica al 20 % del total de hogares a nivel nacional, de forma tal que el primer quintil contempla al 20 % de menos ingresos de los hogares y el quinto quintil contempla al 20 % de más altos ingresos; los quintiles intermedios representan al 20 % de los hogares que se posicionan de acuerdo al nivel al que pertenecen, de acuerdo al ingreso que perciben.

La clasificación de un hogar en determinado quintil queda determinada por el ingreso autónomo per cápita que tenga el hogar en cuestión. Este monto se obtiene como la suma de todos los ingresos que perciben las personas del hogar dividido por el número de integrantes, excluido el servicio doméstico puertas adentro. Cada persona componente de un hogar pertenece al mismo quintil de ingresos con que se clasificó su hogar. En cada quintil encontraremos un valor mínimo de ingresos y un valor máximo de ingresos; por ejemplo, según un estudio Casen de 1998 tenemos los mínimos y máximos de ingreso por cápita en Chile (ver Tabla 4.8).

Desviación estándar 4.7

Los cinco números resumen caracterizan bien la variación, pero los estadísticos prefieren describirla con un solo número que se llama **desviación estándar**.

La **desviación estándar** es una manera de medir qué tan dispersos se encuentran los valores con respecto a la media del conjunto de los datos. Consideremos el ejemplo

Quintil	Mínimo	Máximo
1	0	37.650, 00
2	37.672, 00	63.377, 50
3	63.396, 50	102.282, 50
4	102.336, 50	193.968, 00
5	193.985, 33	9.262.483, 60

Tabla 4.8: Resultados del estudio Casen del ingreso per cápita en Chile en 1998

de los tiempos de espera en los dos bancos. La mediana en ambos bancos era de 7, 2 minutos. Un tiempo de espera de 8, 2 minutos tiene una desviación de la media en

$$8,2 \text{ minutos} - 7,2 \text{ minutos} = 1,0 \text{ minuto}$$

porque es un minuto más que la media. Un tiempo de espera de 5, 2 minutos tiene una desviación de la media de:

$$5.2 \text{ minutos} - 7,2 \text{ minutos} = -2,0 \text{ minutos}$$

y el resultado ahora es negativo porque es menor que la media.

En esencia, la **desviación estándar** es una medición del promedio de todas las desviaciones de la media. Los pasos a seguir para calcularla son los siguientes:

1. Calcular la media del conjunto de datos.
2. Calcular la desviación de la media para cada dato:

$$\text{desviación de la media} = \text{valor del dato} - \text{la media.}$$

3. Elevar al cuadrado cada valor obtenido en el paso anterior.
4. Sumar todos los cuadrados obtenidos.
5. Dividir la suma por el número total de datos menos uno.
6. La **desviación estándar** es la raíz cuadrada de la división.

$$\text{Desviación estándar} = \sqrt{\frac{\text{suma (desviaciones de la media)}^2}{\text{número total de datos} - 1}}$$

Ejemplo

Calcular la desviación estándar para el ejemplo de los tiempos de espera en los dos bancos.

1. **Banco A**

Tiempo	Desviación de la media	cuadrado de la desviación
$4,1$	$4,1-7,2=-3,1$	$(-3,1)^2=9,61$
$5,2$	$5,2-7,2=-2,0$	$(-2,0)^2=4,00$
$5,6$	$5,6-7,2=-1,6$	$(-1,6)^2=2,56$
$6,2$	$6,2-7,2=-1,0$	$(-1,0)^2=1,00$
$6,7$	$6,7-7,2=-0,5$	$(-0,5)^2=0,25$
$7,2$	$7,2-7,2=0,0$	$(0,0)^2=0,00$
$7,7$	$7,7-7,2=0,5$	$(0,5)^2=0,25$
$7,7$	$7,7-7,2=0,5$	$(0,5)^2=0,25$
$8,5$	$8,5-7,2=1,3$	$(1,3)^2=1,69$
$9,3$	$9,3-7,2=2,1$	$(2,1)^2=4,41$
$11,0$	$11,0-7,2=3,8$	$(3,8)^2=14,44$
media$=7,2$		Suma $=38,46$

2. **Banco B**

Tiempo	Desviación de la media	cuadrado de la desviación
$6,6$	$6,6-7,2=-0,6$	$(-0,6)^2=0,36$
$6,7$	$6,7-7,2=-0,5$	$(-0,5)^2=0,25$
$6,7$	$6,7-7,2=-0,5$	$(-10,5)^2=0,25$
$6,9$	$6,9-7,2=-0,3$	$(-0,3)^2=0,09$
$7,1$	$7,1-7,2=-0,1$	$(-0,1)^2=0,01$
$7,2$	$7,2-7,2=0,0$	$(0,0)^2=0,00$
$7,3$	$7,3-7,2=0,1$	$(0,1)^2=0,01$
$7,4$	$7,4-7,2=0,2$	$(0,5)^2=0,04$
$7,7$	$7,7-7,2=0,5$	$(0,5)^2=0,25$
$7,8$	$7,8-7,2=0,6$	$(0,6)^2=0,36$
$7,8$	$7,8-7,2=0,6$	$(0,6)^2=0,36$
media$=7,2$		Suma $=1,98$

Finalmente, el paso número seis nos dice que:

Banco A: Desviación estándar $= \sqrt{\dfrac{3846}{11-1}} \approx 1,96$ minutos

Banco B: Desviación estándar $= \sqrt{\dfrac{1,98}{11-1}} \approx 0,44$ minutos

Concluimos que la variación en el banco A es mayor que la del banco B en los tiempos de espera. Como ya suponíamos, la desviación es mayor para el banco A, que tiene una variación más grande en los tiempos de espera.

La distribución normal 4.8

Una especial y muy común distribución está representada por una curva en forma de campana y se llama **distribución normal**. La distribución normal aparece en muchas situaciones y describe conjuntos de datos que se relacionan con situaciones de la vida diaria. Por ejemplo,las distribuciones de las estaturas de hombre o mujeres y sus pesos tienden a ser distribuciones normales, como también las distribuciones de los resultados de muchos exámenes estandarizados.

Todas las distribuciones normales tienen la forma característica de una campana, pero pueden diferir en dos aspectos. Pueden diferir en la ubicación de su máximo, que al ser una distribución simétrica, corresponde asimismoa la media, a la moda y a la mediana. También pueden diferir en su variación en torno de su máximo, que suele caracterizarse por la desviación estándar. En la Figura 4.17 vemos dos distribuciones normales cuyo máximo es 75, pero la distribución es distinta: en la (a) hay mayor variación, puesto que los datos están más dispersos.

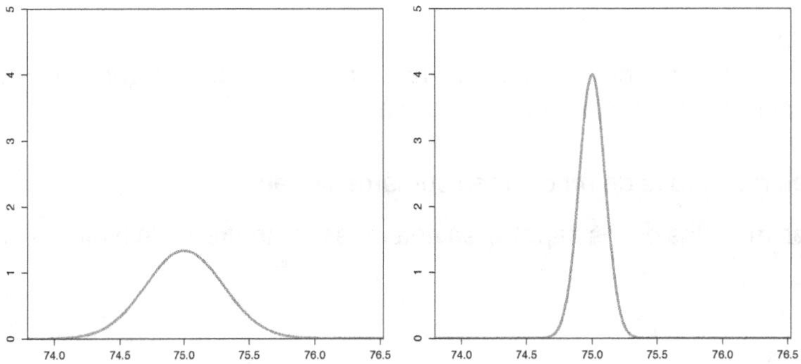

(a) (b)

Figura 4.19: Dos distribuciones normales con la misma media de 75, pero diferentes desviaciones estándar

Podremos apreciar la importancia de una distribución normal si entendemos por qué es tan usual. La forma de campana nos dice la razón del porqué las distribuciones normales se asemejan tanto a ciertas características de los seres humanos: la mayoría de los hombres o de las mujeres tienen estaturas muy cercanas a la estatura media correspondiente a su sexo; por lo tanto, el conjunto de datos de las alturas tiene un máximo en la estatura promedio. Pero si nos alejamos de la estatura promedio, ya sea a la derecha o a la izquierda, nos encontramos cada vez con un número menor de personas que van produciendo las dos **colas** de la campana de la distribución normal. En realidad, cualquier cantidad que sea el resultado de muchos factores tiende a tener una distribución normal. Las estaturas de los seres humanos dependen de muchos factores genéticos y ambientales. En general, podemos esperar que un conjunto de datos nos entregue una distribución normal si cumple con las siguientes condiciones:

1. La mayoría de los valores de los datos se encuentran cercanos a la media, lo que dará un máximo bien definido.

2. Los valores de los datos están parejamente dispersos en torno a la media, lo que hará que la distribución sea simétrica.

3. Las desviaciones más grandes de la media son muy escasas, lo que producirá las colas de la campana.

4. Los valores individuales del conjunto de datos son generados por una combinación de muchos factores diferentes (como losgenéticos o ambientales).

Ejemplo
¿Cuál de los siguientes conjuntos de variables esperaría que tuvieran una distribución normal o cercana a lo normal?

a) Los resultados de un examen sumamente fácil.

b) Las medidas de los zapatos en una muestra arbitraria de mujeres adultas.

Solución

a) Si el examen tiene una nota máxima de siete y es sumamente fácil, esperaríamos que la media sea alta y que muchos resultados estén cerca del siete. Los valores por debajo de la media deberían ser muy pocos. Por lo tanto, en este caso esperaríamos encontrar una distribución sesgada hacia la izquierda y por lo tanto, no será normal.

b) La medida de los pies de los humanos están determinados por muchos factores genéticos y ambientales. En este caso, esperaríamos que el tamaño de los zapatos esté muy cerca de una media y poco común los que estén alejados de ella. Por lo tanto, en este caso esperaríamos una distribución normal.

La desviación estándar en las distribuciones normales

Dado que las distribuciones normales tienen la misma forma de campana, podemos caracterizar la variación de cualquier distribución normal por medio de un solo número: la desviación estándar. Recordemos que para cualquier distribución, la desviación estándar nos entrega una medida de la dispersión de los valores en relación a la media. Para una distribución normal, la desviación estándar entrega una descripción muy exacta de la variación y está basada en una regla muy simple que usualmente se llama la regla del *68-95-99,7* que pasamos a enunciar a continuación:

1. Aproximadamente 68 % de los puntos que representan los valores del conjunto de datos (esto es casi dos tercios de ellos) caen dentro de una desviación estándar alrededor de la media.

2. Aproximadamente 95 % de los puntos que representan los valores del conjunto de datos caen dentro de dos desviaciones estándar de la media.

3. Aproximadamente 99, 7 % de los puntos que representan los valores del conjunto de datos caen dentro de tres desviaciones estándar de la media.

La Figura 4.18 nos muestra gráficamente la regla del *68-95-99,7*. La desviación estándar está abreviada por la letra griega σ (sigma).

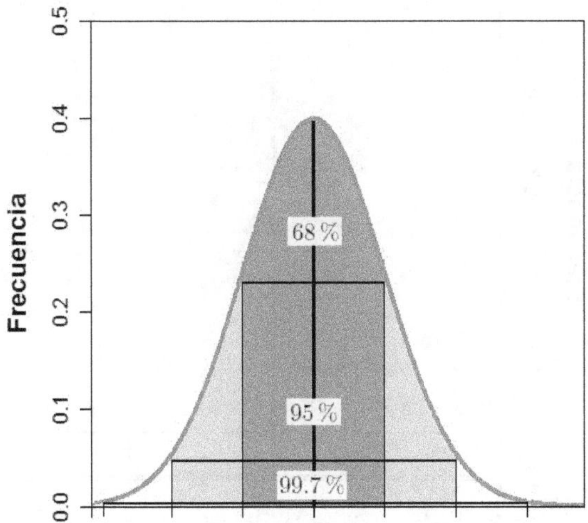

Figura 4.20: Regla del *68-95-99,7* en la distribución normal

Ejemplo

Cada prueba de la PSU de matemática está diseñada para que los puntajes se distribuyan en forma normal con una media de 500 puntos y una desviación estándar de 100. Interpretar esta afirmación de acuerdo a la regla del *68-95-99,7*.

Solución

De acuerdo a la regla del 68-95-99,7, *tenemos que, aproximadamente, el* 68 % *de los estudiantes obtienen* 100 *puntos de diferencia de la media de* 500 *puntos, es decir, los puntajes del* 68 % *de los estudiantes estan aproximadamente entre* 400 *y* 600. *El* 95 % *obtiene puntajes entre* 300 *y* 700 *y* 99, 7 % *tiene puntajes entre* 200 *y* 800.

Podemos también utilizar la regla del *68-95-99,7* para contestar muchas preguntas relacionadas con las frecuencias absolutas o relativas de los conjuntos de datos en distribuciones normales. Por ejemplo, supongamos que queremos saber el porcentaje de valores que se encuentran a más de dos desviaciones estándar sobre la media. La regla nos dice que 95 % de los valores de los datos se encuentran dentro de dos desviaciones estándar de la media, por lo que 5 % de los valores se hallan a más de dos desviaciones estándar de la media. Como la distribución es normal, es simétrica, luego la mitad de este 5 %, es decir, 2, 5 %, de los valores debe estar a más de dos desviaciones estándar sobre la media. La Figura 4.19 muestra este razonamiento de manera gráfica.

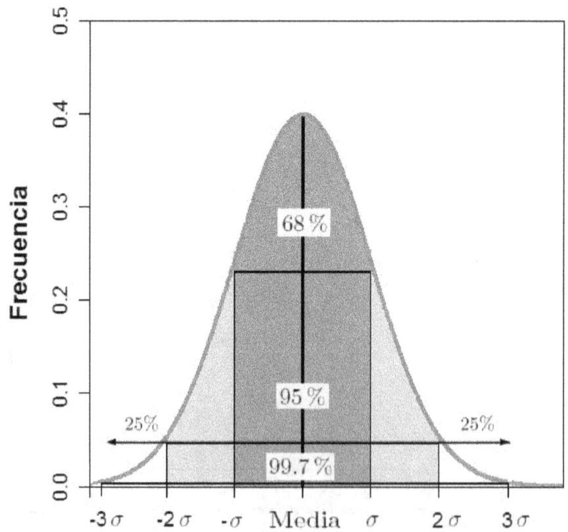

Figura 4.21: Porcentaje de valores en cada cola de la distribución normal

Ejemplo
Un estudio de mercado muestra que el precio pagado por un auto mediano de marcas tradicionales (no de lujo) con dos años de uso, tiene una distribución normal con una media de \$7.500.000 y una desviación estándar de \$500.000. Consideramos una muestra de 5.000 personas que compraron una de estas marcas.

a) Aproximadamene, ¿cuántas personas pagaron entre \$7.000.000 y \$8.000.000?

b) Aproximadamene, ¿cuántas pagaron menos de \$7.000.000?

c) Aproximadamene, ¿cuántas pagaron más de \$9.000.000?

Solución

a) *Dado que la media es de* \$7.500.000 *y la desviación estándar es de* \$500.000, *los precios entre* \$7.000.000 *y* \$8.000.000 *se encuentran dentro de una desviación estándar de la media. De la regla, obtenemos que aproximadamente* 68 % *de las* 5.000 *personas, es decir,* 3.400 *personas, pagó sus autos dentro de ese margen de precios.*

b) *El resto de las personas, es decir* 1.600, *pagó precios de más de una desviación estándar de la media, es decir, fuera del rango de* \$7.000.000 *a* \$8.000.000. *La mitad de estas personas, es decir* 800, *pagaron precios menores a* \$7.000.000 *(mientras que la otra mitad pagó más de* \$8.000.000*).*

c) *El precio de* \$9.000.000 *está* \$1.500.000 *sobre la media y corresponde a tres desviaciones estándar de la media. Utilizando nuevamente la regla, tenemos que* 99.7 % *de los compradores pagaron precios dentro de las tres desviaciones estándar de la media, por lo tanto sólo* 0,3 % *pagaron más de* \$9.000.000 *o menos de* \$9.000.000 *por el auto. Por la simetría de la distribución normal, tenemos que la mitad de este porcentaje, es decir* 0,15 %, *pagó más de* \$9.000.000. *Por lo tanto,* 7,5 *personas pagaron más de esa suma, o sea, entre* 7 *y* 8 *personas pagaron más de* \$9.000.000.

La regla del *68-95-99,7* se aplica a los conjuntos de datos cuyos valores tienen una, dos o tres desviaciones estándar de la media. Para otros casos, se puede generalizar esta regla si sabemos exactamente a cuantas desviaciones estándar de la media tiene un cierto conjunto de valores. El número de desviaciones estándar que se encuentran por sobre o por debajo de la media, se conoce como **cuenta estándar** (o z-cuenta), la cual coúnmente se denota por z.

Ejemplo

- La cuenta estándar de la media es $z = 0$ porque está a cero desviación estándar de sí misma.
- La cuenta estándar de un valor $1,5$ desviaciones estándar sobre la media es $z = 1,5$.
- La cuenta estándar de un valor $2,5$ desviaciones estándar bajo la media es $z = -2,5$.

Por lo tanto, tenemos que la cuenta estándar se calcula por:

$$z = \frac{\text{valor del dato} - \text{la media}}{\text{desviación estándar}}$$

Ejemplo
Los test para medir el coeficiente intelectual de las personas (I.Q.) se diseñan de tal modo que los puntajes se distribuyen normalmente con una media de 100 y una desviación estándar de 16. Encontrar la cuenta estándar para los puntajes del I.Q. de 95 y 125.

Solución

Para la cuenta estándar de los I.Q. de 95 *tenemos:*

$$z = \frac{\textit{valor del dato} - \textit{la media}}{\textit{desviación estándar}} = \frac{95 - 100}{16} = -0,31$$

Es decir, el puntaje de 95 *en el test de I.Q. está a* $0,31$ *desviaciones estándar bajo la media.*

Para la cuenta estándar de los I.Q. de 125 *tenemos:*

$$z = \frac{\textit{valor del dato} - \textit{la media}}{\textit{desviación estándar}} = \frac{125 - 100}{16} = 1,56$$

Es decir, el puntaje de 125 *en el test de I.Q. está a* $1,56$ *desviaciones estándar sobre la media.*

Percentiles 4.9

El **n-ésimo percentil** de un conjunto de datos es el menor valor en el conjunto, con la propiedad que n% de los valores de los datos son menores o iguales a él. Por ejemplo, si tu puntaje en la PSU está en el 45-ésimo percentil, significa que hay un 45 % de puntajes bajo el tuyo.

Un conjunto de valores de datos que se encuentra entre dos percentiles, se dice que está en el percentil más bajo de los dos.

La siguiente tabla nos permite encontrar los percentiles de una cuenta estándar. Para muchas cuentas estándar en una distribución normal, la Tabla 4.8 nos da el porcentaje de valores en la distribución menor o igual al valor.

z-cuenta	Percentil	z-cuenta	Percentil	z-cuenta	Percentil	z-cuenta	Percentil
−3,5	0,02	−1,0	15,87	0,0	50,00	1,1	86,43
−3,0	0,13	−0,95	17,11	0,05	51,99	1,2	88,49
−2,9	0,19	−0,90	18,41	0,10	53,98	1,3	90,32
−2,8	0,26	−0,85	19,77	0,15	55,96	1,4	91,92
−2,7	0,35	−0,80	21,19	0,20	57,93	1,5	93,32
−2,6	0,47	−0,75	22,66	0,25	59,87	1,6	94,52
−2,5	0,62	−0,70	24,20	0,30	61,79	1,7	95,54
−2,4	0,82	−0,65	25,78	0,35	63,68	1,8	96,41
−2,3	1,07	−0,60	27,43	0,40	65,54	1,9	97,13
−2,2	1,39	−0,55	29,12	0,45	67,36	2,0	97,72
−2,1	1,79	−0,50	30,85	0,50	69,15	2,1	98,21
−2,0	2,28	−0,45	32,64	0,55	70,88	2,2	98,61
−1,9	2,87	−0,40	34,46	0,60	72,57	2,3	98,93
−1,8	3,59	−0,35	36,32	0,65	74,22	2,4	99,18
−1,7	4,46	−0,30	38,21	0,70	75,80	2,5	99,38
−1,6	5,48	−0,25	40,13	0,75	77,34	2,6	99,53
−1,5	6,68	−0,20	42,07	0,80	78,81	2,7	99,65
−1,4	8,08	−0,15	44,04	0,85	80,23	2,8	99,74
−1,3	9,68	−0,10	46,02	0,90	81,59	2,9	99,81
−1,2	11,51	−0,05	48,01	0,95	82,89	3,0	99,87
−1,1	13,57	−0,0	50,00	1,0	84,13	3,5	99,98

Tabla 4.9: Tabla de valores para la relación entre percentil y z-cuenta

Como podemos ver de la tabla, 55,96 % de los valores en una distribución normal tiene una cuenta estándar menor o igual a 0,15, es decir, los valores de los datos con una cuenta estándar de 0,15 están bajo el 55-avo percentil. Como lo muestra esta tabla, algunas veces se usan fracciones de percentiles en lugar del percentíl completo. Por ejemplo, como 55,96 % de los valores en una distribución normal tienen una cuenta estándar menor a 0,15, podemos decir que esta cuenta estándar está en el 55-avo percentil, o en el 55,9-avo percentil o en el 55,96-avo percentil, dependiendo del nivel de precisión que requiramos.

Ejemplo

Los niveles de colesterol en los hombres cuyas edades varían entre los 18 y

24 años se distribuyen normalmente con una media de 178 y una desviación estándar de 41.

a) ¿En qué percentíl se encuentra un hombre con un nivel de colesterol de 190?
b) ¿Qué nivel de colesterol le corresponde al 90-ésimo percentil? ¿Cuál será el nivel que requerirá de tratamiento?

Solución

a) *La cuenta estándar para un colesterol de* 190 *es:*

$$z = \frac{\textit{valor del dato} - \textit{la media}}{\textit{desviación estándar}} = \frac{190 - 178}{41} \approx 0,29$$

La Tabla 4.8 nos dice que la cuenta estándar de 0,29 *corresponde al* 61*-avo percentil.*

b) *La Tabla 4.8 muestra que* 90,23 % *de todos los valores de conjuntos de datos tienen una cuenta estándar menor que* 1,3*. Esto es, el* 90*-avo percentil está aproximadamente a* 1,3 *desviaciones estándar sobre la media. Como la desviación estándar es* 41*, las* 1,3 *desviaciones estándar son* $1,3 \times 41 = 53,3$*. Si sumamos este valor a la media, encontramos que el* 90*-avo percentil comienza alrededor de* $178 + 53 = 231$*. Por lo tanto, una persona con niveles superiores a* 231 *seguramente requerirá de tratamiento.*

Relevancia estadística 4.10

Supongamos que queremos comprobar que una cierta moneda está balanceada, es decir, luego de lanzarla muchísimas veces, saldrán aproximadamente tantas caras como sellos. Hacemos el experimento 100 veces, resultando 52 veces cara y 48 veces sello. ¿Podemos concluir que la moneda no está balanceada? En realidad no. Aunque se espera ver 50 caras y 50 sellos, es claro que habrá variaciones entre una y otra muestra de 100 lanzamientos. Una pequeña desviación del perfecto 50 − 50 entre cara y sello, no significa necesariamente que la moneda no esté balanceada, porque se espera que sucedan pequeñas desviaciones por **variabilidad natural**. Distinto sería el caso en que obtenemos 20 caras y 80 sellos. Es difícil aquí atribuir tanta desviación del 50−50 a la casualidad; es más fácil concluir en este caso que la moneda no está balanceada. Cuando la diferencia entre lo que se observa y lo que se espera es muy grande para ser explicada por la casualidad, decimos que la diferencia es **estadísticamente significativa**.

Un conjunto de mediciones u observaciones en un estudio estadístico se dice **estadísticamente significativo** si es muy improbable que haya ocurrido por casualidad.

Ejemplo

¿Son los siguientes efectos estadísticamente significativos?

a) Una aerolínea que tiene un promedio de 95 % en la puntualidad de sus salidas se ha atrasado 11 veces en sus 200 salidas.

b) En términos de temperaturas promedios globales, cinco de los años entre 1990 y 1999 fueron los más calurosos del siglo XX.

Solución

a) Para una aerolínea que tiene un promedio del 95 % *de puntualidad, esperamos puntualidad en sus salidas, aunque ocasionalmente pueda atrasarse. Por lo tanto, el dato de sus* 11 *atrasos no es estadísticamente significativo.*

b) Solo por casualidad, un año en particular dentro de un siglo tendría una posibilidad de 5 *en* 100 *de ser uno de los* 5 *años más calurosos del siglo. Por lo tanto, tener cinco de ellos en la misma década es muy difícil de explicar por* **casualidad**. *Este evento es estadísticamente significativo y sugiere un calentamiento global.*

Podemos ahora aplicar la idea de estadísticamente significativo para hacer inferencias sobre muestras de población. Supongamos que en una encuesta tomada a 1.000 chilenos al azar, 51 % apoya la labor del presidente. En otra encuesta tomada una semana después a otra muestra de 1.000 chilenos al azar, la labor del presidente es apoyada por 49 %. ¿Deberíamos concluir que la opinión de los chilenos cambió en la semana transcurrida entre las encuestas?

Probablemente están pensando que no, porque cada encuesta involucró una muestra y no podemos esperar que sus resultados sean un modelo exacto de la opinión de todos los chilenos. Dado que la variación entre los resultados de ambas encuestas (51 % versus 49 %) es muy pequeña, es muy probable que el porcentaje real de chilenos que apoyan la labor del presidente no haya variado.

En términos de relevancia estadística, el cambio en los resultados de ambas encuestas no es estadísticamente significativo. En contraste, si los resultados hubieran bajado de 70 % a 30 % en una semana, podríamos concluir que el cambio es estadísticamente significativo y que la opinión de los chilenos cambió en una semana.

Ejemplo

Un investigador conduce el siguiente experimento para probar los efectos de un nuevo producto para la prevención del resfrío común, cuya fórmula es en base a hierbas naturales. Durante un período de tres meses una muestra de 100 personas escogidas al azar estarán en tratamiento con este producto, mientras que durante el mismo período, otra muestra de 100 personas, también escogidas al azar, estarán tomando un placebo. El resultado fue que 30 % de las personas tratadas con el producto se resfriaron, comparado con un 32 % de las personas del otro grupo que también se resfriaron. ¿Podemos concluir que el producto es efectivo para la prevención de los resfríos?

Solución

La diferencia del 30 % *versus el* 32 % *que se resfriaron es demasiado pequeña y puede ser considerada como una casualidad. La diferencia no es estadísticamente significativa y deberíamos concluir que el tratamiento no es efectivo para prevenir el resfrio.*

¿Qué habría pasado en el ejemplo anterior si 22 % de las personas tratadas se resfriaron, versus 42 % de las no tratadas? ¿Habríamos concluido también que la diferencia no es estadísticamente significativa? ¿Cómo podemos cuantificar la relevancia estadística?

Para responder esta pregunta, requerimos de una definición cuantitativa:

1. Si la probabilidad de una diferencia observada que ocurre por casualidad es de 1 es a 20 $(0,05)$ o menos, entonces decimos que la diferencia es estadísticamente significativa **en el nivel de 0,05**.

2. Si la probabilidad de una diferencia observada que ocurre por casualidad es de 1 es a 100 $(0,01)$ o menos, entonces decimos que la diferencia es estadísticamente significativa **en el nivel de 0,01**.

En el comentario del ejemplo anterior, en el caso del 22 % versus el 42 %, la diferencia es significativa, tanto **en el nivel 0,05** como en el nivel de $0,01$. Esto significa que si el tratamiento no tuviera efectos, aún podríamos esperar estos resultados en aproximadamente 1 de cada 20 experimentos similares solamente por casualidad. Como podemos ver, hay que tener cierta precaución cuando trabajamos con relevancia estadística. A pesar de que la relevancia al nivel $0,05$ arroja algo de evidencia de que el tratamiento funcione, sin lugar a dudas no es concluyente.

Ejemplo

En 1954, se realizó un experimento para comprobar la efectividad de una nueva vacuna contra la poliomielitis, creada por el Dr. Jonas Salk (1914-1995). El experimento consistió en tomar una muestra de 400.000 niños de un cierto país. La mitad de ellos fueron vacunados y la otra mitad fueron inyectados con una solución de agua con sal. De los niños vacunados, 33 contrajeron la enfermedad y 115 la contrajeron dentro de la muestra que no fueron vacunados con la vacuna de Salk. La probabilidad de que esta diferencia entre los grupos sea por variabilidad natural, resulta ser bastante menor que $0,01$. ¿Qué implicaciones tiene este resultado?

Solución

La conclusión es que el test de la vacuna de poliomielitis es estadísticamente significativo a un nivel menor que $0,01$. *Esto es, la probabilidad de que la diferencia en los resultados en ambos grupos haya sucedido por casualidad es menor que* 1 *es a* 100. *Por lo tanto, podemos tener confianza en que la vacuna fue la responsable del menor número de casos de polio en el grupo vacunado con la vacuna de Salk. Como resultado de esta conclusión, se comenzó a usar esta vacuna en todo el mundo.*

Margen de error e intervalos de confianza 4.11

Las encuestas de opinión son uno de los tipos de estudios estadísticos más comunes y debemos ser muy cuidadosos cuando interpretamos. Afortunadamente, las encuestas usualmente incluyen algo que se llama **margen de error**.

Supongamos que en una encuesta 76 % de los encuestados aprueba la labor del ministro de Educación con un **margen de error** de 3 puntos porcentuales. El 76 % es un estadístico muestral, eso es, 76 % de los chilenos en la muestra dijeron que apoyan la labor del ministro de Educación. El margen de error nos ayuda a entender cuán buena es la aproximación del estadístico muestral a la población real, es decir, a todos los chilenos que apoyan la labor del ministro. Al sumar y restar el margen de error del estadístico muestral, obtenemos un rango de valores o un **intervalo de confianza**. En este caso, sumando y restando 3 puntos porcentuales, obtenemos un intervalo de confianza del 73 % al 79 %.

Lo anterior ejemplifica la siguiente definición:

El **margen de error** en un estudio estadístico se usa para describir un **intervalo de confianza** que probablemente contiene el parámetro de la verdadera población. Este intervalo se obtiene sumando y restando el margen de error del estadístico muestral considerado en el estudio.

Supongamos que en una encuesta se determina que 48 % de los chilenos está conformes con su estilo de vida, con un margen de error de 3 puntos porcentuales. Luego, el verdadero porcentaje de chilenos que está satisfecho con su estilo de vida está entre el 45 % y el 51 %.

Supongamos que se realiza una encuesta a todos los alumnos de un colegio de 400 alumnos para saber si están satisfechos con la educación reciben. Contando las respuestas, se obtuvo que 240 de los 400 alumnos sí estaban satisfechos. Esto corresponde a 60 % de la población encuestada y, como esta encuesta incluyó a la totalidad de la población de la escuela, 60 % es el parámetro poblacional. Ahora supongamos que, como en la mayoría de las encuestas, tomamos una muestra de la población de solo 25 estudiantes. Contando ahora las respuestas, encontramos que 16 de los 25 contestaron que sí. Esto corresponde al 64 %. Tal como era de esperar, este resultado no es exactamente igual al parámetro de la población real del 60 %. Más aún, como la muestra fue al azar, deberíamos esperar otro resultado si escogemos otra muestra de 25 alumnos. Supongamos ahora que repetimos el proceso de escoger otra muestra al azar de otros 25 alumnos, cientos o miles de veces; como la respuesta de sí de la población real fue de 60 %, la mayoría de las muestras tendrán una proporción de sí que estará cerca del 60 %. Las muestras alejadas del 60 % van a ser relativamente escasas; muestras con valores mayores que 60 % van a ocurrir tantas veces como las de menores valores. Lo que acabamos de describir cumple con tres de las cuatro condiciones para ser una distribución normal.

En matemática, existe un teorema llamado **teorema del límite central**, que nos dice que las proporciones de muchas muestras del mismo tamaño siguen aproximadamente una distribución normal. Este teorema también dice que la media de la distribución es la verdadera proporción de la población total. Además, nos dice que la desviación estándar es aproximadamente $1/(2\sqrt{n})$, donde n es el tamaño de las muestras. Entonces, dos desviaciones estándar deberán ser el doble de este número, es decir $1/\sqrt{n}$. Utilizando la regla del *68-95-99,7*, si tomamos solo una muestra, hay aproximadamente 95 % de posibilidades que la proporción de la muestra caiga dentro del $1/\sqrt{n}$ de la proporción de la población real. En otras palabras, si sumamos y restamos $1/\sqrt{n}$ de la muestra, podemos tener un 95 % de confianza que su intervalo de confianza contiene a la proporción de la verdadera población. Definimos $1/\sqrt{n}$ como el margen de error para una certeza del 95 %.

Ejemplo

Encontrar el margen de error y el intervalo de confianza del 95 % para las siguientes mediciones:

a) Una medición de 500 alumnos considera que el 52 % piensa votar por Carla como representante de los alumnos.

b) Una medición de 1.500 personas encuentran que el 87 % considera necesario medidas más estrictas contra los ladrones.

Solución

a) *La proporción medida para la muestra es de* 52 % *o* 0,52. *La población encuestada es* $n = 500$ *alumnos, luego el margen de error es aproximadamente:*

$$\frac{1}{\sqrt{n}} = \frac{1}{\sqrt{500}} \approx 0,045$$

Sumando y restando 0,045 *o* 4,5 % *de la proporción de muestra de* 52 %, *produce un intervalo de confianza del* 95 % *que va del* 47,5 % *al* 56,5 %. *Podemos entonces tener* 95 % *de confianza que la verdadera proporción de alumnos que planean votar por Carla está dentro del intervalo encontrado.*

b) *La proporción medida para la muestra es de* 87 % *o* 0,87. *El conjunto encuestado es de* $n = 1.500$ *personas, luego el margen de error es aproximadamente:*

$$\frac{1}{\sqrt{n}} = \frac{1}{\sqrt{1.500}} \approx 0,026$$

Sumando y restando 0,026 *o* 2,6 % *de la proporción de la muestra de* 87 % *nos produce un intervalo de confianza del* 95 % *que va desde* 84,4 % *hasta el* 89,6 %. *Podemos entonces tener una certeza del* 95 % *que la verdadera proporción de las personas que apoyan medidas más estrictas para castigar a los ladrones se encuentra en dicho intervalo.*

Ejemplo

Suponga que el Instituto Nacional de Estadísticas (INE) encuentra 6.420 cesantes en una muestra de 60.000 personas. Estime la tasa de desempleo y encuentre el intervalo de confianza del 95 %.

Solución

La proporción de cesantes de la muestra en este caso es:

$$\frac{6.420}{60.000} = 0,107$$

Esta proporción es probable que esté cerca de la verdadera proporción de desempleados. El margen de error es aproximadamente:

$$\frac{1}{\sqrt{60.000}} \approx 0,004$$

Sumamos y restamos el margen de error de 0,004 *a la proporción de la muestra de* 0,107, *lo que nos dará el intervalo de confianza del* 95 % *que corresponde al intervalo desde* 0,103 *hasta* 0,11, *que es el intervalo desde* 10,3 % *hasta* 11,1 % *de desempleados en la población total de Chile.*

Un paseo por los términos básicos de probabilidades 4.12

El objetivo de esta sección es aprender la terminología básica de la teoría de probabilidades, ser capaz de calcular probabilidades simples y entender como se ocupan las probabilidades. Los **términos probabilísticos básicos** son entre muchos otros:

- **Experimento**: un proceso por medio del cual una **observación** o **resultado** es obtenido.
- Una **muestra simple**: es el conjunto S de todos los posibles resultados de un experimento.
- Un **evento**: es un subconjunto E del espacio muestral S.
- Un **evento seguro**: es un evento que es igual al espacio muestral S.
- Un **evento imposible**: es un evento que es igual al conjunto vacío.

Ejemplo
Si rodamos un dado, el **experimento** es rodar el dado. Los **posibles resultados** son los números $1, 2, 3, 4, 5, 6$. El espacio muestral es $S = \{1, 2, 3, 4, 5, 6\}$. Hay muchos posibles eventos, incluyendo:

- $E_1 = \{3\}$: sale un tres
- $E_2 = \{2, 4, 6\}$: salen solo números pares
- $E_3 = \{1, 2, 3, 4, 5, 6\}$: sale un número entre 1 y 6 inclusive

Notemos la diferencia entre evento y resultado. Un evento es un subconjunto del espacio muestral, mientras que un resultado es un elemento del espacio muestral. El evento E_3 es un **evento seguro** mientras que sacar $\{12\}$ es un **evento imposible**.

La **probabilidad** de un evento es una medida de la posibilidad de que dicho evento suceda. En este ejemplo, la probabilidad de obtener 3 es tan segura como la de obtener cualquier otro número entre 1 y 6. Luego la probabilidad del evento E_1 es $\frac{1}{6}$. El 1 del numerador es el número de elementos en E_1 y el 6 del denominador es el número de elementos en el espacio muestral. Si los resultados de un experimento son igualmente posibles, entonces la **probabilidad** de un evento E, se denota por $P(E)$ y se define como

$$P(E) = \frac{n(E)}{n(S)}$$

donde $n(X)$ es el número de elementos del conjunto X. Esto significa **éxito sobre total**. Muchas personas confunden probabilidad y **probabilidad a favor**, pero tienen significados muy distintos. La **probabilidad a favor** de un evento es el número de maneras en que puede ocurrir el evento comparado con el número de maneras en que no ocurra, (éxito comparado con fracaso). En el ejemplo del dado, la probabilidad a favor de E_1 es $1:5$ Luego, la **probabilidad a favor** de un evento E se denota por $o(E)$ y se define por:

$$o(E) = n(E) : n(E')$$

donde E' es el complemento de E con respecto a S.

Ejemplo

Lanzamos una moneda al aire, determine:

i) Espacio muestral

ii) La probabilidad del evento E_1 : sacar cara

iii) La probabilidad del evento E_2 : sacar sello

iv) La probabilidad del evento E_3 : sacar cara o sello

v) La probabilidad a favor del evento E_1

vi) La probabilidad a favor del evento E_3

Solución

i) El experimento es lanzar una moneda al aire, luego los únicos resultados posibles son $S = \{cara, sello\}$.

ii) $P(E_1) = \frac{1}{2}$. Es decir, una de cada dos veces seremos exitosos.

iii) $P(E_2) = \frac{1}{2}$.

iv) $P(E_3) = \frac{2}{2}$. Es decir, todo resultado es un éxito.

v) $o(E_1) = 1 : 1$. Esto significa que por cada posible éxito hay un posible fracaso.

vi) $o(E_3) = 2 : 0$. Esto nos dice que no hay posibles fracasos.

Hasta el momento, hemos calculado probabilidad de manera teórica, dado que en realidad no lanzamos una moneda al aire, pero también podríamos hacerlo de modo empírico: podríamos lanzar muchas veces una moneda al aire, ir contando los resultados y calcular el número de veces que nos salió cara dividido por el número total de lanzamientos. Esto se conoce como **frecuencia relativa.** Usualmente, la frecuencia relativa de un resultado no es igual a la probabilidad, pero si el número de intentos es muy grande, estos dos números deberían estar muy cerca. Esta relación se conoce como **la ley de los grandes números,** a saber:

Si un experimento es repetido un número muy grande de veces, la frecuencia relativa de un resultado tiende a acercarse a la probabilidad del resultado.

Ejemplo
Lanzamos dos monedas distintas al aire, determine:

i) Espacio muestral
ii) Encuentre el evento E : obtener exactamente una cara.
iii) Encontrar la probabilidad de E
iv) Use la ley de los grandes números para interpretar la probabilidad de E

Solución

i) Denotemos por C_1, S_1 *la salida de cara y sello respectivamente de la primera moneda y similarmente* C_2, S_2 *para la segunda moneda. Entonces los posibles resultados son* $S = \{(C_1, C_2), (C_1, S_2), (S_1, S_2), (S_1, C_2)\}$.
ii) $E = \{(C_1, S_2), (S_1, C_2)\}$
iii) $P(E) = \frac{2}{4} = \frac{1}{2}$.
iv) Según la ley de los grandes números, si lanzamos dos monedas distintas al aire, la frecuencia relativa de que salga una sola cara es de aproximadamente 50 %.

Reglas básicas de la probabilidad 4.13

Dos eventos que no pueden suceder ambos al mismo tiempo se llaman **mutuamente excluyentes**, eso significa que su intersección es vacía.

Ejemplo
Al hacer rodar un dado, el evento E es: sale un número que es par, el evento F es: sale un número mayor que 3 y el evento G es: sale un número impar.

i) ¿Son E y F mutuamente excluyentes?

ii) ¿Son E y G mutuamnete excluyentes?

Solución

i) Según la definición de los eventos, tenemos que $E = \{2,4,6\}$, $F = \{4,5,6\}$ *y* $G = \{1,3,5\}$, *por lo tanto* $E \cap F = \{4,6\}$ *y por lo tanto no son mutuamente excluyentes.*

ii) $E \cap G = \{\phi\}$ *y por lo tanto esos dos eventos son mutuamente excluyentes.*

Esto mismo lo podríamos haber hecho mediante un diagrama de Venn, como se muestra en la Figura 4.20.

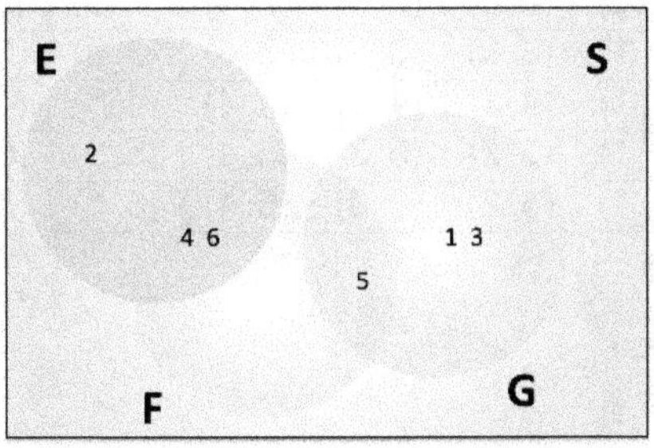

Figura 4.22: Diagrama para el ejemplo de los dados

Ejemplo
Dados los siguientes eventos: M: ser madre, N: ser padre y D: ser hija.

i) ¿Son M y N mutuamente excluyentes?

ii) ¿Son M y D mutuamente excluyentes?

Solución

i) Claramente no hay madres que también son padres, por lo tanto son mutuamente excluyentes.

ii) Dado que hay hijas que también son madres, estos conjuntos no son mutuamente excluyentes.

En el caso de querer encontrar la probabilidad de que salga un número al hacer rodar dos dados de distinto color, uno blanco y otro negro, tenemos la siguiente situación. A pesar de que los números posibles de salir son del 2 hasta el 12, ambos inclusive, sin embargo, la posibilidad de obtener 2 es distinta de la de obtener, por ejemplo, 7. En el primer caso, obtenemos una única combinación, mientras que para el segundo caso se obtienen seis maneras distintas. Por lo tanto, vamos a hacer una lista con todos los posibles resultados, utilizando para ello pares ordenados de números, en que el primer número indica el resultado del dado blanco y el segundo del dado negro. Tal como vemos,

(1, 1)	(1, 2)	(1, 3)	(1, 4)	(1, 5)	(1, 6)
(2, 1)	(2, 2)	(2, 3)	(2, 4)	(2, 5)	(2, 6)
(3, 1)	(3, 2)	(3, 3)	(3, 4)	(3, 5)	(3, 6)
(4, 1)	(4, 2)	(4, 3)	(4, 4)	(4, 5)	(4, 6)
(5, 1)	(5, 2)	(5, 3)	(5, 4)	(5, 5)	(5, 6)
(6, 1)	(6, 2)	(6, 3)	(6, 4)	(6, 5)	(6, 6)

hay 36 posibles resultados.

Ejercicio

Encuentre la probabilidad de cada uno de los siguientes eventos, al hacer rodar dos dados de distintos colores:

i) La suma da 7

ii) La suma da un número mayor que 9

iii) La suma da un número par

Solución

i) El evento E:la suma es 7 es $\{(1,6),(6,1),(5,2),(2,5),(4,3),(3,4)\}$, *luego*

$$P(E) = \frac{6}{36} = \frac{1}{6}$$

ii) El evento F*: la suma es mayor que 9 es* $\{(6,4),(4,6),(5,5),(6,5),(5,6),(6,6)\}$ *luego*

$$P(F) = \frac{6}{36} = \frac{1}{6}$$

iii) El evento G *la suma es par es* $\{(1,1),(2,2),(3,1),(1,3),(3,3),(4,2),(2,4),(4,4),(5,5),(6,6),$ $(5,1),(1,5),(2,6),(6,2),(3,5),(5,3),(4,6),(6,4)\}$ *luego*

$$P(G) = \frac{18}{36} = \frac{1}{2}$$

En este punto es importante recordar que si S es el conjunto muestral, E es un evento y E' es su complemento respecto a S, entonces se cumple que:

$$n(E) + n(E') = n(S).$$

Esta propiedad en términos probabilísticos, significa que

$$P(E) + P(E') = 1$$

Aprovechamos esto para resolver el siguiente ejercicio:

Ejercicio
En el ejercicio anterior, encuentre la probabilidad del evento H : la suma no es mayor que 9

Solución

Si lo hacemos contando, tendríamos que contar muchos pares, pero podemos pensar que "la suma no es mayor que 9" es el complemento con respecto a S de la suma es mayor que 9, que corresponde al evento E del ejercicio anterior. Dado que

$$n(H) + n(E) = n(S)$$

entonces

$$n(H) = 36 - 6 = 30$$

Por lo tanto

$$p(H) = \frac{30}{36} = \frac{5}{6}$$

Algunas reglas básicas de la probabilidad, son las siguientes:

A) Sean E, F eventos, entonces

$$P(E \cup F) = P(E) + P(F) - P(E \cap F)$$

B) Si E y F son eventos mutuamente excluyentes, entonces

$$P(E \cup F) = P(E) + P(F)$$

C)

$$P(E) + P(E') = 1$$

Ejercicio
En el ejercicio anterior, calcule la probabilidad de que la suma sea mayor que 9 o par.

Solución

$$\begin{aligned} P(F \cup G) &= P(F) + P(G) - P(F \cap G) \\ &= \frac{1}{6} + \frac{1}{2} - \frac{1}{9} \\ &= \frac{5}{9} \end{aligned}$$

Combinatoria y probabilidad 4.14

Normalmente, uno pensaría que es poco probable tener dos o más alumnos en la sala de clases de razonamiento cuantitativo con el mismo día de cumpleaños, sin embargo, sorprendentemente veremos que no es así. Para ello debemos introducir algunos elementos básicos de la combinatoria. En la vida diaria, continuamente debemos tomar decisiones; por ejemplo, el plato de fondo de un menú en un restorán, la ropa que nos pondremos, el teléfono que escogeremos, el auto que compraremos, etcétera. Supongamos que compramos dos pares de zapatos, dos pantalones y tres camisas. ¿Cuántos conjuntos nuevos podemos formar con estas prendas? Para ello, debemos tomar tres tipos de decisiones, a saber, escoger un pantalón entre dos, una de tres camisas y uno de dos pares de zapatos. Denotamos por p_1, p_2 a cada pantalón, c_1, c_2, c_3 a cada camisa y z_1, z_2 a cada par de zapatos. Graficaremos esta situación con un árbol de decisiones que se muestra en la Figura 4.21.

Contando las ramas, podemos ver que tenemos 12 nuevos conjuntos de ropa. Si miramos el árbol, podemos notar que cada vez que tomamos una decisión, el número de ramas del árbol se multiplica por un factor igual al número de decisiones a tomar. Luego el número total se obtuvo multiplicando el número de selecciones para cada decisión:

$$2(\text{pantalones}) \cdot 3(\text{camisas}) \cdot 2(\text{zapatos}) = 12$$

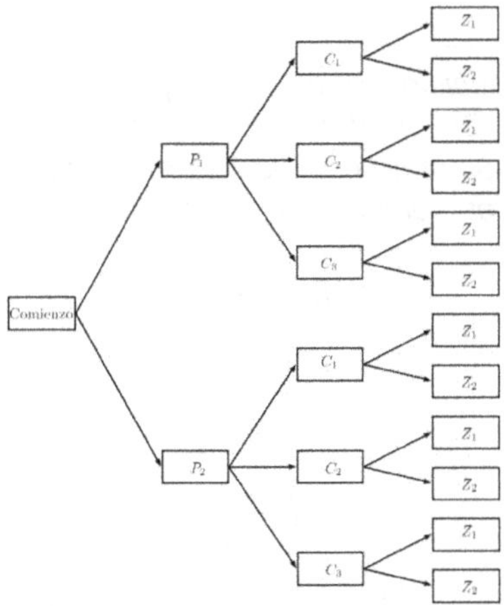

Figura 4.23: Árbol para el ejemplo de los dados

Entonces el **principio fundamental de contar** dice que el número total de posibles resultados se obtiene multiplicando el número de selecciones posibles por el número de decisiones.

Ejemplo
Una patente consiste en cuatro letras (descontando la ch y la ñ) seguidas de dos dígitos entre el 0 y el 9. ¿Cuántas posibles patentes diferentes podemos tener?

Solución

Contamos con 26 letras y con 10 dígitos y tenemos que llenar 6 posiciones con ellas, es decir, debemos tomar 6 decisiones. En la primera, contamos con 26 letras, lo mismo en la segunda, tercera y cuarta decisión; para la quinta y la sexta, tenemos 10 en cada caso. Por lo tanto, aplicando el principio de contar, el número total de patentes es:

$$26 \cdot 26 \cdot 26 \cdot 26 \cdot 10 \cdot 10 = 45.697.600$$

Ejemplo
Tres estudiantes arriendan un departamento de tres dormitorios cerca del campus universitario. Un dormitorio es muy deseado porque es amplio y tiene baño propio, el segundo tiene terraza y el tercero no es deseado, pues es muy chico. ¿De cuántas maneras diferentes pueden elegir los dormitorios?

Solución

Se deben tomar tres decisiones: quien se queda con el dormitorio que tiene baño, quien con el del balcón y quien con el indeseado. Para la primera decisión tenemos 3 estudiantes, para la segunda nos quedan 2 estudiantes y para la tercera, solo 1 estudiante. Por lo tanto las posibilidades de repartir los dormitorios son:

$$3 \cdot 2 \cdot 1 = 6$$

Los productos del tipo

- $1 \cdot 2 \cdot 3 = 6$
- $1 \cdot 2 \cdot 3 \cdot 4 = 24$
- $1 \cdot 2 \cdot 3 \cdot 4 \cdot 5 = 120$

se llaman **factoriales** y se denotan por

- $1 \cdot 2 \cdot 3 = 3!$
- $1 \cdot 2 \cdot 3 \cdot 4 = 4!$
- $1 \cdot 2 \cdot 3 \cdot 4 \cdot 5 = 5!$

En general

$$1 \cdot 2 \cdot 3 \cdot 4 \cdot \cdot \cdot n = n!$$

Hasta aquí, hemos contado situaciones en que seleccionamos un elemento por categoría. Ahora queremos examinar lo que pasa al escoger más de un elemento por categoría. Esto puede ser con repetición o sin ella. Si queremos escoger una clave para nuestra tarjeta de Redcompra, debemos escoger 4 dígitos y estos pueden repetirse, por lo tanto tenemos

$$10 \cdot 10 \cdot 10 \cdot 10 = 10.000$$

distintas posibilidades de elección. En tanto, si queremos escoger un comité formado por 3 personas de un grupo de 20 personas, no tenemos opción a repetición y aquí nos quedarían

$$20 \cdot 19 \cdot 18 = 6.840$$

posibles comités diferentes. También nos podemos encontrar con situaciones en las cuales importa el orden; por ejemplo, para un evento de beneficencia, se ofrecieron seis bandas de música para tocar gratuitamente. El tiempo daba solamente para que cuatro de ellas tocaran y era un factor importante cuál banda abría el evento y cuál lo cerraba. Entonces para la banda de apertura, tenemos 6 posibilidades de elección, para la que toque a continuación, nos quedan 5 posibilidades, para la siguiente nos quedan 4 y para la que cierra nos quedan 3, es decir:

$$6 \cdot 5 \cdot 4 \cdot 3 = 360$$

O sea, que tenemos 360 posibles combinaciones; en este caso, en que influye el orden, las llamamos **permutaciones**. Si miramos el cálculo de este ejemplo vemos que se parece a un factorial, pero está truncado, pues falta la multiplicación por 2 y por 1, pero podemos hacer lo siguiente:

$$6 \cdot 5 \cdot 4 \cdot 3 = \frac{6 \cdot 5 \cdot 4 \cdot 3 \cdot 2 \cdot 1}{2 \cdot 1} = \frac{6!}{2!} = \frac{6!}{(6-4)!}$$

El número de **arreglos** o **permutaciones** de r objetos sin reemplazo escogidos de un grupo de n objetos ($r \leq n$) es:

$$P_r^n = \frac{n!}{(n-r)!}$$

Ejemplo

Entre 112 asistentes a un seminario, se realiza una rifa en la que se premian los primeros tres lugares, con diferentes premios. ¿De cuántas maneras diferentes pueden entregarse los premios a los asistentes?

Solución

Debemos escoger 3 personas de las 112 sin reemplazo y el orden importa, por lo tanto:

$$P_3^{112} = \frac{112!}{109!} = \frac{112 \cdot 111 \cdots 2 \cdot 1}{109 \cdot 108 \cdots 2 \cdot 1} = 112 \cdot 111 \cdot 110 = 1.367.520$$

Cuando se escoge un objeto de una sola categoría, sin reemplazo y el orden de la selección es irrelevante, entonces a los posibles resultados se los llaman **combinaciones.**

Ejemplo

De entre cuatro personas: Maty, Benjamín, Martín y Mila, queremos seleccionar dos personas. ¿De cuántas maneras podemos hacerlo?

Solución

Se trata de ver todas las posibles combinaciones de dos personas que podamos formar. Por el momento hagámoslo con una lista:

- *Maty y Mila*
- *Maty y Benjamín*
- *Benjamín y Mila*
- *Benjamín y Martín*
- *Martín y Mila*

- *Maty y Martín*

Vamos a denotar las posibles combinaciones de r objetos escogidos entre n ($r \leq n$) por C_r^n. En el ejemplo anterior, vimos que $C_2^4 = 6$, pero es claro que si el conjunto de objetos desde donde debemos escoger es grande, el método de la lista sería interminable. Veamos entonces otra manera de calcular. Primero calculemos todas las permutaciones y después adaptemos ese número a la diferencia que existe entre permutaciones y combinaciones. En el ejemplo anterior, las permutaciones posibles son:

$$P_2^4 = \frac{4!}{2!} = 12$$

Una de las combinaciones del ejemplo tiene como dupla a Martín y Mil;, sin embargo, como permutación tendremos también la dupla Mila y Martín. Es decir, cada combinación en este ejemplo, produce dos permutaciones. Por lo tanto

$$C_2^4 = \frac{1}{2}P_2^4 = 6$$

Siguiendo esta línea de razonamiento, ¿cuántas combinaciones de tres de ellos podemos formar? El número de permutaciones es $P_3^4 = \frac{4!}{1!} = 24$; sin embargo, cada combinación, por ejemplo Benjamín, Maty y Mila, genera 3! permutaciones, por lo tanto:

$$C_3^4 = \frac{1}{3!}P_3^4 = 4$$

En general

$$C_r^n = \frac{1}{r!}P_r^n = \frac{n!}{r!(n-r)!}$$

A ese número lo denotamos por $\binom{n}{r}$ y se llama **número combinatorio** y se lee n sobre r.

Ejemplo
Una oferta de una tienda ofrece 5 DVD por el precio de uno, escogiendo dentro de los 50 estrenos más vistos. ¿Cuántas maneras distintas hay para escoger los 5 DVD?

Solución

Dado que el orden para seleccionar no afecta, se trata de combinaciones, por lo tanto:

$$C_5^{50} = \frac{50!}{5!45!} = 2.118.760$$

Volviendo al problema original de esta sección, respecto a las fechas de cumpleaños de los alumnos de un curso de razonamiento cuantitativo, concretamente, ¿cuál es la probabilidad de que dos alumnos cumplan años en la misma fecha? Supongamos que el curso tiene 10 alumnos. Vamos a suponer que todos los días del año tienen la misma probabilidad de ser cumpleaños de alguien, y dejaremos fuera el 29 de febrero, con lo que contamos con 365 días. Aquí los objetos son los cumpleaños y tenemos repetición. Por lo tanto $n(S) = 365^{10}$. El evento E es el conjunto de todas las posibles listas de 10 cumpleaños, en la que algunos pueden repetirse. Por lo tanto, su complemento E' será el conjunto de todas las listas de largo 10 en la cual no coincide ningún cumpleaños. Entonces, para encontrar $n(E')$, notamos que no hay reemplazo, el orden importa, por lo tanto se trata de una permutación, es decir:

$$n(E') = P_{10}^{365}$$

Por lo tanto

$$P(E') = \frac{n(E')}{n(S)}$$

Luego

$$P(E) = 1 - P(E') = 1 - \frac{n(E')}{n(S)} \approx 0,891$$

Esto nos dice que hay 89,1 % de que en la sala de clases hayan dos alumnos con la misma fecha de cumpleaños.

Ejercicio

Con un juego de 52 cartas, en el cual a cada jugador se le reparten 5 cartas, ¿cuál es la probabilidad de recibir 4 aces?

Solución

Nuestro espacio muestral son todas las combinaciones de 5 cartas repartidas de una baraja de 52 cartas. Claramente el orden no influye y no hay reemplazo, por lo tanto es combinación. El evento E consiste en todas las posibles 5 cartas que contengan 4 aces. Entonces, tenemos dos categorías, aces y no aces. Tenemos que $n(S) = C_5^{52}$ *y que el jugador debe recibir 4 de 4 aces, y esto puede pasar de* C_4^4 *maneras. También el jugador debe recibir una carta que no es as, es decir, una de las* $52 - 4 = 48$ *cartas restantes y esto se puede hacer de* C_1^{48} *maneras dietintas. Por lo tanto*

$$n(E) = C_4^4 C_1^{48}$$

Entonces

$$P(E) = \frac{C_4^4 C_1^{48}}{C_5^{52}} = 0,00018 \approx \frac{1}{50.000}$$

Esto significa que de aproximadamente después de jugar 50.000 *veces, puedes obtener un pocker de aces.*

Probabilidad condicional 4.15

En la prensa se publicó una encuesta sobre la gran cantidad de programas de violencia en la televisión en horarios para mayores. Sus respuestas fueron las que se muestran en la siguiente tabla:

	Sí	No	No sé	Total
Hombres	162	95	23	280
Mujeres	256	45	19	320
Total	418	140	42	600

Los encuestados fueron 600 personas, es decir, el espacio muestral consta de 600 respuestas. Si nos preguntamos sobre la probabilidad de obtener un sí como respuesta, vemos que $\frac{418}{600} = 0,70$, es de 70 % y la de no es de $\frac{140}{600} = 0,23$ es 23 %.

Si queremos saber la probabilidad de que una mujer conteste sí, entonces esto es $\frac{256}{320} = 0,80$,o sea de 80 %. Supongamos que denotamos por M el evento de que la respuesta sea dada por una mujer; con H, si es dada por un hombre; por S, si la respuesta fue sí y por N si la respuesta fue no. También denotaremos por $S|M$ al evento que una mujer responda SI. La raya que pusimos para separar S de M se lee "dado que", por lo tanto $S|M$ se lee como:"Una respuesta es SI, dado que la respuesta es de una mujer". La probabilidad de este tipo de eventos, se llama **probabilidad condicional**:

$$P(S|M) = \frac{256}{320} = 0,80 = 80\,\%$$

Como vemos, el numerador es el número de respuestas positivas entregadas por mujeres, es decir: $n(M \cap S)$ y el denominador es el número de mujeres: $n(M)$.

Una **probabilidad condicional** es una probabilidad en la cual el espacio muestral fué limitado a aquellos resultados que cumplen una cierta condición. Dado que un evento es un subconjunto del espacio muestral, el evento también debe cumplir con dicha condición.

Ejemplo

Utilizando la tabla del ejercicio anterior, calcular:

i) La probabilidad de que una respuesta sea sí dado que la respuesta es de un hombre.

ii) La probabilidad de que una respuesta sea de un hombre dado que la respuesta es un sí.

iii) La probabilidad de que una respuesta sea sí y sea de un hombre.

Solución

i) Buscamos

$$P(S|H) = \frac{162}{280} \approx 0,56 = 58\,\%$$

ii) Buscamos

$$P(H|S) = \frac{162}{418} \approx 0,39 = 39\,\%$$

iii) Buscamos

$$P(S \cap H) = \frac{162}{600} = 0,27 = 27\,\%$$

La regla del producto

Veamos un ejemplo:

Ejemplo
Se reparten dos cartas de una baraja de 52 cartas, ¿cuál es la probabilidad de recibir dos cartas de corazón?

Solución

La probabilidad de que la primera carta repartida sea de corazón es fácil de calcular. Hay 13 cartas de corazón en la baraja, por lo tanto esta probabilidad es de $\frac{13}{52}$

Para calcular la probabilidad de que la segunda carta sea de corazón, dado que ahora nos quedan 51 cartas, nuestro problema es saber cuántas de ellas son de corazón. Esto depende de si la primera carta fue o no un corazón.Si la primera fué corazón, entonces quedan 12 y si no siguen quedando 13. Podríamos decir que la probabilidad de que la segunda carta sea corazón, dado que la primera lo fue es de $\frac{12}{51}$.

La forma de poner estas dos probabilidades juntas se obtiene algebraicamente reescribiendo la definición de probabilidad condicional y así obtenemos la regla del producto: sabemos por la definición de probabilidad condicional que:

$$P(A|B) = \frac{n(A \cap B)}{n(B)}$$

Al multiplicar por $n(B)$ y dividir por $n(S)$ la igualdad, obtenemos:

$$\frac{P(A|B)n(B)}{n(S)} = \frac{n(A \cap B)}{n(S)}$$

Por lo tanto

$$P(A|B)P(B) = P(A \cap B)$$

Es decir, para eventos A y B, la probabilidad de A y B es:

$$P(A \cap B) = P(A|B)P(B)$$

Entonces, volviendo al ejemplo, la probabilidad de que las dos cartas sean de corazón es:

$$P(A \cap B) = P(A|B)P(B) = \frac{12}{51}\frac{13}{52} = \frac{1}{17} \approx 0,06 = 6\,\%$$

Ejemplo

Supongamos que tenemos un dado equilibrado de 20 caras que constan de los siguientes números: 1, 1, 2, 2, 2, 3, 3, 4, 5, 6, 7, 8, 9, 10, 11, 12, 13, 14, 15, 16. Se hace rodar el dado una vez y se observa el número obtenido en su cara. Sea A el evento de que ese número sea primo sea B el evento de que ese número sea impar. Calcular $P(A|B)$ y $P(B|A)$.

Solución

Dado que el dado está balanceado, tenemos que $P(A) = \frac{9}{20}$ *porque hay* 9 *maneras de obtener un número primo y* $P(B) = \frac{10}{20}$, *porque hay* 10 *maneras de obtener un número impar. También notamos que* $P(A \cap B) = P(B \cap A) = \frac{6}{20}$ *dado que hay* 6 *maneras de obtener un número primo impar. Luego*

$$P(A|B) = \frac{P(A \cap B)}{P(B)} = \frac{6/20}{10/20} = \frac{3}{5}$$

$$P(B|A) = \frac{P(B \cap A)}{P(A)} = \frac{6/20}{9/20} = \frac{2}{3}$$

Dependencia e independencia de eventos

Si consideramos el ejemplo de las dos cartas de corazón, si un observador vio que la primera carta que salió era de corazón, entonces él podrá predecir mejor la probabilidad de que la segunda carta sea de corazón, pues esta probabilidad será de $\frac{12}{51} \approx 0,24$.

Mientras que un observador que no vio la primera carta hará el cálculo que hicimos nosotros y le dará la probabilidad de aproximadamente $0,06$. Los dos resultados dan valores distintos por el efecto que tiene la primera carta sobre la segunda. Decimos que estos dos eventos son **dependientes** porque la segunda carta depende de lo que salió en la primera. Ahora, si consideramos dos lanzamientos sucesivos de un dado, ¿cuál es la probabilidad de que ambos lanzamientos resulten ser un dos?

$$P(A|B)P(B) = \frac{1}{6} \cdot \frac{1}{6} = \frac{1}{36}$$

Las dos probabilidades para el primer y el segundo lanzamiento son iguales, porque el primer lanzamiento no tiene efectos sobre el resultado del segundo. Estos dos eventos son **independientes**. Decimos que dos eventos E y F son **independientes**, cuando

$$P(E|F) = P(E)$$

Decimos que dos eventos P y F son **dependientes**, cuando

$$P(E|F) \neq P(E)$$

Dada la regla del producto

$$P(A \cap B) = P(A|B)P(B),$$

en el caso que A y B sean eventos independientes, entonces

$$P(A|B) = P(A)$$

y en este caso, la regla del producto queda como sigue:

$$P(A \cap B) = P(A)P(B)$$

Ejemplo

Se hace rodar un par de dados, dos veces consecutivas, ¿cuál es la probabilidad de que en cada uno de los resultados salga un 7?

Solución

Con anterioridad vimos que la probabilidad de obtener un 7 es $\frac{1}{6}$*. El tirar por segunda vez los dados, es un evento independiente del evento de tirar por primera vez, luego su probabilidad también es* $\frac{1}{6}$*. Luego por la regla del producto para eventos independientes, tenemos que la probabilidad final es de* $\frac{1}{36}$.

Ejemplo

Investigaciones médicas recientes han descubierto un test para diagnosticar pulmones blancos. Los maestros y profesores son particularmente susceptibles de contraer esta enfermedad y los estudios muestran que la mitad de ellos la tienen. El test diagnosticó correctamente en 99 % de las personas que tenían la enfermedad y diagnosticó correctamente su ausencia en 98 % de las personas que no la tenían. Encuentre la probabilidad de que un maestro o un profesor cuyo test resultó positivo, realmente tenga pulmón blanco y la probabilidad de que diagnosticando negativo, no la tenga.

Solución

Vamos a resolver este problema construyendo un árbol. Para el siguiente cuadro utilizaremos + para decir que la persona fue diagnosticada con la enfermedad y - en caso contrario. También denotaremos por E a los enfermos y por S a los sanos.

Probabilidades dadas	*Complementos de estas probabilidades*
$E = 0,50$	$S = 1 - E = 0,50$
$P(-\|S) = 98\,\% = 0,98$	$P(+\|S) = 1 - 0,98 = 0,02$
$P(+\|E) = 99\,\% = 0,99$	$P(-\|E) = 1 - 0,99) = 0,01$

Las dos primeras probabilidades: $P(E)$, $P(S)$ *no son condicionales. Por lo tanto comenzaremos el árbol con ellas. Las siguientes dos:* $P(-|S)$, $P(+|E)$ *son condicionales, así es que comienzan en su condición: sano y enfermo, respectivamente. En forma similar las últimas dos condiciones.*

Entonces, obtuvimos que:

$$P(E\,\mathrm{y}+) = \mathrm{P(+|E)P(E)} = (0,99)\cdot(0,5) = 0,495$$

$$P(E\,\mathrm{y}-) = \mathrm{P(-|E)P(E)} = (0,01)\cdot(0,5) = 0,05$$

$$P(S\,\mathrm{y}+) = \mathrm{P(+|S)P(S)} = (0,02)\cdot(0,5) = 0,01$$

$$P(S\,\mathrm{y}-) = \mathrm{P(-|S)P(S)} = (0,98)\cdot(0,5) = 0,49$$

Entonces

$$P(E|+) = \frac{0,495}{0,495 + 0,01} = 0,9801 \approx 98\,\%$$

y para el caso de los sanos

$$P(S|-) = \frac{0,49}{0,49 + 0,005} =,98989 \approx 99\,\%$$

Por lo tanto, la conclusión es que este test es un buen instrumento para determinar si un maestro o profesor tiene la enfermedad.

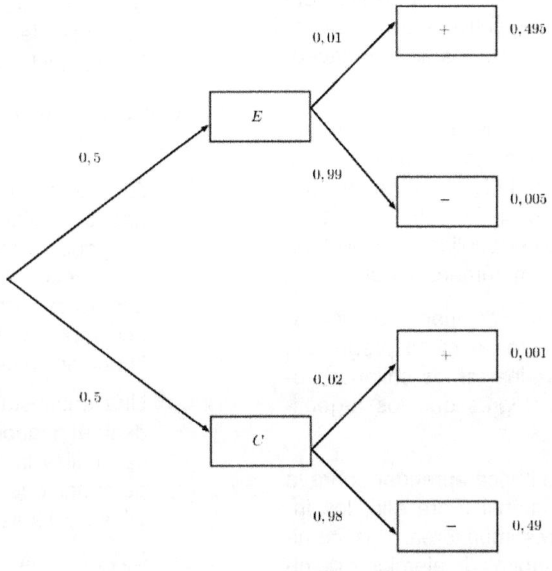

Figura 4.24: Árbol para este ejemplo

Ejercicios propuestos 4.16

1. Basado solamente en la información que se entrega en los siguientes estudios, ¿tiene algún motivo para dudar de los resultados? Explique su razonamiento.

   a) Un estudio financiado por un laboratorio farmacéutico para determinar si su nuevo remedio contra el colesterol es más efectivo que los fabricados por otras compañías farmacéuticas.

   b) Un show televisivo en vivo pregunta a su audiencia: ¿creen ustedes que el sentido de la Navidad ha cambiado en Chile en los últimos año? y solicita que el público vote telefónicamente a un número gratuito.

   c) Investigadores diseñan una encuesta consistente en cinco preguntas, para determinar si los chilenos somos más alegres que los argentinos.

   d) Un estudio busca aprender sobre la obesidad infantil. Para ello, los investigadores monitorean las comidas y los hábitos de ejercicios de niños en el estudio, anotando cuidadosamente todo lo que comen y todas sus actividades.

   e) Sociólogos estudiando la violencia intrafamiliar, diseñaron una encuesta preguntando si él o ella había alguna vez abusado de su cónyuge.

   f) Un grupo de investigadores hacen un estudio sobre las matrículas de las universidades en la actualidad versus 10 años atrás y concluyen que las matrículas aumentaron en 150 % durante este período.

   g) Un nuevo programa de dieta asegura que una muestra de 200 personas seleccionadas bajaron 18 kilos en seis semanas y que el programa funciona para cualquier persona disciplinada.

   h) Un estudio de 20 países descubrió que Alemania tiene el mayor índice promedio de visitas a médicos anuales (8, 5) y Finlandia, el menor (3, 2).

2. Identifique al menos un sesgo en los siguientes estudios:

   a) A partir de una muestra de personas que recientemente compraron antigripales en una cadena grande de farmacias a lo largo de Chile, los investigadores concluyeron que el tiempo promedio entre resfríos en la población es de 5, 6 meses.

   b) Una encuesta realizada, para predecir el ganador de una elección local, utiliza la muestra de todos las personas que votaron entre las 8:00 y las 8:30 horas.

   c) Las personas que pertenecen a un grupo de planificación familiar son encuestados para determinar si los chilenos adultos prefieren la abstinencia o la píldora del día después para los estudiantes.

3. Busque en la prensa escrita algún estudio estadístico del tema de su preferencia y realice una crítica, en la cual pueda aplicar cada uno de los ocho *hints* entregados en el capítulo.

4. Busque algún estudio estadístico reciente cuyos resultados usted considere importantes. Resuma sus argumentos.

5. Grafique una tabla de frecuencia para los siguientes conjuntos de datos. Incluya columnas para frecuencia relativa y frecuencia acumulada.

   a) Las notas finales de 20 alumnos en el curso de Cálculo son: 7, 7, 6, 6, 6, 6, 6, 5, 5, 5, 5, 5, 5, 5, 5, 4, 4, 4, 3, 3.

   b) Un sitio web que resume la crítica de los últimos estrenos mundiales entrega los siguientes datos:

   - Cinco películas de cinco estrellas
   - Diez películas de cuatro estrellas
   - Veinte películas de tres estrellas
   - Quince películas de dos estrellas
   - Cinco películas de una estrella

6. Determine si las siguientes variables son cuantitativas o cualitativas:

   a) El mes de nacimiento de las personas

   b) La respuesta SÍ/NO en una encuesta sobre aumento en los impuestos para las grandes empresas

   c) La cantidad de agua caída mensualmente en Santiago

   d) Los sueldos anuales de los futbolistas de un equipo de fútbol

   e) Los sabores de helados que se venden en una cierta gelatería

   f) Las respuestas a un cuestionario que van desde 0 = totalmente en desacuerdo hasta 5 = totalmente de acuerdo.

7. Realiza un gráfico de barra y uno circular para los siguientes conjuntos de datos. El primer paso es calcular un porcentaje para cada categoría en el conjunto de datos.

   a) Las ventas anuales de las principales marcas de chocolates que se venden en Chile, calculadas en millones de pesos, son:

Marca	Ventas
Costa	25.500
Nestlé	12.750
Bozzo	8.200
Varsovienne	7.350
Otras	10.400

   b) Los cinco destinos turísticos más visitados están descritos en la siguiente tabla, donde los números de turistas se dan en millones:

País	Turistas
Francia	81,9
España	59,2
Estados Unidos	56,1
China	54,7
Italia	43,7

8. La siguiente tabla muestra a los cinco países que son los mayores productores de carne de vacuno del mundo, junto con su producción medida en millones de toneladas métricas. Haga un gráfico de barra para este conjunto de datos.

País	Cantidad de producción
Estados Unidos	12 ,0
Brasil	7,9
China	7,6
Argentina	2,8
India	2,8

9. En las siguientes tablas:

   a) Determine si las variables son cualitativas o cuantitativas.

   b) Construya un gráfico de barras o circular, si las variables son cualitativas y dibuje un histograma o un gráfico de línea si las variables son cuantitativas.

c) Discuta las características interesantes de los gráficos que construyó sobre los conjuntos de datos.

Tabla 1 La siguiente tabla muestra el número de titulados de la educación superior en 1997, divididos por el tipo de institución en la que estudiaron.

Tipo de institución	Número de titulados
U. Consejo de Rectores	15.752
U. Privadas	5.411
Institutos Profesionales	4.230
Centros de Formación Técnica	13.438

Tabla 2 La siguiente tabla muestra a los ganadores de premios Nobel de literatura entre 1990 y 2005 clasificados por las edades en el momento de recibir el premio.

Edad	Número de ganadores
< 58	1
$58 - 59$	2
$60 - 61$	1
$62 - 63$	3
$64 - 65$	0
$66 - 67$	1
$68 - 69$	3
$70 - 71$	1
$72 - 73$	2
$74 - 75$	2
$76 - 77$	2
> 77	1

Tabla 3 La siguiente tabla muestra el número de estudiantes inscritos en distintas carreras en alguna de las universidades de Chile que pertenecen al Consejo de Rectores en 1997.

Carrera	Matrícula total
Derecho	7.759
Arquitectura	4.174
Bioquímica	1.100
Odontología	1.672
Agronomía	4.557
Ingeniería civil	20.175
Ingeniería comercial	10.459
Ingeniería forestal	2.658
Medicina	4.390
Medicina veterinaria	2.092
Psicología	2.993
Química y farmacia	1.793
Periodismo	2.798
Educación parvularia	3.423
Educación diferencial	1.966
Educación básica	2.538
Educación media	12.607

Tabla 4 La siguiente tabla muestra los álbumes (CD) de música más vendidos en la historia, con las ventas estimadas en millones de dólares.

Título y artista	Ventas
Greatest Hits, Eagles	29,0
Thriller, Michael Jackson	27,0
Led Zeppelin IV, Led Zeppelin	23,0
The Wall, Pink Floyd	23,0
Back in Black, AC/DC	22,0
Greatest Hits, Billy Joel	21,0
Double Live, Garth Brooks	21,0

10. La siguiente tabla muestra las edades de los actores de sexo masculino que ganaron Oscares de la academia entre 1985 y 2008. Haga una tabla de frecuencia usando estos datos con rangos de entre 20 a 29 años, 30 a 39 etc. Luego haga un histograma para mostrar los datos resumidos.

Año	Edad	Año	Edad	Año	Edad	Año	Edad	Año	Edad
1984	36	1985	62	1986	43	1987	51	1988	32
1989	42	1990	54	1991	52	1992	37	1993	38
1994	32	1995	45	1996	60	1997	46	1998	40
1999	36	2000	47	2001	29	2002	43	2003	37
2004	38	2005	45	2006	50	2007	48		

11. Haga un gráfico de los siguientes conjuntos de datos, escogiendo el gráfico que considere más adecuado para la situación y justifique su elección.

a) La siguiente tabla muestra los porcentajes de hombres y mujeres en 1970 y en 2007 en varios rangos de edades que nunca se habían casado.

Mujeres	1970	2007	Hombres	1970	2007
$20-24$	$35,8$	$75,3$	$20-24$	$54,7$	$86,7$
$25-29$	$10,5$	$43,1$	$25-29$	$19,1$	$57,4$
$30-34$	$6,2$	$24,0$	$30-34$	$9,4$	$33,4$
$35-39$	$5,4$	$16,7$	$35-39$	$7,2$	$23,3$
$40-44$	$4,9$	$13,1$	$40-44$	$6,3$	$18,5$

b) La siguiente tabla muestra el promedio de años de escolaridad de varios rangos de edades en todas las regiones de Chile, según un censo 1998.

Región	$15-24$	$25-34$	$35-44$	$45-54$	$55-64$	>65	Total
I	$11,2$	$11,2$	$11,1$	$9,3$	$8,1$	$6,5$	$10,3$
II	$11,1$	$12,1$	$11,1$	$9,8$	$6,9$	$6,3$	$10,4$
III	$10,4$	$11,2$	$10,0$	$8,7$	$6,6$	$5,4$	$9,5$
IV	$11,3$	$10,8$	$10,0$	$8,0$	$6,4$	$5,1$	$9,1$
V	$11,1$	$11,5$	$10,5$	$10,0$	$7,9$	$6,7$	$10,1$
VI	$10,4$	$10,2$	$8,9$	$7,5$	$5,6$	$4,2$	$8,6$
VII	$9,6$	$9,7$	$8,6$	$7,1$	$5,3$	$3,8$	$8,0$
VIII	$10,5$	$10,8$	$9,7$	$8,5$	$6,4$	$5,0$	$9,2$
IX	$10,2$	$10,1$	$9,4$	$8,1$	$5,7$	$4,6$	$8,7$
X	$9,9$	$9,9$	$9,2$	$7,7$	$5,8$	$4,4$	$8,4$
XI	$9,7$	$9,6$	$9,1$	$7,3$	$5,0$	$2,9$	$8,2$
XII	$10,7$	$11,5$	$10,9$	$8,5$	$6,7$	$5,2$	$9,5$
Metropolitana	$11,1$	$11,8$	$11,0$	$9,7$	$8,6$	$7,4$	$10,4$

c) La siguiente tabla muestra las tasas de deserción escolar en la educación media por grados entre 1991 y 1999.

Año	Primer año	Segundo año	Tercer año	Cuarto año	Total
1991	12,3	8	12,5	7,1	10,3
1992	13,9	9,3	11,8	8,9	11,2
1993	13	10,2	13	9,4	11,7
1994	18	8,4	12,9	1,7	11,5
1995	12,6	13,8	8,1	18,3	12,6
1996	13,6	9,4	11,7	8,4	11,2
1997	13,2	8,1	11,3	6,5	10,2
1998	11,2	6,6	10,1	6,8	8,9
1999	11,3	5,4	9,4	5,8	8,2

12. Considere los diagramas de dispersión de las figuras 4.23a, 4.23b, 4.23c y 4.23d. Determine en cada uno de ellos, si el gráfico muestra una correlación positiva, negativa o ninguna correlación. En caso de existir correlación, ¿es ella fuerte o débil? Resuma cualquier conclusión que pueda obtener de los diagramas.

13. Considere las siguientes afirmaciones sobre correlaciones. Determine en cada caso el tipo de correlación y justifique.

    a) En una ciudad grande, el número de crimenes aumentó en la medida en que aumentó el número de taxis que recorren la ciudad.

    b) En la última década, el número de autopistas aumentó, y la congestión en el tránsito empeoró.

    c) Cuando el precio de la gasolina aumenta, crece la venta de bicicletas y motonetas.

    d) La venta de helados aumenta cuando la venta de trajes de baño también aumenta.

    e) El rendimiento en bencina de un automóvil baja cuando la presión de los neumáticos baja.

    f) Durante un período de veinte años, el número de sacerdotes en una cierta ciudad aumentó como también lo hizo la concurrencia a los cines de esa ciudad.

14. Calcule la media, la mediana y la moda de los siguientes conjuntos de datos:

    a) El peso de las monedas de $100 fabricadas después de 1965.

    $5,67; 5,72; 5,63; 5,70; 5,73; 5,64$

    b) Temperatura corporal de una muestra al azar de personas sanas y enfermas:

    $35,5; 36; 36; 36,5; 36,5; 36,5; 37; 37; 38,5; 38,5; 38,7; 39$

    c) Peso en gramos de una muestra al azar de masticables de una cierta marca:

    $0,957; 0,912; 0,842; 0,925; 0,939; 0,886; 0,914; 0,913; 0,958; 0,947; 0,920$

15. Decida justificadamente, si la media, mediana o moda, describe mejor los siguientes promedios:

    a) La edad promedio del primer matrimonio de los hombres chilenos.

    b) El promedio del número de piezas de equipaje que se pierden en cada vuelo de una cierta aerolínea.

    c) El promedio de veces que una persona cambia de trabajo durante su profesión.

    d) El peso promedio de una papa en un saco de cinco kilos.

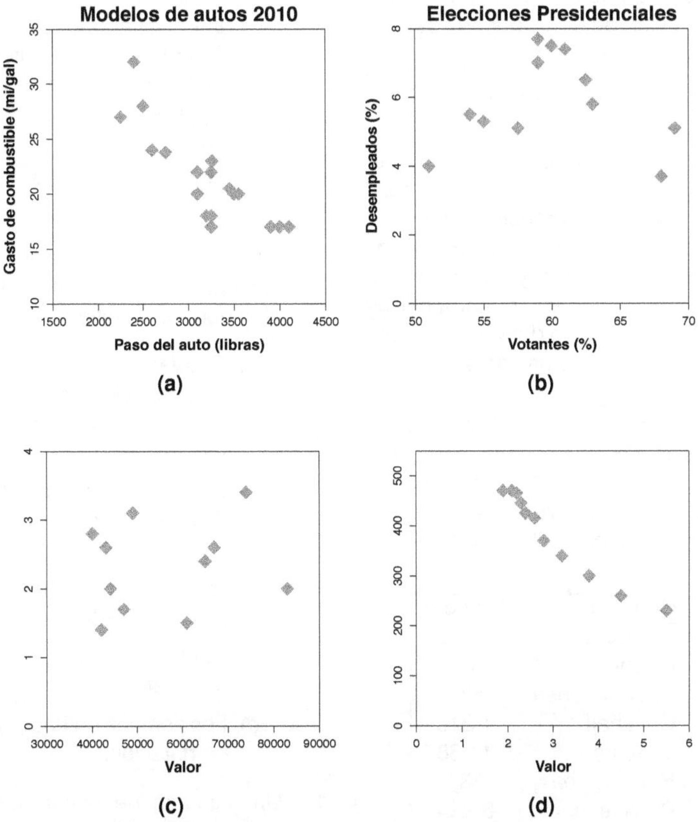

Figura 4.25: Figuras para el problema 12

e) El tiempo promedio de espera en una fila de un banco.

16. ¿Cuántas cimas esperaría usted encontrar en las siguientes distribuciones? ¿Esperaría que sea una distribución simétrica, sesgada hacia la izquierda o sesgada hacia la derecha? ¿Esperaría que la variación de la distribución sea pequeña, moderada o grande?

a) Resultados de un examen de álgebra tomado a 100 alumnos donde 40 de ellos obtuvieron un dos, 25 un cuatro y 20 un cinco.

b) Los pesos de todas las personas que utilizan una cancha de hielo que durante las mañanas está abierta para patinadores y en las tardes, para jugadores de hockey.

c) Los pesos de todos los atletas de ambos sexos, de un equipo de corredores en la universidad.

d) El número de personas cuyo número de teléfono termina en 0, 1, 2, 3, 4, 5, 6, 7, 8 y 9.

e) Los pesos de automóviles en una automotora cuyo inventario consiste en la mitad de autos compactos y la otra mitad, de autos deportivos.

f) Las edades de los visitantes a un cierto parque de diversiones.

17. Para los conjuntos de datos que se entregan a continuación, encuentre su media, mediana y rango de variación para cada uno de los dos conjuntos de datos. Dé los cinco números resumen y dibuje un diagrama de caja y bigote para cada par de conjuntos. Encuentre la desviación estándar de cada uno de estos pares.

a) La siguiente tabla considera las denuncias hechas a carabineros por robos durante 1999 en cinco comunas del sector oriente y cinco del sector poniente de Santiago:

Comuna	Número
Las Condes	4.129
Macul	1.620
Lo Barnechea	573
Conchalí	1.216
Vitacura	1.888
Huechuraba	534
Providencia	3.224
La Florida	4.137
La Reina	1.326
La Pintana	1.066

b) Un conjunto de agrónomos realizaron un experimento con árboles nativos, en el cual, a un grupo de árboles se les fertilizaba y se daba irrigación apropiada, mientras que el otro, no tenía tratamiento alguno. El peso en kilos de los árboles en ambos grupos es:

Sin tratamiento: $0,15$; $0,02$; $0,16$; $0,37$; $0,22$

Con tratamiento: $2,03$; $0,27$; $0,92$; $1,07$; $2,38$

c) El siguiente conjunto de datos nos entrega la longitud (medida en minutos) de nueve sinfonías de Beethoven y nueve de Mahler:

Beethoven: 28; 36; 50; 33; 40; 38; 26; 68

Mahler: 52; 85; 94; 50; 72; 80; 90; 80

18. Determine si esperaría que los siguientes conjuntos de datos tengan una distribución normal. Justifique.

a) Retraso en la salida de trenes en una estación (tome en consideración que no pueden salir anticipadamente).

b) Las bolsas de arena para gatos que dicen pesar 5 kilos.

c) Las distancias al centro de un tablero de dardos y 100 dardos lanzados por un experto.

d) Puntajes en una prueba sencilla de estadística.

e) Los tiempos en una prueba olímpica de natación.

19. Un conjunto de resultados de un examen está distribuido normalmente con una media de 100 y una desviación estándar de 20. Utilice la regla del *68-95-99,7* para encontrar el porcentaje de puntajes que se encuentran dentro de cada una de los siguientes rangos:

a) < 100

b) < 140

c) > 60

d) > 80

e) < 120

f) < 60

g) > 160

h) Entre 60 y 140

20. Los puntajes de una prueba de psicología que está normalmente distribuida tiene una media de 67 y una desviación estándar de 8

    a) ¿Qué porcentaje de los resultados están sobre 59?

    b) ¿Qué porcentaje de los resultados están bajo 83?

    c) El puntaje de reprobación de la prueba fue de dos o más desviaciones estándar bajo la media. ¿Aproximadamente qué porcentaje de estudiantes reprobó?

    d) Si 500 estudiantes dieron la prueba, ¿aproximadamente cuántos estudiantes obtuvieron menos que 75?

21. La masa corporal (MC) de hombres chilenos cuyas edades varían entre los 30 y 50 años tiene una distribución normal con una media de $26,2$ y una desviación estándar de $4,7$.

    a) Determine el percentil de una MC de 22.

    b) Determine el percentil de una MC de 28.

    c) El Ministerio de Salud declaró que los hombres con MC de 25 tienen sobrepeso y los de más de 30 son obesos. ¿Qué porcentaje de los hombres chilenos entre los 30 y 50 años tienen sobrepeso? ¿Son obesos?

22. Se sabe que la duración de los embarazos se distribuye normalmente, con una media de 268 días y una desviación estándar de 15 días.

    a) ¿En qué rango de valores se encuentra la duración del $99,7\,\%$ de los embarazos?

    b) Si un bebé nace antes de los 238 días es prematuro. ¿Qué porcentaje de nacimientos son prematuros?

    c) ¿Qué porcentaje de nacimientos ocurren después de 275 días de embarazo?

23. En los siguientes hechos, determine si la diferencia entre lo que pasó y lo que usted esperaría que pase es o no estadísticamente relevante:

    a) Después de lanzar 100 veces una moneda al aire, se obtienen 48 veces sello.

    b) Una línea aérea con un promedio de 95 % de puntualidad en sus salidas, tiene atrasos en 11 de cada 200 vuelos.

    c) Diez ganadores seguidos del loto compraron su boleto en el mismo negocio.

    d) En la clase de cálculo, 42 de los 45 estudiantes tienen cumpleaños en la misma fecha.

24. En los siguientes estudios, encuentre el margen de error y el intervalo de confianza del 95 %. Interprete dicho intervalo.

    a) Según una encuesta realizada a 1.012 santiaguinos, aproximadamente un tercio (32 %) tiene un perro por motivos de protección.

    b) Según un estudio realizado a 65.000 propietarios de casas o departamentos, el porcentaje de desempleo es de $8,9\,\%$.

    c) En una encuesta realizada a 1.100 padres de familia, 41 % considera que el futuro para la siguiente generación será peor que el presente.

25. En las siguientes afirmaciones estadísticas, indique la hipótesis nula y la hipótesis alternativa. Describa dos posibles resultados, utilizando el texto de la afirmación.

    a) El Ministerio de Salud afirma que la cantidad de vitamina C en las tabletas fabricadas por cierto laboratorio es menor que los 500 miligramos que publicita en su envase.

    b) Una fábrica desea defender su postura de que la polución producida por sus desechos químicos es menor que la permitida por la ley.

26. Encuentre en la prensa noticias que involucren estudios estadísticos, significancia estadística, margen de error, intervalos de confianza.

Lea con atención los siguientes extractos y responda las preguntas a continuación.

29. El análisis se basa en una encuesta aplicada a 1.603 personas en Santiago, Antofagasta, Valparaíso, Viña del Mar, Concepción y Talcahuano, divididos entre conductores, peatones, ciclistas y motociclistas. [...] Entre las evidencias, el análisis arroja que el 58 % de los peatones cruza en forma repentina las calles. El 43 % lo hace con luz roja y el 42 % atraviesa distraído, leyendo, hablando por celular o escuchando música.

    Fuente: latercera.com. Estudio arroja que 42 % de conductores maneja a alta velocidad y 64 % de ciclistas no usa casco. 15/02/2012.

    a) Identifique población, muestra, parámetros poblacionales y estadísticos muestrales en los extractos anteriores.

30. Según esta encuesta, el 73 % de los jóvenes no puede nombrar a 5 de los 120 diputados que tiene el país, y que más del 70 % de los jóvenes no sabe qué es el sistema binominal. Además, 54 % no sabe qué tipo de sistema electoral rige para las elecciones presidenciales y casi 60 % de los encuestados declara no saber el sistema electoral que rige para el Poder Legislativo. [...] Este primer sondeo sobre disposición y actitudes hacia el sistema de representación política de los j
ovenes, fue realizado por el Instituto Nacional de la Juventud. Se aplica entre jóvenes de 18 a 29 años pertenecientes a todos los niveles socioeconómicos, en las 15 regiones del país.

    injuv.gob.cl. Estudio del INJUV revela desconocimiento de los jóvenes en materia de educaciónívica. 17/08/2012.

    a) Identifique población, muestra, parámetros poblacionales y estadísticos muestrales en los extractos anteriores.

31. "Chile creció en mayo al 7,3 %. La economía ha creado más de 400 mil nuevos empleos. El ingreso per cápita ya es de US$ 15.000, y un conjunto de rankings nos muestran entre los países más aventajados de la región y del mundo en desarrollo. ¿Qué pasa entonces? ¿Por qué persiste el enojo? Mi hipótesis es que estamos frente a una tiranía silenciosa y destructiva, ante la cual la gente se está rebelando: la tiranía de los promedios".

    -Claudio Orrego, ex alcalde de Peñalolén.

    Fuente: blogs.lasegunda.com. La tiranía de los promedios. 05/07/2011.

    a) ¿A qué se refiere Orrego con la "tiranía de los promedios"?

    b) ¿Cómo podría "combatirse" esta tiranía?

32. "Hace algunas semanas, los diputados Ernesto Silva y Gustavo Hasbún, de la UDI, en el marco de la discusión sobre la Reforma Tributaria, señalaron que no era necesario subir los impuestos a las empresas, porque en Chile 'sobra la plata'. Me imagino que tanto usted como yo nos sorprendimos con esas particulares declaraciones; sin embargo, hay algo de cierto y algo de falso en ellas.

[...] Chile ha crecido mucho en las últimas dos décadas, con un promedio anual de 5 %. El PIB per cápita ajustado por poder de compra, se empina cerca de los US$17.000, la inversión minera para los próximos 8 años alcanzaría los US$100.000 millones y año a año vemos como la Banca, Isapres, AFP, Retail, sector Forestal y la misma Minería no dejan de tener elevadas utilidades. Tenemos un país rico en recursos naturales como el cobre, el molibdeno, el litio, frutas, verduras, peces y cuánto a usted se le ocurra.

[...] En resumen hemos generado mucha riqueza y tenemos una tremenda riqueza potencial, o para decir lo mismo en el lenguaje de los diputados: 'sobra la plata'."

Fuente: theclinic.cl. ¿Y a usted le sobra la plata? 10/04/2012.

a) ¿Por qué se afirma que "hay algo de cierto y algo de falso" en las afirmaciones de los diputados? Indique al menos un argumento a favor de la certeza y uno a favor de la falsedad.

1. Argumente con respecto a la validez de las noticias anteriores (5 a 8), en base a los *hints* y las demás herramientas trabajadas en este capítulo.

2. Discuta si es acertada o no la información comunicada por el titular. Dé argumentos a favor y en contra.

3. Cuando corresponda, identifique hipótesis nula e hipótesis alternativa.

q

33. **– Encuesta Mori arroja un "empate técnico" entre Cristian Labbe y Josefa Errázuriz en Providencia**

Según el estudio presentado por la directora del organismo, Marta Lagos, en la intención de voto, el actual jefe municipal obtiene 47 % de las preferencias versus 45 % de la candidata.

El resultado final dependerá de las campañas, de acuerdo a la conclusión del informe, que establece un margen de error del 4 %.

Fuente: emol.com. 26/09/2012.

En base a la noticia anterior, ¿que sería un empate técnico?

34. **– La falta de vitamina D causa somnolencia**

Para el estudio, los científicos trabajaron con 81 pacientes en clínicas del sueño que se quejaban de problemas de sueño y dolor inespecifico. La mayoría de los sujetos fue diagnosticado de apnea obstructiva del sueño.

Midiendo sus niveles de vitamina D en una muestra de sangre y determinando la somnolencia que padecían con la Escala de Somnolencia de Epworth, los investigadores encontraron una correlación significativa entre ambos factores. Fuente: muyinteresante.es. 17/12/2012.

35. **– Estudio asegura que uso de bicicleta como medio de transporte en Santiago aumenta 20 % cada año**

La ministra, del Medio Ambiente, Maria Ignacia Benitez, presenta el estudio sobre uso de bicicletas en Santiago, desarrollado en conjunto por el Plan "Nosotros Contamos", Urbanismo y Territorio S.A. (UYT S.A.) y Ciudad Viva.

En el informe se midieron los flujos de tránsito de bicicletas en las ciclovías de Andrés Bello, Pocuro y Antonio Varas, utilizando equipos especializados que utilizan tecnología de cuantificación electrónica automática, la cual puede registrar el flujo de bicicletas que transitan por un determinado sector.

Fuente: latercera.com. 15/11/2012

36. **– Estudio afirma que las personas inteligentes prefieren Twitter en vez de Facebook o LinkedIn**

Basándose en una encuesta a 2.851 graduados, el estudio analizó las variables de salario, progresión profesional y satisfacción con la vida de quienes ingresaron a trabajar luego de salir de la universidad entre 2002 y 2011, ampliando estos datos y proyectándolos con la red social de su interés.

Así, los resultados revelaron que si bien solo el 4 por ciento de los entrevistados tenía a Twitter como su herramienta de comunicación preferida, fueron ellos quienes presentaron las más altas capacidades cognitivas, en base a las variables antes descritas.

Fuente: latercera.com. 19/10/2012

37. Comer más chocolate mejoraría las posibilidades de que un país produjera un Premio Nobel, o al menos eso es lo que un estudio reciente parece sugerir.

(Ver figura 4.24.)

Fuente: bbc.co.uk. Does chocolate make you clever? 19/11/2012.

a) En base a los resultados expuestos, ¿cuánto chocolate se debería consumir en Chile para alcanzar 10 premios Nobel?

b) A partir de lo anterior, dé argumentos a favor y en contra de la siguiente afirmación: "Si en un país cada persona consume en promedio 15 kg de chocolate al año, entonces ese país debiera tener al menos 30 premios Nobel".

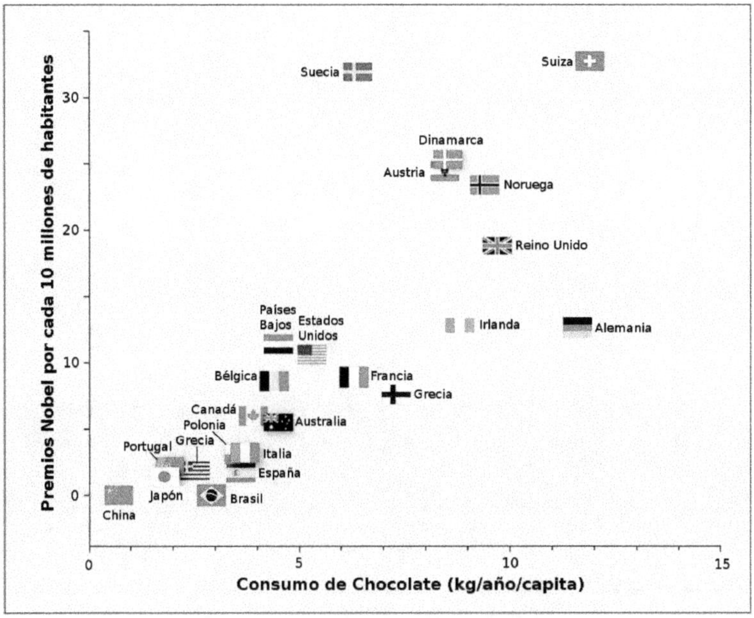
Premios Nobel por cada 10 millones de habitantes
30
20
10
0
Suecia
Suiza
Dinamarca
Austria
Noruega
Reino Unido
Países Bajos
Estados Unidos
Irlanda
Alemania
Bélgica
Francia
Grecia
Canadá
Polonia
Australia
Portugal
Grecia
Italia
España
Japón
Brasil
China
0
5
10
15
Consumo de Chocolate (kg/año/capita)

Figura 4.26

A

Cronograma y talleres

En este apéndice se propone un cronograma para armar un curso de un semestre de duración, sugiriendo en cada capítulo diferentes talleres. Por ejemplo, para el capítulo uno, hay tres talleres y cada uno de ellos tiene varias versiones (A, B, C, etcétera) para seleccionar según el énfasis y carrera de los alumnos.

Por supuesto, que se trata de sugerencias y el profesor tiene la libertad de armar los talleres que le parezcan apropiados, ya sea utilizando parte de estos o su totalidad.

Semana	Contenido	Contenido específico	Incisos texto	Actividad
1		Motivación y juegos lógicos		
2	Pensamiento crítico		1.1,1.2 y comienzo 1.3	Taller 1 de **A.1.1**
3	Pensamiento crítico	Diagrama de Venn Razonamiento inductivo y deductivo	Termina 1.3 y 1.4	Taller 2 de **A.1.2**
4	Pensamiento crítico	Cómo leer el diario (motivación para leer datos y azar)	1.5	
	Datos y azar	Lectura y comprensión tablas estadísticas	4.1 y 4.2	Taller 3 de **A.1.3**
5	Datos y azar	Presentación de datos en tablas y diagramas, estableciendo causalidad	4.3, 4.4 y 4.5	
6	Datos y azar	Promedio, mediana, percentiles, diagramas de caja y bigotes	4.6 y 4.9	Taller 1 de **A.4.1**
7	Datos y azar	Distribución normal y desviación estándar	4.7 y 4.8	Taller 2 de **A.4.2**
8	Datos y azar	Relevancia estadística, margen de error e intervalo de confianza	4.10 y 4.11	Taller 3 de **A.4.3**
9	Datos y azar	Paseo por el azar	4.12	Taller 4 de **A.4.4**
10	Datos y azar	Reglas básicas de probabilidad, combinatoria	4.14 y 4.15	Taller 5 de **A.4.5**
11	Datos y azar	Probabilidad condicional	4.6	
	Número	Razones, proporciones y porcentajes	2.1	Taller 6 de **A.4.6**
12	Número	Proporciones en la vida diaria	2.2	Taller 1 de **A.2.1**
13	Número	Una aplicación importante de proporcionalidad	2.2	Taller 2 de **A.2.2**
14	Astronómicamente grande y microscópicamente pequeño	Notación científica	3.1 y 3.2	Taller 1 de **A.3.1**
15	Astronómicamente grande y microscópicamente pequeño	Estimaciones	3.3	Taller 2 de **A.3.2**

Talleres Capítulo 1 A.1

Talleres 1 A.1.1

Taller A

ACTIVIDAD N°1

(Habilidades: Interpretación y análisis)

A11. Identifique los distintos tipos de falacias:

1. Los ecologistas dicen que consumimos demasiada energía; pero no hagas caso porque los ecologistas siempre exageran.
2. La gente honrada está en libertad. Yo estoy en libertad, así que soy honrado.
3. Nadie que trabaje es pobre. Por lo tanto, ningún pobre trabaja.
4. Nadie puede ver un átomo a simple vista, por ello los átomos no existen.
5. Según el alcalde, lo mejor para la salud de los ciudadanos es asfaltar todas las plazas de la ciudad.
6. Tenemos que prohibir que venga gente de fuera. ¿Qué harán nuestros hijos si los extranjeros les roban el trabajo y el pan?
7. Nadie puede probar que no haya una influencia de los astros en nuestra vida; por lo tanto, las predicciones de la astrología son verdaderas.

ACTIVIDAD N°2

(Habilidades: Interpretación y análisis)

A21. Para las siguientes definiciones de falacias, no vistas en clases, busque un ejemplo que las represente:

1. **Falacia del punto medio**: Se genera al asumir que la conclusión más válida o certera es la que se encuentra siempre como compromiso entre dos puntos de vista extremos.
2. **Pensamiento de grupo**: Una persona comete la falacia de pensamiento de grupo o de pensamiento gremial si la persona usa su orgullo de miembro o de pertenecer a un grupo como razón para apoyar la política del grupo.
3. **Recurso de probabilidad**: Es una falacia lógica que asume que porque algo es posible o probable, es inevitable que pase.
4. **Anfibología**: Es un tipo de falacia del lenguaje que se da cuando se emplean frases o palabras con más de una interpretación, o cuyo significado puede cambiar en función de si se insertan comas o pausas.

ACTIVIDAD N°3

(Habilidades: Interpretación, análisis y comunicación)

A31. Lea los extractos que se presentan a continuación y en base a estos, responda las preguntas siguientes.

El proyecto de ley que modifica la regulación antitabaco avanza en el Senado. Ayer se aprobó la norma que prohíbe fumar en restaurantes, pubs, casinos y discotecas por 21 votos a favor, 5 en contra y 1 abstención. También se prohibió por unanimidad el uso de aditivos, sustancias que los productores agregan al tabaco para hacerlo más adictivo y atractivo especialmente para consumidores menores de 18 años.

El senador Andrés Zaldívar (DC) argumentó que "la realidad es otra y este tema no se solucionará con reglamentación". El senador usó el ejemplo de los prostíbulos y cómo sería impracticable prohibir a "las niñas" fumar en este tipo de establecimientos. Zaldívar concluyó proponiendo más educación y menos prohibición.

El senador Juan Pablo Letelier (PS) fue más allá y aseveró que (y cito textual) "los datos estadísticos no muestran que las leyes antitabaco hayan disminuido el consumo". Su segundo argumento fue que los trabajadores están expuestos a varios tipos de riesgos y que el Gobierno no ha avanzado en forma consistente con otras formas de prevención, como los pesticidas. Como no se ha avanzado en la prevención de todos los riesgos ocupacionales, Letelier no apoya medidas antitabaco. Al final de su intervención, Letelier comentó que se le ha acusado de estar influenciado por el lobby de las tabacaleras por no apoyar el proyecto anti tabaco.

El tercer argumento que me llamó la atención fue el del senador Juan Antonio Coloma (UDI) en relación a la regulación de aditivos. Coloma (que votó en contra de los ambientes libres y a favor de prohibir los aditivos) argumentó que la producción de tabaco es la fuente de sustento para miles de pequeños agricultores entre la V y VIII región y por los cuales como presidente de la Comisión de Agricultura debe velar.

Fuente: `http://blog.latercera.com/blog/spena/entry/senadores_pro_tabaco`,

"Senadores pro tabaco", 04/11/2012

1. ¿Cuáles son las premisas de cada argumento?
2. ¿Cuáles son las conclusiones?
3. ¿Son argumentos correctos? Si no, ¿en qué falacia(s) incurren?

Taller B

ACTIVIDAD N°1

(Habilidades: Interpretación y análisis)

A11. Identifique los distintos tipos de falacias:

1. Todo el mundo debería visitar Europa. Por lo tanto, los condenados a muerte, deben ser autorizados a viajar a 1Europa.
2. El Tricolor de Paine es el mejor equipo de fútbol porque no hay otro equipo mejor que el Tricolor de Paine.
3. La raza humana nunca ha recibido un mensaje bien autentificado de seres extraterrestres. Esto se debe a que la única vida inteligente en el universo está en nuestro propio planeta.
4. Cientos de millones de personas han sido cristianos, siguiendo con devoción e incluso muriendo por su fe. ¿Cómo puede ser esto posible si el cristianismo no fuera cierto?
5. Mi profesora me dijo que tenía que leer el texto si quería aprobar el examen. He leído el texto, así que definitivamente voy a pasar el examen.
6. Mi médico me dijo que debía perder algo de peso, pero, ¿por qué debo escuchar a un médico que tiene exceso de peso?
7. La policía no tiene ningún derecho a multar por exceso de velocidad, pues ellos rompen el límite de velocidad todo el tiempo.
8. Sabemos que Dios existe porque la Biblia nos lo dice. Y sabemos que la Biblia es verdad porque es la palabra de Dios.
9. Los jóvenes de hoy tienen más educación formal que sus abuelos. Juanita es joven, así que ella debe tener más educación formal que sus abuelos.
10. El monstruo del lago Ness es real. Nadie ha sido capaz de demostrar que no existe.

ACTIVIDAD N°2

(Habilidades: Interpretación, análisis y comunicación)

A21. **Abogados chilenos: Argumentos de Perú "no responden a la realidad histórica, jurídica ni práctica"**

Los abogados Enrique Barros y Claudio Troncoso, asesores de Chile en el juicio suscitado por la pretensión marítima que Perú presentó contra nuestro país en la Corte Internacional de Justicia de La Haya, aseguraron que Palacio Pizarro construyó sus argumentaciones sin tener respaldos en bases históricas ni jurídicas.

"El caso peruano ha sido construido durante el tiempo, no responde a la realidad histórica, jurídica ni práctica, y efectivamente el caso chileno es muy fuerte porque se basa precisamente en la realidad", aseguró Barros.

Por ello, dijo, el caso chileno "es más fácil de defender que un caso sostenido sobre la base de construcciones".

Troncoso, que fue director jurídico de la Cancillería, subrayó la claridad y contundencia de los argumentos expuestos por la defensa chilena, al afirmar que hubo "una gran exposición de Chile, donde se ha demostrado toda la solidez de nuestros argumentos".

En la segunda etapa de los alegatos orales, que comienzan el martes con la exposición de Perú, estarán presentes los abogados Andrés Jana y Ximena Fuentes.

Se prevé que tras la exposición que según ha trascendido cerrará el agente Allan Wagner, se desarrollará una reunión general del equipo jurídico chileno para resolver qué temas serán presentados en los últimos alegatos del próximo viernes.

Fuente: `http://www.lanacion.cl/noticias/2012-12-09/195840.html`.

Domingo 9 de diciembre de 2012| por Nacion.cl.

En relación al texto anterior, ¿te parece correcto el argumento de los abogados chilenos? Justifica tu respuesta.

ACTIVIDAD N°3

(Habilidades: Interpretación y análisis)

A31. Para las siguientes definiciones de falacias, no vistas en clases, busque un ejemplo que las represente:

1. **Falacia del punto medio**: Se genera al asumir que la conclusión más válida o certera es la que se encuentra siempre como compromiso entre dos puntos de vista extremos.
2. **Pensamiento de grupo**: Una persona comete la falacia de pensamiento de grupo o de pensamiento gremial si la persona usa su orgullo de miembro o de pertenecer a un grupo como razón para apoyar la política del grupo.
3. **Recurso de probabilidad**: Es una falacia lógica que asume que porque algo es posible o probable, es inevitable que pase.
4. **Anfibología**: Es un tipo de falacia del lenguaje que se da cuando se emplean frases o palabras con más de una interpretación, o cuyo significado puede cambiar en función de si se insertan comas o pausas.

ACTIVIDAD N°4

(Habilidades: Interpretación y análisis)

A41. Antinomia en el Quijote

"Señor, un caudaloso río dividía dos términos de un mismo señorío, y esté vuestra merced atento, porque el caso es de importancia y algo dificultoso. Digo, pues, que sobre este río estaba un puente, y al cabo de él una horca y una como casa de audiencia, en la cual de ordinario había cuatro jueces que aplicaban la ley que puso el dueño del río, del puente y del señorío, que era en esta forma: "Si alguno pasare por este puente de una parte a otra, ha de jurar primero adónde y a qué va; y si jurare verdad, déjenle pasar, y si dijere mentira, muera por ello ahorcado en la horca que allí se muestra, sin remisión alguna." Sabida esta ley y la rigurosa condición de ella, pasaban muchos, y luego en lo que juraban se echaba de ver que decían verdad y los jueces los dejaban pasar libremente. Sucedió, pues, que tomando juramento a un hombre juró y dijo que por el juramento que hacía, que iba a morir en aquella horca que ahí estaba, y no a otra cosa. Repararon los jueces en el juramento y dijeron: "Si a este hombre le dejamos pasar libremente, mintió en su juramento, y conforme a la ley debe morir; y si le ahorcamos, él juró que iba a morir en aquella horca, y, habiendo jurado verdad, por la misma ley debe ser libre". Pídese a vuestra merced, señor gobernador, qué harán los jueces de tal hombre, que aún hasta ahora están dudosos y suspensos, y, habiendo tenido

noticia del agudo y elevado entendimiento de vuestra merced, me enviaron a mí a que suplicase a vuestra merced de su parte diese su parecer en tan intricado y dudoso caso".

Basado en **El ingenioso hidalgo Don Quijote de la Mancha, Parte Segunda, Capítulo LI, "Del progreso del gobierno de Sancho Panza, con otros sucesos tales como buenos"** .

¿Qué harías si tú fueras el gobernador?

ACTIVIDAD N°5

(Habilidades: Interpretación y análisis)

A51. A la entrada de un recinto privado estaba puesto el siguiente cartel:

> **Por Favor No Pasar**
> **Si no sabe leer**
> **Pregunte en boleteria**
> **Gracias**

¿Qué puede decir al respecto?

ACTIVIDAD N°6

(Habilidades: Análisis, interpretación y supuestos)

A61. Determine el valor de verdad de las proposiciones p, q y r sabiendo que la proposición

$$[(p \vee q) \Rightarrow (q \wedge \neg r)] \vee (p \Rightarrow r)$$

es falsa.

A62. Sean p, q, r proposiciones. Construir la proposición compuesta s (en función de p, q, r) cuya tabla de verdad es:

p	q	r	s
V	V	V	V
V	V	F	V
V	F	V	F
V	F	F	V
F	V	V	F
F	V	F	F
F	F	V	F
F	F	F	V

A63. Sea a un animal cualquiera, y definamos las proposiciones

A : a es un ave
L : a tiene alas
V : a vuela

1. Usando las proposiciones anteriores, traduzca al lenguaje lógico las afirmaciones:

   A_1 : Si a es un ave, entonces a tiene alas
   A_2 : Si a tiene alas, entonces a vuela
   A_3 : Si a es un ave, entonces a vuela

2. Suponga que la afirmaciones A_1 y A_2 son verdaderas. ¿Es correcto concluir que A_3 también lo es? Justifique su respuesta.
3. ¿Es correcto concluir que si todas las aves tienen alas y todos los animales con alas vuelan, entonces todas las aves vuelan?

A64. ¿Existe una asignación de verdad para las proposiciones P, Q, R y S, de modo que las proposiciones $S \Rightarrow Q$, $R \Rightarrow S$, $P \Rightarrow R$ sean verdaderas y la proposición $P \Rightarrow Q$ sea falsa?

Taller C

ACTIVIDAD N°1

(Habilidades: Interpretación, análisis y comunicación)

A11. Falsedades ancestrales

DESDE HACE algunas décadas los movimientos de izquierda, cuyo fracaso político es evidente en el mundo, han levantado como un bastión la causa indigenista. Es una nueva forma de demagogia que ha contado con eco en la prensa, en los círculos políticos de toda índole y entre etnohistoriadores y antropólogos necesitados de fama.

La construcción del mito se inició cambiando el nombre inmemorial de araucanos por mapuches, que no tiene asidero en la lengua autóctona. Pero había que cambiar la designación española por una que pareciese indígena para atraer la simpatía y dar autenticidad a un movimiento.

La conquista fue un proceso violento y cruel por ambos lados. Se ignora, sin embargo, que los indígenas, a pesar de una resistencia por momentos tenaz, se adaptaron a la dominación y la propiciaron. Junto a españoles y chilenos hubo "indios amigos" que lucharon contra sus hermanos a causa de rivalidades y para vengar viejos agravios. Colaboraban, recibían recompensas y acompañaban a los destacamentos invasores. Junto a grupos de 100 o 200 cristianos marchaban mil o dos mil indios que eran esenciales en la victoria y ejercían la crueldad con los vencidos. También hubo caciques amigos o gobernadores que recibían sueldo.

Los dominadores representaban mucho para los nativos: traían el caballo y ganados, productos vegetales, vestimentas, el fierro, el vino y el aguardiente. El contacto era inevitable y se estableció el comercio. También se produjo el mestizaje, de modo que después de dos siglos los araucanos eran simplemente mestizos, igual que todo el bajo pueblo chileno. En los parlamentos se ratificaban los tratos pacíficos con el auspicio de la corona española.

Cuando llegó la República, miles de chilenos residían en la Araucanía, mientras los ganados, cultivos y el uso abundante de alcohol habían transformado a los araucanos.

Las tierras de los indígenas habían sido ocupadas arbitrariamente en parte, pero también habían sido vendidas por sus antiguos poseedores a cambio de aguardiente o especies, en transacciones que ambas partes manejaban engañosamente. Durante la ocupación, los jefes araucanos vendieron grandes espacios para radicar colonos y terrenos para erigir fuertes fueron cedidos sin gravamen. También se reservaron tierras para las comunidades araucanas con prohibición de venderlas.

Estos hechos han sido investigados y publicados, pero se prefiere ignorarlos, porque no acompañan la demagogia política.

Desde que se incorporó la Araucanía, el Estado entregó beneficios que han significado progresos para los autóctonos: caminos, ferrocarriles, puentes, escuelas, liceos y hospitales. Se han otorgado ayudas a las comunidades de mestizos araucanos, asesoría técnica, acceso a créditos, becas, planes de salud y extensas tierras adquiridas a particulares, incorporándose sostenidamente a la sociedad.

Numerosos han sido los empleados en oficinas fiscales y particulares, los maestros, miembros de las Fuerzas Armadas, profesionales universitarios, integrantes de las municipalidades y no han faltado los ministros de Estado.

Hoy, la mayoría de los llamados mapuches viven en las ciudades, gozan los avances de la vida moderna, se declaran cristianos y pocos conocen su antigua lengua y los viejos ritos. Han llegado a constituir un sector privilegiado si se les compara con el común de la gente pobre del país.

Fuente: http://www.latercera.com/noticia/opinion/ideas-y-debates/2013/01/895-504628-9-falsedades-ancestrales.shtml.

por Sergio Villalobos - 20/01/2013 - 04:00.

En relación al texto anterior en la sección de comentario un lector escribió lo siguiente:

jesspsx | 20/01/2013 - 21:59

QUÉ SE PUEDE CONTESTAR A ESTO, NOS GUSTE O NO, LO DICE SERGIO VILLALOBOS, CUANDO ALGUIEN QUE LLEVA 70 AÑOS INVESTIGANDO UN TEMA RESULTA DIFÍCIL PARA UNO QUE NI SIQUIERA HA LEÍDO 1.000 PAGINAS DE INVESTIGACIÓN LLEVARLE A DEBATE SIQUIERA, SU OPINIÓN ES LEY, DE ESO SÍ ESTAMOS SEGUROS.

¿Te parece correcto el argumento? Justifica tu respuesta.

ACTIVIDAD N°2

(Habilidades: Interpretación y análisis)

A21. Para las siguientes definiciones de falacias, no vistas en clases, busque un ejemplo que las represente:

1. **Falacia del punto medio**: Se genera al asumir que la conclusión más válida o certera es la que se encuentra siempre como compromiso entre dos puntos de vista extremos.
2. **Pensamiento de grupo**: Una persona comete la falacia de pensamiento de grupo o de pensamiento gremial si la persona usa su orgullo de miembro o de pertenecer a un grupo como razón para apoyar la política del grupo.
3. **Recurso de probabilidad**: Es una falacia lógica que asume que porque algo es posible o probable, es inevitable que pase.
4. **Anfibología**: Es un tipo de falacia del lenguaje que se da cuando se emplean frases o palabras con más de una interpretación, o cuyo significado puede cambiar en función de si se insertan comas o pausas.

Talleres 2 **A.1.2**

Taller A

ACTIVIDAD N°1

(Habilidades: Interpretación, supuestos y análisis)

A11. Construir una tabla de verdad para $(p \wedge q) \wedge (\neg r \vee q)$.

A12. Utilice la tabla de verdad para determinar el valor de verdad de $(p \wedge q) \wedge (\neg r \vee q)$, dado que p es verdadera, q es verdadera y r es falsa.

A13. Sea a un animal cualquiera, y definamos las proposiciones

A : a es un ave
L : a tiene alas
V : a vuela

Usando las proposiciones anteriores, traduzca al lenguaje lógico las afirmaciones:

A_1 : Si a es un ave, entonces a tiene alas
A_2 : Si a tiene alas, entonces a vuela
A_3 : Si a es un ave, entonces a vuela

A14. Para las afirmaciones del problema anterior (A_1, A_2 y A_3), escriba el inverso, converso y contrapositivo como condicionales. ¿Cuáles son lógicamente equivalentes?

A15. Determine el valor de verdad de las proposiciones p, q y r sabiendo que la proposición

$$[(p \vee q) \Rightarrow (q \wedge \neg r)] \vee (p \Rightarrow r)$$

es falsa.

A16. Si $[(-p \Rightarrow q) \vee (r \Leftrightarrow t)]$ es una proposición falsa, determine el valor de verdad de la proposición:

$$[\neg(r \wedge t)] \Leftrightarrow [\neg q \vee r]$$

ACTIVIDAD N°2

(Habilidades: Interpretación y análisis)

A21. Determine si los siguientes argumentos son verdaderos:

1. Si Carlos va a la carrera de autos, entonces Elena se enojará. Si Rafael juega cartas toda la noche, entonces Carmen se enojará. Si Elena o Carmen se enojan, le avisarán a Verónica (su abogado). Verónica no ha tenido noticias de estas dos clientas. En consecuencia, ni Carlos fue a la carrera ni Rafael jugó cartas toda la noche.
2. Si Tomás tiene 17 años, entonces es de la misma edad que Juana. Si José no tiene la misma edad que Tomás, entonces José tiene distinta edad que Juana. Tomás tiene 17 años y José tiene la misma edad que Juana. Por lo tanto, José tiene la misma edad que Tomás y Tomás tiene la misma edad que Juana.
3. Si Rosa María obtiene el puesto de supervisor y trabaja mucho, entonces obtendrá un aumento. Si obtiene el aumento, entonces comprará un auto nuevo. Ella no ha adquirido un auto nuevo. Por lo tanto, Rosa María no ha obtenido el puesto de supervisor o no ha trabajado mucho.

ACTIVIDAD N°3

(Habilidades: Cálculo, interpretación y análisis)

A31. Utilizar diagramas de Venn para determinar si el argumento siguiente es válido o inválido.

Algunas pinturas impresionistas fueron pintadas por Renoir
"Baile en Bougival" es una pintura impresionista
―――――――――――――――
"Baile en Bougival" fue pintada por Renoir

Ningún número primo es negativo
7 no es un número negativo
―――――――――――――――
7 es un número primo

Todos los cuadrados son rombos
Todos los rombos son paralelogramos
Todos los paralelogramos son cuadriláteros
―――――――――――――――
Todos los cuadrados son cuadriláteros

Taller B

ACTIVIDAD N°1

(Habilidades: Interpretación, supuestos y análisis)

A11. Luego de un crimen, se comprueban los siguientes hechos:

1. El mayordomo o el hijastro asesinó al señor *X*.
2. Si el mayordomo asesinó al señor *X*, entonces el asesinato no ocurriøantes de la medianoche.
3. Si el testimonio del hijastro es correcto, entonces el asesinato ocurrió antes de la medianoche.
4. Si el testimonio del hijastro es incorrecto, entonces las luces de la casa no se apagaron a medianoche.
5. Las luces de la casa se apagaron a medianoche y el mayordomo no es millonario.

¿Quién es el asesino?

A12. En una extraña tierra existen tres clases de personas: los caballeros que siempre dicen la verdad, los escuderos que siempre mienten y los espías que a veces mienten y a veces dicen la verdad.

En un grupo de tres personas de esta tierra, *A*, *B* y *C*, uno de ellos, que era espía, se llama Murdoch, siendo los otros dos un caballero y un escudero. Ante un tribunal los tres hicieron estas declaraciones:

A: Me llamo Murdoch.

B: Eso es verdad.

C: Yo soy Murdoch.

¿Cuál de los tres es el espía?

ACTIVIDAD N°2

(Habilidades: Interpretación, supuestos y análisis)

A21. Lea cuidadosamente el siguiente relato y conteste la pregunta que está al final del texto:

La paradoja del ahorcamiento inesperado

Se sentenciaba al hombre en sábado. "El ahorcamiento tendrá lugar a mediodía", dijo el juez al prisionero, "uno de los siete días de la semana próxima. Pero no sabrás qué día será hasta que no se te informe de ello, en la mañana del día del ahorcamiento". El juez era conocido por ser una persona que siempre cumplía su palabra. El prisionero, acompañado por su abogado, volvió a la celda. Tan pronto como los dos hombres se quedaron solos, el abogado se puso a sonreír. "¿Te das cuenta?", exclamó. "No es posible llevar a efecto la sentencia del juez". "No lo entiendo", dijo el prisionero. " Deja que te explique. Obviamente, no pueden ahorcarte el próximo sábado. El sábado es el último día de la semana. La tarde del viernes estarías aún con vida y sabrías con absoluta certeza que el ahorcamiento tendría lugar el sábado. Sabrías esto antes de que se te comunicase el sábado por la mañana. Esto violaría la sentencia del juez". " Cierto", dijo el prisionero. " Por tanto el sábado está totalmente descartado", prosiguió el abogado."Esto hace que el viernes sea el último día que pueden ahorcarte. Pero no pueden ahorcarte el viernes porque el jueves por la tarde quedarían solo dos días: viernes y sábado. Puesto que el sábado no podría ser, el ahorcamiento tendría que ser el viernes. Saber esto volvería a violar la sentencia del juez. Así el viernes queda eliminado. Esto nos deja el jueves como último día posible. Pero el jueves está descartado, porque si estás vivo el miércoles por la tarde sabrás que el jueves será el día". "Entiendo", dijo el prisionero, que empezaba a sentirse mucho mejor. "Exactamente del mismo modo puedo descartar el miércoles, el martes y el lunes. Eso deja mañana solamente. ¡Pero no pueden ahorcarme mañana porque lo sé hoy!". En pocas palabras, la sentencia del juez parece autorrefutarse. No hay nada lógicamente contradictorio en las dos afirmaciones que forman la sentencia; sin embargo, no puede llevarse a cabo en la práctica. Entonces el jueves por la mañana, para gran sorpresa suya, llega el verdugo.

¿Puede el verdugo llevar a cabo el ahorcamiento? Fundamente su respuesta

ACTIVIDAD N°3

(Habilidades: Interpretación, supuestos y análisis)

A31. ¿Quién robó mis pasteles?

-¿Por qué no me haces unos pastelitos?- preguntó el Rey de Corazones a la Reina de Corazones un fresco día de verano.

-¿Qué sentido tiene hacer pasteles sin mermelada?- dijo la Reina furiosa: ¡La mermelada es lo mejor!

-Pues pon mermelada-dijo el Rey.

-¡ No puedo!- gritó la Reina. -¡Me la han robado!-

-¡Pero bueno! -dijo el Rey. -¡Esto es bastante grave!. ¿Quién la ha robado?-

-¿Cómo quieres que sepa quién la ha robado? Si lo supiera la habría recuperado hace mucho, ¡y con ella la cabeza del sinvergüenza!-

El Rey hizo que sus soldados emprendieran la búsqueda de la mermelada desaparecida, y fue encontrada en la casa de la Liebre de Marzo, el Sombrerero Loco y el Lirón. Los tres fueron inmediatamente detenidos y juzgados.

-¡Vamos a ver! exclamó el Rey en el juicio. ¡Quiero llegar al fondo de todo esto! ¡No me gusta que la gente entre en mi cocina y me robe la mermelada-!

-¿Por qué no?- preguntó uno de los conejillos de Indias.

-¡Suprimid a ese conejillo!- gritó la Reina. El conejillo de Indias fue suprimido al instante.

-Y ahora- dijo el Rey cuando se hubo pasado la conmoción ante la supresión del conejillo de Indias. -¡Quiero llegar al fondo de todo esto!-

-Eso ya lo habeís dicho- apuntó un segundo conejillo de Indias que fue igualmente suprimido al instante.

-¿Por casualidad robaste tú la mermelada?- preguntó el Rey a la Liebre de Marzo.

-¡Yo no robé la mermelada!- declaró la Liebre de Marzo. En ese momento todos los conejillos de Indias que quedaban la aclamaron, siendo suprimidos de inmediato.

-¿Y tú? -rugió el Rey al Sombrerero, que temblaba como una hoja. -¿Por casualidad eres tú el culpable?- El Sombrerero fue incapaz de articular una sola palabra; solo respiraba entrecortadamente y daba sorbitos al té.

-Si no tiene nada que decir, eso demuestra su culpabilidad- dijo la Reina. -¡Así que dejarle sin cabeza inmediatamente!-

-¡No, no! -suplicó el Sombrerero. -¡Uno de nosotros la robó, pero no fui yo!-

-¡Tomad nota de eso!- dijo el Rey al jurado. -¡ Esta prueba puede resultar de suma importancia!- -Y, ¿qué pasa contigo? - prosiguió el Rey con el Lirón. -¿Qué tienes tú que decir a todo esto? ¿Han dicho la Liebre de Marzo y el Sombrerero la verdad?-

-Al menos uno sí- replicó el Lirón, quien se quedó dormido para el resto del juicio.

Como reveló la subsiguiente investigación, la Liebre de Marzo y el Lirón no decían ambos la verdad.

¿Quién robó la mermelada?

A32. ¿Quién robó la harina?

- Ahora que hemos recuperado la mermelada- dijo el Rey, ya puedes hacer los pasteles.

-¿Cómo voy a hacer pasteles sin harina?- preguntó la Reina.

-¿Quieres decir que han robado la harina?- gritó el Rey.

-¡ Sí!- dijo la Reina.- ¡Coge al bellaco y déjale sin cabeza!-

-Bueno, bueno- dijo el Rey - no nos precipitemos-

Pero la harina había de ser buscada. Naturalmente la encontraron en casa de la Liebre de Marzo, el Sombrerero y el Lirón, y por consiguiente fueron inmediatamente detenidos y juzgados.

En el juicio la Liebre de Marzo declaró que la había robado el Sombrerero. El Sombrerero y el Lirón también declararon, pero por alguna razón sus declaraciones no fueron recogidas y no puedo decir cuáles fueron. Pero, como al final salió a la luz, solo uno de

los tres había robado la harina, y fue el único que dijo la verdad.

-¿Quién robó la harina?-

A33. ¿Quién robó la pimienta?

-Bueno, aquí tienes la harina- dijo el Rey alegremente, ya puedes hacer los pasteles.

-¿Hacer los pasteles sin pimienta?- preguntó la Reina.

-¿Pimienta? -dijo el Rey con incredulidad.- ¿Quieres decir que pones pimienta en los pasteles?-

- No mucha- respondió la Reina.

-Y supongo que la han robado-

-¡Pues claro!- dijo la Reina. -Busca la pimienta, y cuando hayas descubierto quién la robó, déjale sin...

-Vamos, vamos- dijo el Rey.

Desde luego la pimienta debía buscarse. Pero, como todos sabéis, las personas que roban pimienta nunca dicen la verdad.

-¿Qué? -dijo Alicia (no la *Alicia del País de las Maravillas*, sino la de esta fiesta). -Nunca había oído eso-

-¿De verdad? -dije burlonamente sorprendido.

-¡Claro que no! Y lo que es más, no creo que ninguna otra persona lo haya oído. ¿Lo había oído antes alguno de vosotros?- Todos los niños negaron con la cabeza.

- Bueno- dije - para los fines de esta historia supongamos que los que roban pimienta nunca dicen la verdad-

-De acuerdo- dijo Alicia un tanto dudosa.

Siguiendo con el cuento, el principal sospechoso era la cocinera de la Duquesa. En el juicio solo hizo una declaración: "¡Yo sé quién robó la pimienta!"- Dando por sentado que las personas que roban pimienta siempre mienten, ¿es la cocinera culpable o inocente?

Taller C

ACTIVIDAD N°1

(Habilidades: Interpretación, supuestos y análisis)

A11. Luego de un crimen, se comprueban los siguientes hechos:

1. El mayordomo o el hijastro asesinó al señor *X*.
2. Si el mayordomo asesinó al señor *X*, entonces el asesinato no ocurrió antes de la medianoche.
3. Si el testimonio del hijastro es correcto, entonces el asesinato ocurrió antes de la medianoche.
4. Si el testimonio del hijastro es incorrecto, entonces las luces de la casa no se apagaron a medianoche.
5. Las luces de la casa se apagaron a medianoche y el mayordomo no es millonario.

¿Quién es el asesino?

A12. En una extraña tierra existen tres clases de personas: los caballeros que siempre dicen la verdad, los escuderos que siempre mienten y los espías que a veces mienten y a veces dicen la verdad.

En un grupo de tres personas de esta tierra, *A*, *B* y *C*, uno de ellos, que era espía, se llama Murdoch, siendo los otros dos un caballero y un escudero. Ante un tribunal los tres hicieron estas declaraciones:

A: Me llamo Murdoch.

B: Eso es verdad.

C: Yo soy Murdoch.

¿Cuál de los tres es el espía?

A13. Esta historia trata de una caravana que cruzaba el desierto del Sahara y una noche montó su campamento. Los personajes que nos interesan son tres, a los que llamaremos *A*, *B* y *C*. *A* odia a *C* y decide matarle echando un veneno en el agua de su cantimplora (por supuesto, *C* no podrá beber más agua que la de su cantimplora). Por otro lado, *B* también decide matar a *C* y, sin saber que el agua de *C* ya está envenenada, le hace un agujerito en la cantimplora para que el agua se vaya saliendo lentamente. Como resultado de ello, unos días después *C* muere de sed. ¿Quién es el asesino *A* o *B*?

ACTIVIDAD N°2

(Habilidades: Interpretación, supuestos y análisis)

A21. LA PRIMERA HISTORIA

En **El mercader de Venecia**, de Shakespeare, Porcia tenía tres cofres, uno de oro, otro de plata y otro de plomo, dentro de uno de los cuales estaba el retrato de Porcia. El pretendiente tenía que elegir uno de los cofres y si tenía suerte (o inteligencia) elegiría el que tenía el retrato, pudiendo así pedir a Porcia por esposa. En la tapa de cada cofre había una inscripción para ayudar al pretendiente a elegir sabiamente. Pero supongamos que Porcia quisiera elegir marido no por su bondad, sino por su inteligencia. Tendría las siguientes inscripciones en los cofres:

Oro

EL RETRATO ESTÁ EN ESTE COFRE

Plata

EL RETRATO NO ESTÁ AQUÍ

Plomo

EL RETRATO NO ESTÁ EN EL COFRE DE ORO

Porcia explicó al pretendiente que de los tres enunciados, a lo sumo uno era verdad. ¿Cuál cofre debe elegir el pretendiente?

EPÍLOGO

Y, oh destino, el primero que se presentó resultó ser el exmarido de Porcia, que también esta vez demostró ser lo suficientemente inteligente como para resolver el problema. De manera que se volvieron a casar. El marido llevó a Porcia a casa, la puso boca abajo sobre sus rodillas, y le dio una buena azotaina, y Porcia no volvió a tener pensamientos estrafalarios.

A22. LA SEGUNDA HISTORIA

Porcia y su marido vivieron felices a partir de ese momento, y tuvieron una hija, Porcia II, a la que de aquí en adelante llamaremos también Porcia. Cuando la joven Porcia se convirtió en mujer, igual era inteligente y bella, exactamente tal como su mamá. Y asimismo decidió elegir un marido por el método del cofre. El pretendiente tendría que pasar dos pruebas para conseguirla.

1. En esta las tapas de los cofres tenían dos enunciados, y Porcia explicó que ninguna de ellas tenía más que un enunciado falso.

Oro

EL RETRATO NO ESTÁ AQUÍ

EL ARTISTA QUE HIZO EL RETRATO ES VENECIANO

Plata

EL RETRATO NO ESTÁ EN EL DE ORO

EL ARTISTA QUE HIZO EL RETRATO SÍ ES FLORENTINO

Plomo

EL RETRATO NO ESTÁ AQUÍ

EL RETRATO SÍ QUE ESTÁ EN EL COFRE DE PLATA

¿En qué cofre está el retrato?

2. Si el pretendiente pasaba la primera prueba era conducido a otra habitación en la cual había otros tres cofres, que también tenían dos inscripciones en la tapa. Porcia explicó que en una de las tapas los dos enunciados eran verdaderos; en otra ambos eran falsos, y en la tercera uno era verdadero y otro falso:

Oro

EL RETRATO NO ESTÁ EN ESTE COFRE

ESTÁ EN EL DE PLATA

Plata

EL RETRATO NO ESTÁ EN EL DE ORO

ESTÁ EN EL DE PLOMO

Plomo

EL RETRATO NO ESTÁ EN ESTE COFRE

ESTÁ EN EL DE ORO

¿En qué cofre estaba el retrato?

ACTIVIDAD N°3

(Habilidades: Interpretación, supuestos y análisis)

A31. Existe una isla en la que ciertos habitantes llamados “caballeros” dicen siempre la verdad, y otros llamados “escuderos” mienten siempre. Se supone que todo habitante de la isla es o caballero o escudero.

1. Según este viejo problema, tres de los habitantes *A*, *B* y *C* se encontraban en un jardín. Un extranjero pasó por allí y le preguntó a *A*: "¿Eres caballero o escudero?". A respondió, pero tan confusamente, que el extranjero no pudo enterarse de lo que decía. Entonces el extranjero preguntó a *B*: "¿Qué ha dicho *A*?". Y *B* le respondió: "*A* ha dicho que es escudero". Pero en ese instante el tercer hombre, *C*, dijo: "¡No creas a *B*, que está mintiendo!" La pregunta es: ¿qué son *B* y *C*?

2. En este problema hay solo dos individuos, *A* y *B*, cada uno de los cuales es caballero o escudero. *A* dice: "Uno al menos de nosotros es escudero". ¿Qué son *A* y *B*?

3. Nuevamente tenemos tres personas, *A*, *B*, *C*, cada una de las cuales es caballero o escudero. *A* y *B* dicen lo siguiente:

   A: Todos nosotros somos escuderos. *B*: Uno de nosotros, y solo uno, es un caballero. ¿Qué son *A*, *B*, *C*?

Talleres 3 **A.1.3**

Taller A

ACTIVIDAD N°1

(Habilidades: Supuestos y análisis)

A11. Considere las siguientes secuencias de números:

$$3, 6, 9, 12, 15, x$$

y

$$1, 3, 6, 10, 15, y$$

1. ¿Qué valores deben tener x e y? Argumente.
2. ¿El razonamiento ocupado en la parte anterior es deductivo o inductivo?

A12.
1. Piensa un número. Luego multiplícalo por 8, súmale 6 y luego divide por 2. Finalmente réstale 3 al número que habías obtenido ¿Cuál es el número?
2. Repite lo anterior 5 veces y tabula los resultados.
3. ¿Qué puedes concluir? Argumenta.
4. ¿El razonamiento ocupado en la parte anterior es deductivo o inductivo?

ACTIVIDAD N°2

(Habilidades: Supuestos y análisis)

A21. ¿Qué símbolo sería el siguiente considerando la figura?

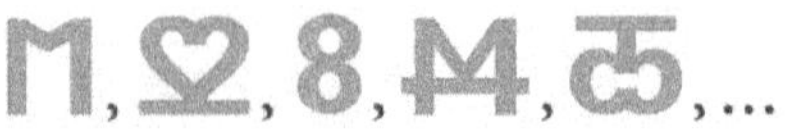

A22. Cada uno de los cuatro vecinos, Juan, María, Inés y Vicente, tiene una ocupación diferente (editor, banquero, chef o dentista). A partir de las siguientes pistas, determine la ocupación de cada vecino.

1.María llega a casa del trabajo después de que el banquero, pero antes del dentista.

2.Inés, que es la última en llegar a casa desde el trabajo, no es la editora.

3. El dentista e Inés se van a trabajar al mismo tiempo.

4.El banquero vive al lado de Vicente.

¿El razonamiento ocupado es deductivo o inductivo?

A23. ¿Cuántos cuadrados hay en la siguiente figura?

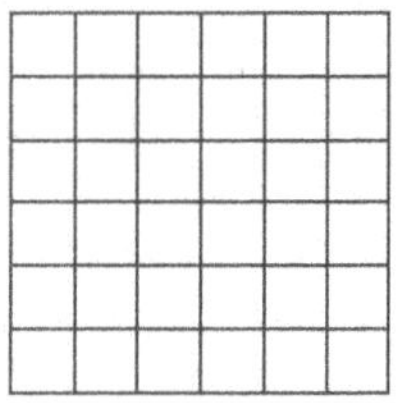

A24. Cada letra en el criptograma representa uno de los dígitos del 0 al 9. Las cifras iniciales, representadas por S y M, no son cero. Determine qué dígito representa cada una de las letras, de modo que la adición sea correcta. Nota: Una letra que se utiliza más de una vez, por ejemplo, como M, representa el mismo dígito en cada posición en la que aparece.

$$\begin{array}{r} T\,A \\ +\,B\,T \\ \hline T\,E\,E \end{array}$$

A25. En una liga de fútbol compuesta por 10 equipos, cada uno juega exactamente contra otros 3 equipos. ¿Cuántos partidos de Liga se jugarán?

ACTIVIDAD N°3

(Habilidades: Interpretación, supuestos y análisis)

A31. Alicia, tras atravesar el espejo, se encuentra vagabundeando por el Bosque del Olvido, donde es incapaz de recordar qué día de la semana es. En el bosque se encontró con el león y el unicornio que descansaban bajo un árbol. Ellos dijeron lo siguiente:

León: Ayer fue uno de los días en los que me tocaba mentir.

Unicornio: Ayer fue también uno de los días en los que me tocaba mentir.

El León mentía los lunes, martes y miércoles, y decía la verdad los otros días de la semana. Por otra parte, el Unicornio mentía los jueves, viernes y sábado, pero decía la verdad los días restantes de la semana. A partir de estos enunciados, Alicia (que era una niña muy lista) fue capaz de deducir el día de la semana. ¿Qué día era este?

ACTIVIDAD N°4

(Habilidades: Interpretación, supuestos y análisis)

A41. Porcia, la protagonista de**El mercader de Venecia**, presenta a sus pretendientes tres cofres, cada uno con una inscripción. En uno de ellos se encuentra su retrato y quien lo descubra podrá casarse con la bella joven. Porcia (quien siempre dice la verdad) asegura que a lo sumo una de las tres inscripciones es verdadera. Las inscripciones de los tres cofres pueden verse en el dibujo, ¿en cuál de ellos se encuentra el retrato de Porcia?

ACTIVIDAD N°5

(Habilidades: Interpretación, supuestos y análisis)

A51. (Propuesto) El acertijo lógico más difícil

Tres dioses, *A*, *B*, y *C*, son llamados, en algún orden, Verdad, Falso y Aleatorio. Verdad siempre habla expresando la verdad. Falso siempre habla expresando algo falso, pero la respuesta de Aleatorio es completamente aleatoria, pudiendo ser verdadera o falsa. Su tarea es determinar las identidades de *A*, *B*, y *C* haciendo tres preguntas cuya respuesta es sí o no; cada pregunta debe ser formulada a un único dios. Los dioses entienden español, pero contestarán todas las preguntas en su propio idioma, en el cual las palabras para Sí y No son "da" y "ja", en algún orden. Usted no sabe qué significado se asocia a cada palabra.

Considere lo siguiente:

- Es posible formularle a un mismo dios más de una pregunta (y por lo tanto puede ocurrir que a algún dios no se le haga ninguna pregunta).

- Cuál es la segunda pregunta, y a qué dios se le realiza, puede depender de la respuesta que se reciba a la primera pregunta. (Y en forma similar para la tercera pregunta.)
- La decisión sobre si Aleatorio responderá con la verdad o la falsedad puede ser pensando como que depende de arrojar una moneda dentro de su cabeza: si la moneda cae cara, él hablará con la verdad; si cae cruz, hablará falsamente.
- Aleatorio responderá "da" o "ja" toda vez que se le realice una pregunta Sí-No.

Taller B

ACTIVIDAD N°1

(Habilidades: Interpretacón, supuestos y análisis)

A11. Utilizar diagramas de Venn para determinar si el argumento siguiente es válido o inválido.

Algunas pinturas impresionistas fueron pintadas por Renoir
"Baile en Bougival" es una pintura impresionista

"Baile en Bougival" fue pintada por Renoir

Ningún número primo es negativo
7 no es un número negativo

---

7 es un número primo

Todos los cuadrados son rombos
Todos los rombos son paralelógramos
Todos los paralelógramos son cuadriláteros

Todos los cuadrados son cuadrilateros

4.

Todos los gorriones son pájaros y hacen nidos
Todas las gaviotas son pájaros y hacen nidos
Todos los cuervos son pájaros

Todos los cuadrados son cuadrílateros

ACTIVIDAD N°2

(Habilidades:Supuestos y análisis)

A21. Considere las siguientes secuencias de números:

$$3, 6, 9, 12, 15, x$$

y

$$1, 3, 6, 10, 15, y$$

1. ¿Qué valores deben tener x e y? Argumente.
2. ¿El razonamiento ocupado en la parte anterior es deductivo o inductivo?

A22.

1. Piensa un número. Luego multiplícalo por 8, súmale 6 y luego divide por 2. Finalemente réstale 3 al número que habias obtenido. ¿Cuál es el número?
2. Repite lo anterior 5 veces y tabula los resultados.
3. ¿Qué puedes concluir? Argumenta.
4. ¿El razonamiento ocupado en la parte anterior es deductivo o inductivo?

A23. ¿Cuántos cuadrados hay en la figura A,B,C y D?

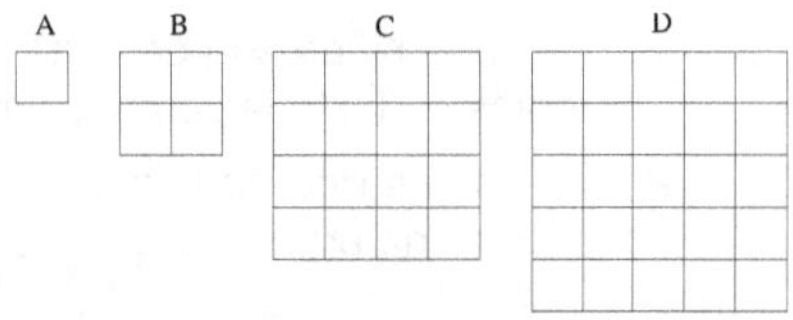

A24. Conjetura una fórmula que entregue la cantidad de cuadrados para una figura de $n \times n$ cuadrados.

A25. Una de las pautas de números más interesantes es el triángulo de Pascal (llamado así en honor de Blaise Pascal, un famoso matemático y filósofo francés).

Para construir el triángulo, empieza con "1" arriba, y pon números debajo formando un triángulo.

Cada número es la suma de los dos números que tiene encima, menos los extremos, que son siempre "1".

La siguiente figura representa el triángulo de Pascal de largo 10.

$$\begin{array}{c} 1 \\ 1 \quad 1 \\ 1 \quad 2 \quad 1 \\ 1 \quad 3 \quad 3 \quad 1 \\ 1 \quad 4 \quad 6 \quad 4 \quad 1 \\ 1 \quad 5 \quad 10 \quad 10 \quad 5 \quad 1 \\ 1 \quad 6 \quad 15 \quad 20 \quad 15 \quad 6 \quad 1 \\ 1 \quad 7 \quad 21 \quad 35 \quad 35 \quad 21 \quad 7 \quad 1 \\ 1 \quad 8 \quad 28 \quad 56 \quad 70 \quad 56 \quad 28 \quad 8 \quad 1 \\ 1 \quad 9 \quad 36 \quad 84 \quad 126 \quad 126 \quad 84 \quad 36 \quad 9 \quad 1 \end{array}$$

Conjetura una fórmula para la suma de la *n*-ésima fila.

ACTIVIDAD N°3

A31. De las siguientes afirmaciones, ¿cuáles son las dos que, tomadas conjuntamente, prueban en forma concluyente que una o más niñas aprobaron el examen de historia?

1. Algunas niñas son casi tan competentes en historia como los niños.
2. Las niñas que rindieron el examen de historia eran más que los niños.
3. Más de la mitad de los niños aprobaron el examen.
4. Menos de la mitad de todos los alumnos fueron suspendidos.

A32. Las estadísticas indican que los conductores del sexo masculino sufren más accidentes de automóvil que las conductoras. La conclusión es que:

1. Como siempre, los hombres, típicos machistas, se equivocan en lo que respecta a la pericia de la mujer conductora.
2. Los hombres conducen mejor, pero lo hacen con más frecuencia.
3. Los hombres y mujeres conducen igualmente bien, pero los hombres hacen más kilometraje.
4. La mayoría de los camioneros son hombres.
5. No hay suficientes datos para justificar una conclusión.

Talleres capítulo 2 A.2

Talleres 1 A.2.1

Taller A

ACTIVIDAD N°1

(Habilidades: Cálculo y análisis)

A11. El 40 % de 70 es x % más 30 % de 80. ¿Cuál es el valor de x?

A12. Juan pesa dos veces más que María. El peso de María es 60 % del peso de Andres. David pesa 50 % del peso de Felipe. Felipe pesa 190 % del peso de Juan. Ordene, según su peso, a estas personas.

A13. Si aumenta el precio de la bencina en 25 % y solo queremos pagar 15 % adicional a lo que pagamos normalmente, ¿en qué porcentaje se va a reducir la cantidad de gasolina comprada?

A14. Cuando se procesa el néctar de flores en el extracto de las abejas, una cantidad considerable de agua se reduce. ¿Qué cantidad de néctar de flores debe ser procesada para producir 1 kg de miel, si el néctar contiene 50 % de agua y la miel que se obtiene a partir de este néctar contiene 15 % de agua?

A15. Quieres pedir un crédito para comprar una casa que vale 50 millones de pesos. En el banco te dan dos opciones:

-Crédito a 35 años con un interés simple anual del 2 %.

-Crédito a 35 años con un interés compuesto anual del 1,5 %.

¿Cuál sería tu elección?

En términos del porcentaje, ¿cuál es la diferencia en el pago total entre las dos opciones?

A16. Un pastor tiene 1 millón de ovejas en el comienzo del 2010. Se sabe que el número de ovejas crece por x % ($x > 0$) durante cada año. En el 2011, producto de la sequía que golpea nuestro país, la población ovina disminuye en y %. A principios de 2012, el pastor se da cuenta de que se queda con 1 millón de ovejas. ¿Cuál de las siguientes es la correcta?

1. $x < y$
2. $x > y$
3. $x = y$

ACTIVIDAD N°2

(Habilidades: Cálculo y análisis)

A21. Un farmacéutico debe preparar 15 ml de unas gotas para los ojos para un paciente con glaucoma. La solución de las gotas debe contener 2 % de un ingrediente activo, pero el farmacéutico solo tiene una solución al 10 % y otra al 1 % en su almacén. ¿Qué cantidad de cada tipo de solución debe usar para preparar la receta?

A22. En cierta prueba médica, diseñada para medir la resistencia a los carbohidratos, un adulto bebe 7 ml de una solución de glucosa al 30 %. Cuando se le administra la misma prueba a un niño debe disminuirse la concentración de glucosa. ¿Qué cantidad de una solución al 30 % de glucosa y qué cantidad de agua deben usarse para preparar 7 ml de una solución al 20 % de glucosa?

A23. Una mezcla contiene 8 ml de agua y anticoagulante. Si 49 % de la mezcla es anticoagulante, ¿qué cantidad de mezcla debe eliminarse y reemplazarse por anticoagulante para que la mezcla resultante contenga 60 % de anticoagulante?

A24. Para preparar la teofilina, que es un medicamento contra el asma, se usa un elíxir con una concentración de fármaco de 5 mg/ml, y un jarabe con sabor a cereza que se agrega para disimular el sabor de la medicina. ¿Qué cantidad de ambos debe usarse para preparar 100 ml de solución con una concentración del medicamento de 2 mg/ml?

ACTIVIDAD N°3

(Habilidades: Cálculo y análisis)

A31. La cantidad de leche que debe recibir un recién nacido, por cada comida, es directamente proporcional a su peso. Se sabe que para un bebé que pesa dos kg, y asumiendo que debe comer cada 3 horas, es de 45 cc de leche.

a) ¿Cuántos cc de leche debe tomar un bebé que pesa 3 kg?

b) ¿Cuánto pesa un bebé que recibe 90 cc de leche?

c) Se sabe que el incremento del peso de un bebé es aproximadamente 10 % semanalmente. Si al nacer un niño pesa 2 kg, ¿cuál es el cambio absoluto y el cambio relativo de la cantidad de leche que consumía luego de 4 semanas?

Muchas madres, por diversos motivos, no pueden satisfacer la necesidad de leche de sus hijos recién nacidos. Para estos casos existen diversos tipos de leches, llamadas de relleno. Estas leches son en polvo y se disuelven en agua.

d) Para una marca *X* de leche se tiene que para obtener 60 cc de leche se deben mezclar dos medidas con 40 cc de agua. ¿Cuántas medidas y cuánta agua se deben mezclar para un bebé que pesa 3,6 kg? (Considere que las medidas vienen con marcas que permiten tener décimas de medidas).

f) Una madre que le da a su hijo 90 cc de leche, de los cuales 45 cc son de relleno, ¿qué porcentaje de agua tiene la mezcla entre leche natural y relleno?

g) Los rellenos de las marcas *X* e *Y* dicen ser los más convenientes del mercado. La leche de la marca *X* rinde para 150 medidas mientras que la de la marca *Y* rinde para 120. Sin embargo, para tener 60 cc de leche la marca *X* necesita dos medidas, mientras que la marca *Y* una y media. Si una madre tiene un bebé que al nacer pesa 2 kg y ambas marcas valen lo mismo, ¿cuál es más conveniente? Exprese su conclusión en terminos de porcentaje.

ACTIVIDAD N°4

(Habilidades: Cálculo y análisis)

A41. 24 por ciento de los adolescentes de 10 a 14 años presenta alteración de ánimo

El estudio fue realizado por la Facultad de Medicina de la Universidad Católica en base al análisis de 18.450 fichas clínicas de menores entre 10 y 14 años que se atienden en el sistema público.

El estudio destaca que, pese a su corta edad, el 11,9 % padece alguna enfermedad crónica y el 14 % usa medicamentos.

En cuanto a los problemas físicos detectados en los jóvenes, destacan: sobrepe-

so y obesidad (45,7 %), seguido de agudeza visual alterada (20,7 %); salud bucal (16,9 %), escoliosis (5,1 %) e hipertensión arterial (4,8 %).

Sobre la condición física de los estudiantes evaluados, el ministro de Educación, Harald Beyer, explicó que para evitar el sobrepeso de los estudiantes "hemos aumentado las horas de educación física de primero a cuarto básico, queremos generar una cultura mucho más orientada al deporte. El deporte va acompañado con programas de salud para que haya una vida sana, y al mismo tiempo estamos coordinados con el Ministerio de Salud para generar una alimentación mucho más sana".

En esta línea, el ministro Mañalich destacó la necesidad de intervenir a tiempo para evitar el desarrollo de problemas de salud a futuro, destacando la implementación de la estrategia de Control de Salud Joven Sano como una forma de pesquisar a tiempo los factores de riesgo que afectan a los jóvenes chilenos.

Agregó que para enfrentar preventivamente estos problemas se debe también hacer un trabajo mancomunado con otros actores como se realiza hoy con el INJUV y lo que "queremos hacer con el Ministerio de Educación en la escuela".

Fuente: `http://www.minsal.gob.cl/portal/url/page/minsalcl/g_noticias/g_visualizacion/noticias_destacadas_6388763.html`. 10/12/2012.

1. Suponga que en un colegio de su comuna hay 1.500 alumnos. ¿Cuántos alumnos esperaría encontrar.
   a) con problemas de salud bucal?
   b) con sobrepeso y obesidad?
   c) que usan medicamentos?
2. ¿Cuán probable crees tú que es posible encontrar un alumno que tenga sobrepeso, problemas de salud bucal y use medicamentos? Argumente.

Taller B

ACTIVIDAD N°1

(Habilidades: Cálculo y análisis)

A11. ¿Cúanto es 20 % de a más 35 % de a?

A12. En la carrera de ingeniería se retira 20 % de los alumnos por rendimiento y 10 % por no gustarle la carrera. Si al inicio había 600 alumnos, entonces, ¿cuántos alumnos quedan?

A13. Un comerciante aumenta el precio de un metro de género en 20 % y posteriormente lo rebaja en 30 %, resultando así $6.300. ¿Cuál era el precio inicial?

A14. Si aumenta el precio de la bencina en un 25 % y solo queremos pagar un 15 % adicional a lo que pagamos normalmente ¿En qué porcentaje se va a reducir la cantidad de gasolina comprada?

A15. La entrada a un cine baja de $2.500 a $2.000. Con respecto al precio original, ¿cuál es el porcentaje de rebaja?

A16. Una encuesta realizada preguntó a estudiantes universitarios acerca del uso de la televisión: 78 estudiantes, o 42,5 % de los encuestados, dijeron que tenían televisores en sus cuartos. ¿Cuántos estudiantes fueron incluidos en la encuesta?

A17. En un hogar se consumen 360 kilowatt-hora de energía eléctrica mensualmente, por los que se pagan $12.254. El porcentaje de energía desperdiciada es 24 %. ¿Cuánto dinero podrían ahorrar en un año? ¿Cuántos de esos kw/h podrían haber sido utilizados en otros beneficios para la ciudad?.

A18. Su jefe se compromete a subirle su sueldo en 5 % después de un año de trabajo, un aumento del 6 % el segundo año y 7 % el tercer año. ¿Es su sueldo después del tercer año mayor, menor o igual que lo sería si usted recibiera un aumento del 6 % cada año?

A19. Un pastor tiene 1 millón de ovejas en el comienzo del 2010. Se sabe que el número de ovejas crece por x % ($x > 0$) durante cada año. En el 2011, producto de la sequía que golpea nuestro país, la población ovina disminuye en y %. A principios de 2012, el pastor se da cuenta de que se queda con 1 millón de ovejas. ¿Cuál de las siguientes es la correcta?

1. $x < y$
2. $x > y$
3. $x = y$

ACTIVIDAD N°2

(Habilidades: Cálculo y análisis)

A21. Ana, profesora de psicología de una escuela, planeó realizar un estudio sobre las respuestas de los espectadores a ciertos aspectos de las películas *A*, *B* y *C*. Después de encuestar su clase de 55 estudiantes, determinó la siguiente información:

- 17 han visto A
- 17 han visto B
- 23 han visto C
- 6 han visto A y B
- 8 han visto A y C
- 10 han visto B y C
- 2 han visto las tres películas

1. ¿Qué porcentaje de estudiantes han visto exactamente dos de estas películas?

2. ¿Qué porcentaje de estudiantes han visto exactamente una de estas películas?
3. ¿Qué porcentaje de estudiantes no han visto estas películas?
4. ¿Qué porcentaje de estudiantes han visto A, pero ninguna de las otras?

ACTIVIDAD N°3

(Habilidades: Cálculo, interpretación y análisis)

A31. Las primarias en cifras:

El 30 de junio se llevaron a cabo las primarias presidenciales que permitieron a los dos grandes conglomerados políticos elegir sus representantes mediante un plebiscito. En el siguiente gráfico se muestra la cantidad de votos aproximados, por candidatos:

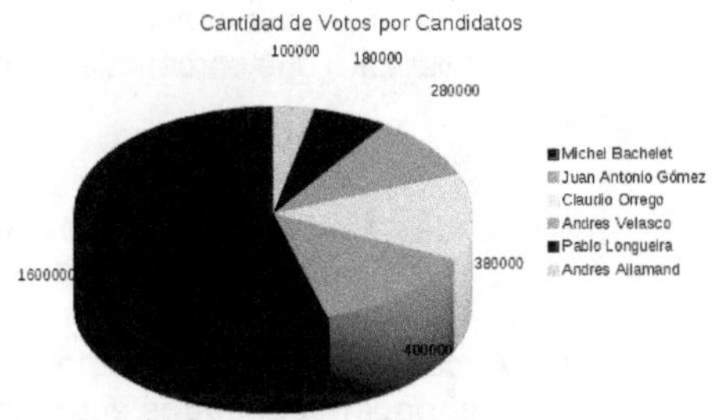

Si la Alianza esta formada por Andres Allamand y Pablo Longueira y La nueva Mayoria por Michel Bachelet, Juan Antonio Gómez, Claudio Orrego, Andres Velasco responda las siguientes preguntas:

1. ¿Qué porcentaje voto por la Alianza y por La nueva Mayoria?
2. ¿Qué porcentaje voto por Longueira y por Michel Bachelet?
3. Si solo consideramos los votos de la Alianza ¿Que porcentaje saco Allamand?

ACTIVIDAD N°4

(Habilidades: Cálculo, Interpretación y Análisis)

A41. *Las isapres presentarán un reajuste promedio de 2,4 %, informó la Superintendencia de Salud, un 3,6 punto porcentual menos que el año anterior, y cifra cercana al IPC de la salud, 2,15 %, dado a conocer por la Superintendencia el martes pasado. El superintendente de Salud, Luis Romero, señaló que la Isapre Banmédica tendrá un reajusta de un 2,1 %, Vida Tres de un 2,4 %, Cruz Blanca 2,7 %, y tanto Colmena como Consalud se reajustarán un 2,9 %. Mientras que MasVida y Ferrosalud no realizarán alzas.*

Fuente: latercera.com. Superintendencia asegura que isapres reajustarán los valores de sus planes un 2,4 % en promedio. 01/04/2012.

Los precios de los planes de las isapres dependen del tipo de prestaciones que entreguen, además de la edad y género de los afiliados. Por ejemplo, Cruz Blanca tiene un plan que por las mujeres cobra 3,5 UF, por los hombres 1 UF y por los niños menores de 10 años 1,5 UF. Si un grupo familiar esta compuesto por dos adultos (una mujer y un hombre) y un niño de 2 años calcule cuanto subió el plan en comparación al año pasado si la UF en abril del 2012 era de $20.000 y en abril del 2011 era de $18.000.

Taller C

ACTIVIDAD N°1

(Habilidades: Cálculo y análisis)

A11. Una encuesta realizada a 410 personas sobre su preferencia entre tres bebidas arrojó el siguiente resultado; 230 toman coca cola; 195 fanta; 215 sprite; 95 coca cola y sprite; 105 sprite y fanta; 100 fanta y coca cola; y 30 no toman ninguna de estas tres bebidas. Determine qué porcentaje de personas que toman:

1. Solo coca cola
2. Solo coca cola y sprite
3. Fanta, pero no sprite
4. Solo fanta o sprite
5. Ni fanta ni coca cola
6. A lo más una de esas bebidas
7. A lo menos dos de estas bebidas

ACTIVIDAD N°2

(Habilidades: Cálculo, interpretación y análisis)

A21. Las primarias en cifras

El 30 de junio se llevaron a cabo las primarias presidenciales que permitieron a los dos grandes conglomerados políticos elegir sus representantes mediante un plebiscito. En el siguiente gráfico se muestra la cantidad de militantes aproximados, por partidos:

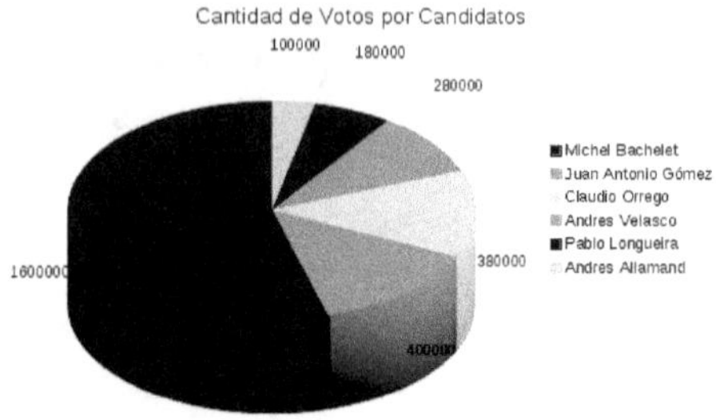

Si la Alianza está formada por RN y la UDI, y la Nueva Mayoría por DC, PS, PPD, PR, PPD, PC, entonces:

1. ¿Qué porcentaje votó por la Alianza y por la Nueva Mayoría?
2. ¿Qué porcentaje votó por la UDI y por el PS?
3. Si solo consideramos los votos de la Alianza, ¿qué porcentaje sacó RN?

ACTIVIDAD N°3

(Habilidades: Cálculo, interpretación y análisis)

A31. Encuesta: al elegir colegio, padres desconocen resultados académicos

Según un estudio de EducaUC, el 88 % de los apoderados prioriza la formación valórica por sobre resultados académicos.

¿En qué características se fijan los padres a la hora de matricular a sus hijos en un colegio? ¿Será importante la excelencia académica para los apoderados? Estas son algunas de las preguntas que intentaron responder en la red educacional EducaUC, en una encuesta realizada a más de 250 apoderados de las regiones

Metropolitana, Quinta y Sexta. Las respuestas arrojaron que la mayoría de los apoderados prioriza el tipo de formación valórica que entrega el recinto por sobre los resultados Simce y PSU.

La encuesta se realizó durante el segundo semestre de 2012 y consideró a apoderados de colegios de la Región Metropolitana, Valparaíso y O'Higgins; todos establecimientos adscritos a la red. Al preguntarles a los padres qué factores encontraban relevantes a la hora de matricular a su hijo, el 88 % respondió, como primera opción, la formación valórica entregada por el colegio, seguida por la calidad de los profesores y la enseñanza del inglés. Sin embargo, al pedirles a los entrevistados que seleccionaran solo un factor decisivo, el 29 % dijo tomar en cuenta el nivel académico. Si bien los apoderados encuestados le dieron prioridad a la calidad académica, a la hora de matricular a los alumnos muy pocos saben sobre el desempeño del recinto: el 53 % admitió saber poco sobre los resultados y un 9 % respondió no conocer nada. En tanto, solo el 38 % dijo saber mucho sobre este punto. Según María Domeyko, directora académica de EducaUC, para los padres es más importante conocer opiniones de otras familias que conocer cuánto puntaje obtuvo en las mediciones. Así lo reveló la encuesta: el 64 % tenía referencias de terceros. "Los papás buscan excelencia académica, pero asociada a la formación de valores", explica Domeyko. Respecto de lo que esperan los padres del colegio, el 44 % quiere que el recinto les entregue a los alumnos una formación integral y un 22 % que les dé las herramientas para ingresar a la universidad y destacarse académicamente. Los datos coinciden con la evidencia hallada por estudios científicos. Según estos, cuando los apoderados se fijan en la calidad de los profesores, lo hacen en dos sentidos: "En que los cuiden socioafectivamente y, por otro lado, que les enseñen", dice Ernesto Treviño, del Centro de Políticas Comparadas en Educación de la U. Diego Portales. Explica que así se da en el 80 % de los padres de más bajo nivel socioeconómico. En cambio, en los sectores más acomodados se fijan, especialmente, en las redes de contacto que puedan generar los alumnos, añade Treviño. Otro resultado que arrojó el sondeo tiene relación con el rol de los hijos. "Los padres consideran más la opinión de los hijos a la hora de mantenerlos en el colegio", dice Domeyko. El 69 % dijo que la decisión se toma en conjunto; el 29 %, sin considerarlos, y solo el 2 % precisó que el alumno tomó la decisión.

Fuente: `http://diario.latercera.com/2013/06/29/01/contenido/pais/31-140455-9-encuesta\-al_elegir_colegio-padres-desconocen--res\ultados-academicos.shtml`. 29/06/2011.

1. ¿Qué cantidad y porcentaje de apoderados prioriza los resultados académicos por sobre la formación valórica?
2. ¿Qué cantidad y porcentaje de apoderados no conoce nada sobre resultados Since del colegio que eligió?
3. De todo los factores estudiados en la encuesta, ¿qué factor es el preponderante a la hora de elegir un colegio?

Talleres 2 **A.2.2**

Taller A

ACTIVIDAD N°1

(Habilidades: Interpretación, cálculo y análisis)

A11. Los siguientes gráficos muestran la relación entre las variables *x* e *y*.

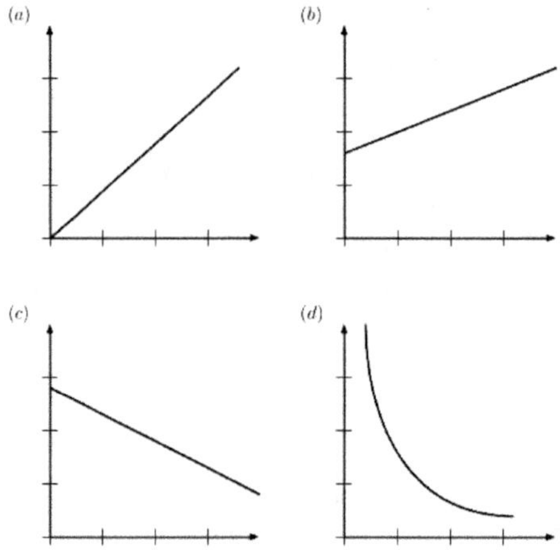

Decida en cuál hay proporcionalidad y proporcionalidad inversa. Argumente.

A12. Decida si los siguientes pares de magnitudes son proporcionales, y si lo son inversa o directamente.
Argumente.

1. Cantidad de paracetamol que se le debe suministrar a un bebé según su peso.
2. Horas de estudio y nota en una prueba.
3. El lado de un cuadrado y su área.

A13. Determine si el enunciado es verdadero o falso.

1. En la ecuación de variación directa $y = kx$, si x aumenta, entonces aumenta y.
2. En la ecuación de variación inversa $y = \frac{k}{x}$, si x aumenta, entonces aumenta y.
3. Si *a* varía en forma inversa con respecto a *b*, entonces *ab* es una constante.
4. Si *x* varía en razón inversa con respecto a *y*, entonces cuando *x* se duplica, *y* se duplica.
5. En la ecuación de variación directa $y = kx^2$, si x se duplica, entonces y duplica.
6. Si el área de un rectángulo se mantiene constante, entonces la longitud de su ancho varía en forma directamente proporcional a su altura.

ACTIVIDAD N°2

(Habilidades: Cálculo y análisis)

A21. Sesenta litros de bencina se requieren para viajar 600 km con un motor de 800 cc. Si el volumen de combustible necesario para cubrir una distancia es directamente proporcional a la capacidad del motor, entonces, ¿cuántos litros de bencina se requiere para viajar 800 kilómetros con un motor de 1.200 cc?

A22. Un maquinista gana $490.000 por trabajar 35 horas a la semana. ¿Cuál es la tarifa por hora del maquinista?

A23. En una fábrica, 6 operarias confeccionan 24 prendas de vestir en un día, utilizando 3 máquinas. ¿Cuántas prendas de vestir iguales a las anteriores producen 3 operarias, trabajando en las mismas condiciones, pero con 4 máquinas?

A24. Cuatro operarios producen en 10 días 320 piezas de un cierto producto. ¿Cuántas piezas de este mismo producto serán producidas por 10 operarios en 16 días?

A25. La proporción de niños y niñas en una clase es de 5:3. La clase tiene 16 niños más que niñas. ¿Cuántas niñas hay en la clase?

A26. Los ingresos mensuales de *A* y *B* están en la relación 4:5, sus gastos están en la relación 5:6. Si *A* ahorra $25.000 al mes y *B* ahorra $50.000 al mes, ¿cuáles son sus respectivos ingresos?

A27. Los salarios mensuales de dos personas están en la proporción de 4:7. Si cada uno recibe un aumento de $25.000 en el salario, la relación se ve alterada a 3: 5. Determinar sus respectivos sueldos.

A28. A, B y C forman una sociedad y para esto aportan un capital de $36.000, $44.000 y $28.000 cada uno, respectivamente. Luego de un tiempo donan un cuarto de las ganancias. Si se sabe que del resto A obtiene $80.000, ¿cuánto recibe B?

A29. La proporción de la leche y de agua en 3 muestras es de 2:1, 3:2 y 5:3. En una mezcla que consiste de cantidades iguales de las 3 muestras, ¿cuál es la proporción de leche y agua en esta mezcla?

A210. Diez obreros, trabajando 8 horas diarias, demoran 12 días en efectuar una cosecha. ¿Cuántos obreros se necesitarán para ejecutar la misma cosecha en 4 días, trabajando 6 horas diarias?

ACTIVIDAD N°3

(Habilidades: Interpretación, cálculo y análisis)

A31. Pedro y Diego comienzan desde el mismo lugar, al mismo tiempo y en la misma dirección, a correr. Pedro corre a 9 kilómetros por hora y Diego corre a 6 kilómetros por hora. El gráfico muestra la distancia que cada corredor ha viajado y la distancia entre los corredores después de *x* horas. ¿Qué línea representa la distancia de Pedro luego de *x* horas? ¿Qué línea representa la distancia que Diego ha viajado en *x* horas? ¿Qué línea representa la distancia entre Pedro y Diego después de *x* horas?

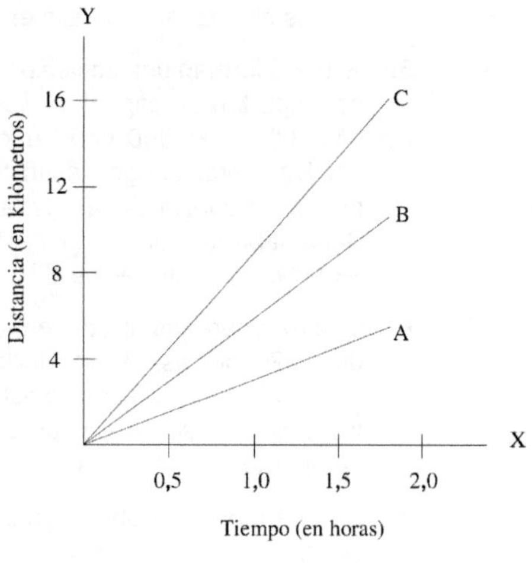

Taller B

ACTIVIDAD N°1

(Habilidades: Cálculo y Análisis)

A11. 1. Un maquinista gana $490.000 por trabajar 35 horas a la semana. ¿Cuál es la tarifa por hora del maquinista?

2. En una prueba de matemática de 60 preguntas, el profesor decide hacer por cada 7 preguntas de álgebra, 5 de geometría. ¿Cuántas preguntas de álgebra debe hacer?

3. Se sabe que $a : b = 2 : 3$ y que $a : c = 4 : 5$. ¿Cuál es el valor de b cuando $c = 10$?

4. En un campamento scout de 40 niños los alimentos alcanzan para 12 días. Si el número de niños scout aumenta en 8, ¿para cuántos días menos alcanzarían los alimentos?

5. A, B y C forman una sociedad y para esto aportan un capital de $36.000, $44.000 y $28.000 cada uno, respectivamente. Luego de un tiempo donan un cuarto de las ganancias. Si se sabe que del resto, A obtiene $80.000, ¿cuánto recibe B?

6. Cuatro operarios producen en 10 días 320 piezas de un cierto producto. ¿Cuántas piezas de este mismo producto serán producidas por 10 operarios en 16 días?

7. En una fábrica, 6 operarias confeccionan 24 prendas de vestir en un día, utilizando 3 máquinas. ¿Cuántas prendas de vestir iguales a las anteriores producen 3 operarias, trabajando en las mismas condiciones, pero con 4 máquinas?

8. La proporción de la leche y de agua en 3 muestras es de 2:1, 3:2 y 5:3. En una mezcla que consiste de cantidades iguales de las 3 muestras, ¿cuál es la proporción de leche y agua en esta mezcla?

9. Tres personas *A*, *B* y *C* se reparten una herencia de $210.000. La cantidad que reciben cada una es proporcional a sus edades (con igual constante de proporcionalidad). Las edades de las personas también son proporcionales entre sí y se sabe que *A* es menor que *B* y *B* es menor que *C*. Si *B* tiene 6 años y *A* recibe $30.000, ¿cuánto recibe cada uno y qué edad tiene cada uno?

A12. -¿Más cordel?- preguntó la madre, sacando las manos de la tina en que lavaba.- Ayer mismo te di un buen ovillo. ¿Para qué necesitas tanto? ¿Dónde lo has metido?- ¿Dónde lo he metido? -contestó el muchacho -Primero me cogiste la mitad...

-¿Con qué quieres que ate los paquetes de ropa blanca?

-La mitad de lo que quedó se la llevó Tom para pescar.

-Debes ser condescendiente con tu hermano mayor.

-Lo fui. Quedó muy poquito y de ello cogió papá la mitad para arreglarse los tirantes que se le habían roto de tanto reírse con el accidente de automóvil. Luego María necesitó dos quintos del resto, para atar no sé qué...

-¿Qué has hecho con el resto del cordel?

-¿Con el resto? ¡No quedaron más que 30 cm!

-¿Qué longitud tenía el cordel al principio?

A13. Un esquiador calculó que si hacía 10 km por hora, llegaría al sitio designado una hora después del mediodía.

Si la velocidad era de 15 kilómetros por hora, llegaría una hora antes del mediodía.

¿A qué velocidad debe correr para llegar al sitio exactamente al mediodía?

A14. Dos obreros, uno viejo y otro joven, viven en un mismo apartamento y trabajan en la misma fábrica. El joven va desde casa a la fábrica en 20 minutos; el viejo, en 30 minutos. ¿En cuántos minutos alcanzará el joven al viejo, andando ambos a su paso normal, si este sale de casa 5 minutos antes que el joven?

ACTIVIDAD N°2

(Habilidades: Cálculo, análisis y representación)

A21. Se considera conducir, según la nueva Ley del Tránsito:

Bajo la influencia del alcohol cuando el informe de alcoholemia o la prueba respiratoria practicada por Carabineros arroje una dosificación superior a 0,3 e inferior a 0,8 gramos por mil de alcohol en la sangre.

En Estado de ebriedad cuando el informe de alcoholemia o la prueba respiratoria (alcotest) practicada por Carabineros arroje una dosificación igual o superior a 0,8 gramos por mil de alcohol en la sangre o en el organismo.

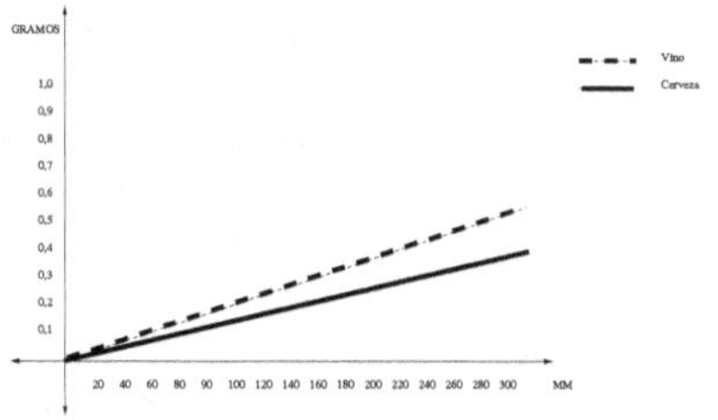

Según lo anterior, y considerando el gráfico anterior:

1. ¿ Qué cantidad de cerveza y vino se considera conducir bajo la influencia del alcohol?
2. ¿Qué cantidad de cerveza y vino se considera conducir en estado de ebriedad?
3. Si una lata contiene 350 mm de cerveza ¿cuánto debemos consumir para que estemos bajo la influencia del alcohol?, ¿y en estado de ebriedad?

ACTIVIDAD N°3

(Habilidades: Cálculo y análisis)

A31. Según una leyenda, tomada de un manuscrito latino antiguo, que pertenece a una biblioteca particular inglesa, sucedió en la Roma, hace muchos siglos, lo siguiente. El jefe militar Terencio llevó a cabo felizmente, por orden del emperador, una campaña victoriosa, y regresó a Roma con un gran botín. Llegado a la capital, pidió que le dejaran ver al emperador.

Este le acogió cariñosamente, alabó sus servicios militares al Imperio, y como muestra de agradecimiento, le ofreció como recompensa darle un alto cargo en el Senado.

Mas Terencio, al que eso no agradaba, le replicó:

He alcanzado muchas victorias para acrecentar tu poderío y nimbar de gloria tu nombre, ¡oh, soberano! No he tenido miedo a la muerte, y muchas vidas que tuviera las sacrificaría con gusto por ti. Pero estoy cansado de luchar; mi juventud ya ha pasado y la sangre corre más despacio por mis venas. Ha llegado la hora de descansar; quiero trasladarme a la casa de mis antepasados y gozar de la felicidad de la vida doméstica.

-¿Qué quisieras de mí, Terencio?- le preguntó el emperador.

-¡Óyeme con indulgencia, oh, soberano! Durante mis largos años de campaña, cubriendo cada día de sangre mi espada, no pude ocuparme de crearme una posición económica. Soy pobre, soberano...

Continúa, valiente Terencio.

Si quieres otorgar una recompensa a tu humilde servidor -continuó el guerrero, animándose-, que tu generosidad me ayude a que mi vida termine en la paz y la abundancia, junto al hogar. No busco honores ni una situación elevada en el poderoso Senado. Desearía vivir alejado del poder y de las actividades sociales para descansar tranquilo. Señor, dame dinero con que asegurar el resto de mi vida.

El emperador, dice la leyenda, no se distinguía por su largueza. Le gustaba ahorrar para sí y cicateaba el dinero a los demás. El ruego del guerrero le hizo meditar.

-¿Qué cantidad, Terencio, considerarías suficiente?- le preguntó.

-Un millón de denarios, Majestad.

El emperador quedó de nuevo pensativo. El guerrero esperaba, cabizbajo. Por fin el emperador dijo:

-¡Valiente Terencio! Eres un gran guerrero y tus hazañas te han hecho digno de una recompensa espléndida. Te daré riquezas. Mañana a mediodía te comunicaré aquí mismo lo que haya decidido.

Terencio se inclinó y se retiró.

Al día siguiente, a la hora convenida, el guerrero se presentó en el palacio del emperador.

-¡Ave, valiente Terencio!- le dijo el emperador.

Terencio bajó sumiso la cabeza.

-He venido, Majestad, para oír tu decisión. Benévolamente me prometiste una recompensa.

El emperador contestó:-

-No quiero que un noble guerrero como tú, reciba, en premio a sus hazañas, una recompensa mezquina. Escúchame. En mi tesorería hay cinco millones de bras de cobre (moneda que valía la quinta parte de un denario). Escucha mis palabras: ve a la tesorería, coge una moneda, regresa aquí y deposítala a mis pies. Al día siguiente vas de nuevo a la tesorería, coges una nueva moneda equivalente a 2 bras y la pones aquí junto a la primera. El tercer día traerás una moneda equivalente a 4 bras; el cuarto día, una equivalente a 8 bras; el quinto, a 16, y así sucesivamente, duplicando cada vez el valor de la moneda del día anterior. Yo daré orden de que cada día preparen la moneda del valor correspondiente. Y mientras tengas fuerzas suficientes para levantar las monedas, las traerás desde la tesorería. Nadie podrá ayudarte; únicamente debes utilizar tus fuerzas. Y cuando notes que ya no puedes levantar la moneda, detente: nuestro convenio se habrá cumplido, y todas las monedas que hayas logrado traer, serán de tu propiedad y constituirán tu recompensa.

Terencio escuchaba ávidamente cada palabra del emperador. Imaginaba el enorme número de monedas, a cada una mayor que la anterior, que sacaría de la tesorería imperial.

- Me satisface tu merced, Majestad - contestó con sonrisa feliz- ¡la recompensa es verdaderamente generosa!

Asumiendo que una moneda de un bras es equivalente a una moneda de un peso actual ¿cumplió el emperador con el deseo de Terencio?

Talleres 3 **A.2.3**

Taller A

ACTIVIDAD N°1

(Habilidades: Cálculo y análisis)

A11. 60 litros de bencina se requieren para viajar 600 km con un motor de 800 cc. Si el volumen de combustible necesario para cubrir una distancia es directamente proporcional a la capacidad del motor, entonces, ¿cuántos litros de bencina se requiere viajar 800 kilómetros con un motor de 1200 cc?

A12. La proporción de niños y niñas en una clase es de 5:3. La clase tiene 16 niños más que niñas. ¿Cuántas niñas hay en la clase?

A13. Los ingresos mensuales de *A* y *B* están en la relación 4:5, sus gastos están en la relación 5:6. Si *A* ahorra $25.000 al mes y *B* ahorra $50.000 al mes, ¿cuáles son sus respectivos ingresos?

A14. Los salarios mensuales de dos personas están en la proporción de 4:7. Si cada uno recibe un aumento de $25.000 en el salario, la relación se ve alterada a 3: 5. Determinar sus respectivos sueldos.

A15. A, B y C forman una sociedad y para esto aportan un capital de $36.000, $44.000 y $28.000 cada uno, respectivamente. Luego de un tiempo donan un cuarto de las ganancias. Si se sabe que del resto A obtiene $80.000, ¿cuánto recibe B?

A16. La proporción de la leche y de agua en tres muestras es de 2:1, 3:2 y 5:3. En una mezcla que consiste de cantidades iguales de las tres muestras ¿Cuál es la proporción de leche y agua en esta mezcla?

A17. Diez obreros, trabajando 8 horas diarias, demoran 12 días en efectuar una cosecha. ¿Cuántos obreros se necesitarán para ejecutar la misma cosecha en 4 días, trabajando 6 horas diarias?

ACTIVIDAD N°2

(Habilidades: Cálculo, análisis y representación)

A21. Cabalgaban, camino a Bagdad, por el desierto dos beduinos cuando encontraron a un viejo jeque tumbado en la arena, hambriento y sediento. Los beduinos ofrecieron un poco de agua al jeque y cuando se había repuesto contó que había sido asaltado por un grupo de enmascarados. El jeque preguntó a los beduinos si llevaban alguna cosa para comer, a lo cual el primer beduino contestó que aún le quedaban 5 panes y el segundo contestó que le quedaban 3 panes. El jeque propuso que compartieran entre los tres toda esta comida y al llegar a Bagdad les recompensaría con 8 monedas de oro. Así lo hicieron y al llegar a Bagdad al día siguiente se habían comido entre los tres los ocho panes y el jeque les quiso recompensar con 8 monedas, por lo que entregó cinco monedas al primer beduino y tres monedas al segundo. Pero el primer beduino dijo:

- El reparto no es correcto. Si yo di cinco panes me tocan 7 monedas y a mi compañero, que solo aportó tres panes, solo le toca 1 moneda.

¿Por qué dijo esto el beduino?

A22. Supongamos que tenemos en un vaso una cierta cantidad de agua, y en otro una cantidad igual de leche. Cogemos una cucharadita de leche del primer vaso, la echamos en el segundo y agitamos. Entonces cogemos del segundo vaso una cucharada de mezcla y la ponemos en el primero. Se pregunta: ¿habrá más agua en la leche que leche en el agua o más leche en el agua que agua en la leche?

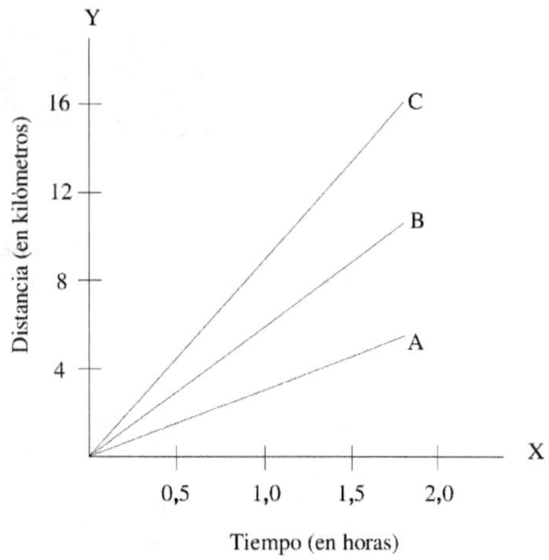

ACTIVIDAD N°3

(Habilidades: Cálculo, análisis y representación)

A31. Pedro y Diego comienzan simultáneamente desde el mismo lugar y en la misma dirección, a correr. Pedro corre a 9 kilómetros por hora y Diego corre a 6 kilómetros por hora. El gráfico muestra la distancia que cada corredor ha viajado y la distancia entre los corredores después de *x* horas. ¿Qué línea representa la distancia de Pedro luego de *x* horas? ¿Qué línea representa la distancia que Diego ha viajado en *x* horas? ¿Qué línea representa la distancia entre Pedro y Diego después de *x* horas?

ACTIVIDAD N°4

(Habilidades: Cálculo y análisis)

A41. La intensidad de la luz varía en forma inversamente proporcional al cuadrado de la distancia que debe recorrer. Si llamamos *I* a la intensidad, *d* a la distancia entre un objeto y la fuente de luz, la ecuación que describe esta ley es:

$$I = \frac{c}{d^2}$$

Donde *c* es una constante que depende de la fuente desde donde proviene la luz.

Por ejemplo, la luz que recibe un objeto a un metro de una ampolleta es 4 veces más que la que recibe un objeto a 2 metros y 9 veces más que uno que está a 3 metros de distancia. Las siguientes figuras muestra esto gráficamente:

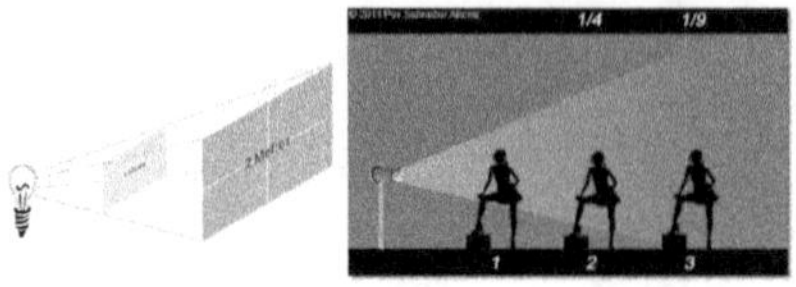

La siguiente tabla muestra las distancias medias entre los distintos planetas y el Sol,aproximadamente son:

Planetas	Distancia al Sol (km)
Mercurio	$58 \cdot 10^6$
Venus	$108 \cdot 10^6$
Tierra	$145 \cdot 10^6$
Marte	$232 \cdot 10^6$
Júpiter	$778 \cdot 10^6$
Saturno	$1.429 \cdot 10^6$
Urano	$2.870 \cdot 10^6$
Neptuno	$4.504 \cdot 10^6$
Plutón	$6.000 \cdot 10^6$

Recordar que 10^6 es un millón.

1. Compare, en términos de porcentaje, las intensidades recibidas por Mercurio, Marte y Plutón con la recibida por la Tierra.
2. Si para el Sol $c = 4 \cdot 10^{26}$ Watt y para una ampolleta $c = 100$ Watt, ¿a qué distancia debería estar de una ampolleta un observador para recibir la misma intensidad de luz que recibe Plutón a raíz del Sol?
3. Llamemos c_s a la constante correspondiente al Sol en la fórmula, Próxima Centauri es la estrella mas cercana al sistema solar y se sabe que para esta estrella $c = 160 \cdot 10^{-3} c_s$. Por otro lado, Aldebarán es una estrella que se encuentra a mucha mayor distancia que Próxima Centaury y para esta estrella $c = 325c_s$. Si Próxima Centauri está a 4 años luz de la Tierra y Aldebarán a 65 años luz, compare, en términos de porcentaje, la intensidad de cada estrella con respecto a la Tierra (un año luz es $9 \cdot 10^{12}$ kilómetros).

Taller B

ACTIVIDAD N°1

(Habilidades: Cálculo y análisis)

A11. Un maquinista gana $490.000 por trabajar 35 horas a la semana. ¿Cuál es la tarifa por hora del maquinista?

A12. En una prueba de matemática de 60 preguntas, el profesor decide hacer por cada 7 preguntas de álgebra, 5 de geometría. ¿Cuántas preguntas de álgebra debe hacer?

A13. Se sabe que $a : b = 2 : 3$ y que $a : c = 4 : 5$. ¿Cuál es el valor de b cuando $c = 10$?

A14. En un campamento scout de 40 niños los alimentos alcanzan para 12 días. Si el número de niños scout aumenta en 8, ¿para cuántos días menos alcanzarían los alimentos?

A15. A, B y C forman una sociedad y para esto aportan un capital de $36.000, $44.000 y $28.000 cada uno, respectivamente. Luego de un tiempo donan un cuarto de las ganancias. Si se sabe que del resto, A obtiene $80.000, ¿cuánto recibe B?

A16. Cuatro operarios producen en 10 días 320 piezas de un cierto producto. ¿Cuántas piezas de este mismo producto serán producidas por 10 operarios en 16 días?

A17. En una fábrica, 6 operarias confeccionan 24 prendas de vestir en un día, utilizando 3 máquinas. ¿Cuántas prendas de vestir iguales a las anteriores producen 3 operarias, trabajando en las mismas condiciones, pero con 4 máquinas?

A18. La proporción de la leche y de agua en tres muestras es de 2:1, 3:2 y 5:3. En una mezcla que consiste de cantidades iguales de las tres muestras, ¿ cuál es la proporción de leche y agua en esta mezcla?

A19. Tres personas A, B y C se reparten una herencia de $210.000. La cantidad que reciben cada una es proporcional a sus edades (con igual constante de proporcionalidad). Las edades de las personas también son proporcionales entre sí y se sabe que A es menor que B y B es menor que C. Si B tiene 6 años y A recibe $30.000, ¿cuánto recibe cada uno y que edad tiene cada uno?

ACTIVIDAD N°2

(Habilidades: Cálculo y análisis)

A21. Empíricamente, se observan una serie de relaciones proporcionales entre la temperatura, la presión y el volumen que dan lugar a la ley de los gases ideales, deducida por primera vez por Émile Clapeyron en 1834. En 1648, el químico Jan Baptist van Helmont creó el vocablo gas, a partir del término griego **kaos** (desorden) para definir las características del anhídrido carbónico. Esta denominación se extendió luego a todos los cuerpos gaseosos y se utiliza para designar uno de los estados de la materia. La principal característica de los gases respecto de los sólidos y los líquidos es que no pueden verse ni tocarse, pero también se encuentran compuestos de átomos y moléculas.

La ecuación que describe normalmente la relación entre la presión, el volumen, la temperatura y la cantidad (en moles) de un gas ideal es:

$$P \cdot V = n \cdot R \cdot T$$

donde:

- P = Presión absoluta
- V = Volumen
- n = Moles de gas

- R = Constante universal de los gases ideales
- T = Temperatura absoluta

El mol (símbolo: mol) es la unidad con que se mide la cantidad de sustancia, una de las siete magnitudes físicas fundamentales del Sistema Internacional de Unidades.

1 mol $= 6.02 \cdot 10^{23}$ unidades elementales

A partir de lo anterior responda las siguientes preguntas:

1. Se mantiene un gas ideal en un recipiente a volumen constante. Inicialmente, su temperatura es 10 $°C$ y su presión es 2,5 atmósferas. ¿Cuál será la presión cuando la temperatura sea de 80 $°C$?
2. Se encuentra confinado un gas en un tanque a una presión de 10,0 atm y a una temperatura de 15 $°C$. Si se saca la mitad del gas y se aumenta la temperatura a 65 $°C$, ¿cuál es la nueva presión en el tanque?
3. Se calienta un gas de 25 $°C$ a 125 $°C$ mientras se mantiene a presión constante en un recipiente cuyo volumen aumenta. ¿En qué porcentaje cambia el volumen?
4. Un cilindro con un volumen de 12 litros contiene un gas de helio a una presión de 136 atm. ¿Cuántos globos se pueden llenar con este cilindro a presión atmosférica (1 atm) si el volumen de cada globo es de 1 litro?

A22. En una escalera la parte que pisas se llama huella y la parte vertical contrahuella. La pendiente de una escalera es la razón de la longitud de la contrahuella a la longitud de la huella. Debido a que el diseño de una escalera puede afectar la seguridad de las personas la mayoría de los países tienen normas para su construcción.

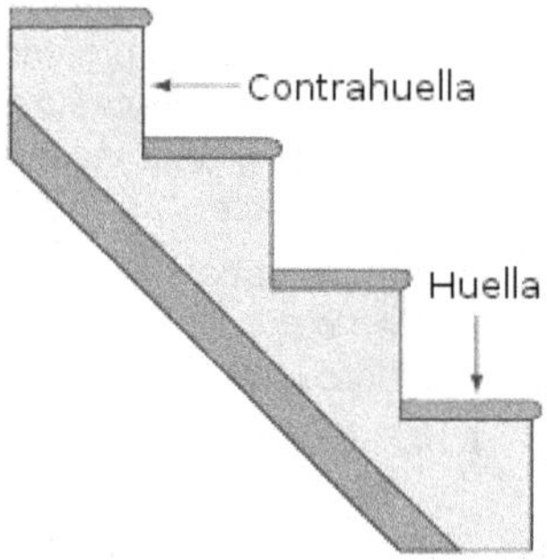

a) El diseño tradicional de una escalera tiene 20 cm de huella y 23 cm. de contrahuella ¿Cuál es la pendiente de la escalera?

b) Un nuevo diseño de escalera utiliza 17,5 cm de huella y 27,5 cm de contrahuella. ¿Cuál es la pendiente de la escalera?

c) Un arquitecto diseña una casa con una escalera que es de 1,925 m de alto y 1,225 m de largo. ¿El arquitecto ocupó el diseño tradicional descrito en la parte *a*) o el nuevo diseño descrito en parte *b*)? Explique su respuesta.

d) Las escaleras que tienen pendientes entre 0,5 y 0,7 se consideran más seguras que las que tienen pendientes mayor que 0,7. Diseñe una escalera segura que va desde el primer piso de una casa al segundo que está a 2,7 metros por encima del primer piso.

ACTIVIDAD N°3

(Habilidades: Cálculo, análisis y representación)

A31. Un químico llena dos latas cilíndricas desde una llave que libera agua a razón constante. La lata 1 tiene un diámetro de 20 mm y la 2 tienen un diámetro de 30 mm.

Considere el siguiente gráfico:

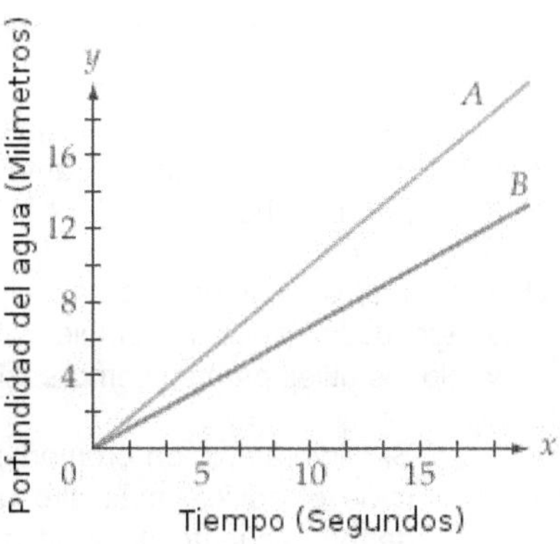

1. ¿Cuál línea representa la profundidad del agua en la lata 1?
2. Estime la diferencia de profundidades del agua en las dos latas después de 15 segundos.

A32. El siguiente gráfico representa un auto que circula por un camino recto. Utilice el gráfico para las siguientes preguntas:

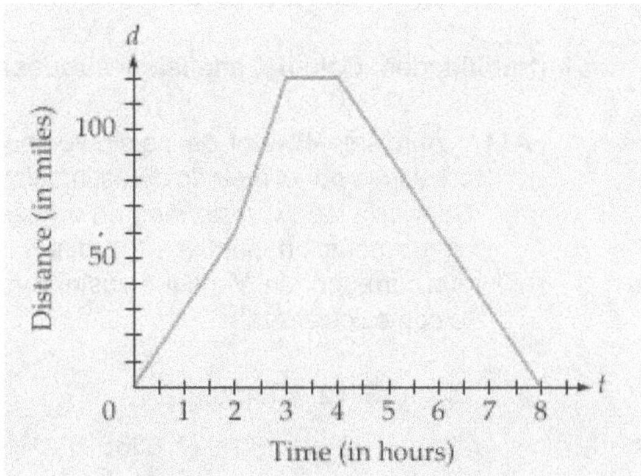

1. ¿Cuál es la pendiente de la línea entre las horas 3 y 4?
2. ¿Cuál es la velocidad del vehículo entre 3 y 4 horas? ¿Está en movimiento? (velocidad es distancia/tiempo).
3. ¿Durante cuál de los siguientes intervalos de tiempo el valor absoluto de la velocidad es mayor: 0 a 2 horas, 2 a 3 horas, 3 a 4 horas o de 4 a 8 horas?

Talleres Capítulo 3 A.3

Talleres 1 A.3.1

Taller A

ACTIVIDAD N°1

(Habilidades: Cálculo, análisis y supuestos)

A11. Aproxime el valor de las siguientes expresiones por el método de estimaciones. Convierta las expresiones y su aproximación a notación científica u ordinaria según corresponda. Verifique posteriormente con calculadora:

1. $0,3242 \times 1.435.670$
2. $(5,32 \times 10^{-4}) \div (7,8365 \times 10^{5})$
3. $(9,560 \times 10^{2}) \times (7,8365 \times 10^{7})$
4. 1 billón al cuadrado
5. $3.561 \div 81.620.340$

A12. A continuación, haga las conversiones que correspondan:

1. Averigüe el significado de tera y luego, considerando que una canción en MP3 pesa 3 megas, calcule cuántas canciones caben en un disco duro de un terabyte (TB).
2. En el Ecuador la Tierra tiene un perímetro de 40.000 kilómetros, exprese esta cantidad en millas.
3. Se sabe que el Sol está a una distancia media de 1496×10^{5}km. Si un año luz (la distancia que la luz viaja en un año) es 9460728×10^{6}, ¿cuánto demora la luz del sol en llegar a la Tierra?

A13. Indique de qué orden son las siguientes magnitudes:

1. La cantidad de celulares que hay en Chile.
2. La cantidad de kilómetros que recorre un microbús al día.
3. La cantidad de palabras que hay en la Biblia.
4. La cantidad de dinero gastado en pañales ocupados durante un año por un bebé.

A14. Ponga en perspectiva las siguientes magnitudes, (es decir, establezca comparaciones útiles para su comprensión)

1. Si midiéramos, en promedio, lo que mide el edificio más alto de "Sanhattan", ¿cuánto medirían las hormigas?
2. Imagine que tiene un lápiz con toda la tinta gastada en tomar apuntes de los cursos que haz realizado hasta ahora. ¿Qué distancia cree que podría recorrer marcando unas líneas con este lápiz?
3. Si en vez de botar, acumula la basura durante un año, ¿de qué támaño debería ser el basurero para contener toda esa basura? ¿Y si en vez de un año fuera toda su vida?
4. Se estima que la fortuna de Bill Gate asciende a 56 billones de dólares (un billón es un millón de millones).

¿A cuántas generaciones a partir de la suya se podrían mantener sin trabajar con este dinero?

ACTIVIDAD N°2

(Habilidades: Cálculo y análisis)

A21. Determine la cantidad de dígitos significativos de los siguientes números:

1. $0,054$.
2. $1.240.000$
3. $54,3600$
4. $1,220 \times 10^3$

A22. Decida a qué tipo de errores corresponden las siguientes situaciones. Calcule error relativo y absoluto.

Comente sobre la precisión y exactitud de los valores.

1. Para medir los tiempos en una carrera de 100 metros planos un juez cuenta con un cronómetro y además una serie de sensores son puestos en la meta que se activan al momento de que el corredor la cruza. El cronómetro marcó un tiempo de 10 segundos 47 centésimas y los sensores entregaron un tiempo de 10 segundos 53 centésimas.
2. Las dosis de antibióticos que se recetan a los niños dependen de su peso. Para un niño de 12 kilos la madre debe dar una dosis de 3,5 ml, pero el antibiótico trae una jeringa con medidas enteras, por lo que ella debe calcular la dosis correcta. En un día de tratamiento las dosis administradas fueron de 3,4 ml, 3,55 ml, 3,6 ml.
3. Para determinar la calidad de una fruta, uno de los controles consiste en medir la fruta y catalogarla de acuerdo a su diámetro. Por un descuido del encargado de control de calidad, se calibró mal el mecanismo y seleccionó frutas con diámetros entre 8 y 9 centímetros, cuando debería haber seleccionado solo las frutas con diámetros entre 7,8 y 8,5 centímetros.

ACTIVIDAD N°3

(Habilidades: Cálculo y análisis)

A31. El problema de la tetera

Un matemático preguntó a un físico: "Ante usted hay una tetera vacía y un hornillo de gas apagado, ¿Qué hacer para hervir el agua?". "Hay que llenar la tetera con agua, prender el gas y poner la tetera sobre el hornillo", contestó el físico. "Correcto", dijo el matemático. "Un segundo problema: ante un hornillo encendido se halla una tetera llena. ¿Cómo hervir el agua?". "Esto es más sencillo: hay que poner la tetera sobre el hornillo". "¡De ninguna manera!", exclamó el matemático. "Hay que apagar el hornillo, vaciar la tetera, y llegamos así al primer problema, que ya sabemos resolver".

Se puede decir que lo anterior es una caricatura de cómo razona un matemático. En general, para resolver un problema un matemático intenta reducirlo (encontrar un problema equivalente) a otro que ya sepa resolver. En esta actividad veremos que esta forma de razonar no está exenta de peligros y que se debe ser cuidadoso cuando razonamos de ese modo.

Veremos tres maneras de encontrar una aproximación para raíces cuadradas.

a) Considere la siguiente tabla:

x	1	2	3	4	5	6	7	8	9	10
x^2	1	4	9	16	25	36	49	64	81	100

Supongamos que queremos encontrar la raíz de 46. De la tabla sabemos que como $36 < 46 < 49$, entonces $6 < \sqrt{46} < 7$. Luego como entre 36 y 49 hay 13 números y entre 36 y 46 hay 10 números, podemos afirmar (por razones que escapan al nivel del curso) que

$$\sqrt{46} \approx 6 + \frac{10}{13} = 6,769230769$$

El valor que entrega la calculadora es 6,782329983.

a.1) Estime el error absoluto y relativo de usar $\sqrt{46} = 6,769230769$ en vez del valor entregado por la calculadora. De ser necesario aproxime sus resultados.

a.2) Si siempre consideramos que $\sqrt{46} = 6,769230769$, ¿qué tipo de error estamos cometemos?

a.3) Ahora bien, si siempre consideramos que $\sqrt{46} = 6,782329983$ (el valor entregado por la calculadora), ¿ cometemos algún tipo de error? ¿De qué tipo?

B) Un método distinto que nos permite obtener una raíz con la precisión que queramos es el siguiente:

Supongamos que queremos calcular la raíz cuandrada de un número x. El siguiente método recursivo nos da una forma de aproximar $\sqrt{x}$.

Sea $r_0 = x$ y definamos

$$r_n = \frac{1}{2}\left(\frac{x}{r_{n-1}} + r_{n-1}\right)$$

Donde n es la cantidad de veces que aplicamos el método. Se puede demostrar (fuera del alcance del curso) que para n suficientemente grande se tiene que $r_n \approx \sqrt{x}$.

Para dejar claro el método veamos, un ejemplo concreto:

Supongamos que queremos calcular $\sqrt{2}$ con este método. Debemos hacer $r_0 = 2$, que es una muy mala aproximación. Luego debemos seguir, entonces

$$\begin{aligned} r_1 &= \frac{1}{2}\left(\frac{2}{r_0}+r_0\right) \\ &= \frac{1}{2}\left(\frac{2}{2}+2\right) \\ &= \frac{3}{2} \end{aligned}$$

Como $r_1^2 = 2,5$ es una mejor aproximación, pero podemos mejorarla.

$$\begin{aligned} r_2 &= \frac{1}{2}\left(\frac{2}{r_1}+r_1\right) \\ &= \frac{1}{2}\left(\frac{4}{3}+\frac{3}{2}\right) \\ &= \frac{17}{12} = 1,41\overline{6} \end{aligned}$$

Esto está mejor, pues $r_2^2 \approx 2,0069\overline{4}$. Hagamos una iteración más:

$$\begin{aligned} r_3 &= \frac{1}{2}\left(\frac{2}{r_2}+r_2\right) \\ &= \frac{1}{2}\left(\frac{24}{17}+\frac{17}{12}\right) \\ &= \frac{577}{408} \approx 1,414215686 \end{aligned}$$

Como $r_3^2 = 2,000006007$ esta aproximación es aún mejor que la anterior y comparándolo con el valor que entrega la calculadora, que es 1,414213562, parece una buena aproximación, por lo que $\sqrt{2} \approx r_3$.

Solo como dato, si aplicamos este método para calcular $\sqrt{46}$ tendremos que $r_7 = 6.782329983$, que es el valor entregado por la calculadora.

b.1) Estime el error absoluto y relativo de usar $\sqrt{2} = r_2$ en vez del valor entregado por la calculadora. De ser necesario aproxime sus resultados.

b.2) Si siempre consideramos que $\sqrt{2} = r_3$, ¿qué tipo de error cometemos?

b.3) Supongamos que cada vez que usted quiera aproximar $\sqrt{2}$ con este método le pide a un amigo que le diga un número. Este número será la cantidad de veces que aplicará el método, es decir, si su amigo le dijo 5, usted calculará r_5 y dirá que $\sqrt{2} \approx r_5$. ¿Qué tipo de error cometemos?

b.4) Comente la siguiente oración *"r_2 es una mala aproximación de $\sqrt{2}$, por el contrario r_3 es una buena aproximación"*.

¿Tiene sentido hablar de buenas o malas aproximaciones?

c) Finalmente podríamos decir que hay otro método, pero que exige como requisito conocer algunas raíces.

Este se basa en que $\sqrt{ab} = \sqrt{a}\cdot\sqrt{b}$. Entonces como sabemos, por la parte anterior que $\sqrt{2} \approx 1,414215686$, entonces $\sqrt{8} = \sqrt{2}\cdot\sqrt{4} = 2\sqrt{2} \approx 2,828431372$. Es decir, hemos reducido el problema de calcular $\sqrt{8}$ al de calcular $\sqrt{2}$ (El problema de la tetera). Esto parace salvarnos en muchos casos, pues si ya hemos calculado algunas raíces podremos calcular las raíces cuadradas de muchos números más.

c.1) Ocupando que $\sqrt{2} \approx 1,41$ y que $\sqrt{7} \approx 2,65$, encontrar el número entero más cercano a la cantidad $87\cdot(15 - \sqrt{224})$.

c.2) Ahora notando que $225 = 15^2$ y que $196 = 14^2$, encontrar el número entero más cercano a la cantidad $87\cdot(15 - \sqrt{224})$.

c.3) ¿Son coherentes los resultados de la parte **c.1**) y **c.2**)? ¿Qué puede concluir?

Talleres 2 **A.3.2**

Taller A

ACTIVIDAD N°1

(Habilidades: Cálculo, análisis y supuestos)

A11. Realice estimaciones para las siguientes situaciones (problemas de Fermi):

1. ¿Cuántas pelotas de fútbol harían falta para rodear la Tierra por el Ecuador? (recuerde que un metro es 1/40.000 diámetro de la Tierra).
2. ¿Cuántas micros pasan por la Alameda en estos momentos?
3. ¿Cuántos metros pasan por la línea 1 en estos momentos?
4. ¿Con cuántos billetes de $1.000 se puede "alfombrar" una cancha de fútbol?
5. ¿Cuántos segundos hay en la vida de una persona promedio?
6. ¿Cuántos ladrillos hay en una casa?
7. ¿Cuántas vueltas darán las ruedas de un automóvil en ir desde Santiago a Valparaíso?
8. ¿Sería posible viajar en un auto a través del sistema solar?

ACTIVIDAD N°2

(Habilidades: Cálculo, análisis y supuestos)

A21. Estime el número de palabras que tiene el Código Civil chileno.

Talleres Capítulo 4 A.4

Talleres 1 A.4.1

Taller A

ACTIVIDAD N°1

A11. Según la información dada identifique población, muestra, parámetro poblacional y muestra estadística:

1. "El estudio de miles de niños británicos desde antes de nacer hasta la escuela primaria permitió descubrir la existencia de una estrecha relación entre el estrés antenatal y determinados problemas de comportamiento infantil, de los que el más común es la hiperactividad con déficit de atención".
2. "Encuesta realizada por Automóvil Club de Chile a 500 conductores de la Región Metropolitana arroja que cerca de la mitad de conductores reconoce haber bebido alcohol: además, 41,8 % de los encuestados sobrepasó el límite de velocidad permitido en la ciudad".
3. "Según los datos del sondeo, el ingreso mensual promedio de los hogares del decil más pobre alcanzó los $169.700, mientras que el promedio en Chile llegó a $610.700. Esta encuesta se realiza año a año, se aplicó a 36.000 hogares y tiene representatividad nacional y regional".

ACTIVIDAD N°2

A21. En las siguientes situaciones identifique propósito, población y tipo de estudio. Discuta su confiabilidad y argumente.

1. Un estudio reveló que el amor muchas veces puede ser sofocante y las personas que dedican su vida a la pareja pueden presentar depresión.
2. En EE UU, un estudio revela que asistir a la iglesia provoca obesidad: el 32 % de las personas que asistieron a los servicios llegaron a ser obesos en la mediana edad.
3. Una empresa de alimentos lácteos publica resultados de un experimento que demostró los beneficios de los derivados de la leche para la salud de las personas.
4. En un estudio sobre la xenofobia se realizó una encuesta que incluía la pregunta: "¿Cree usted que los árabes son malos?".
5. Se ha determinado las preferencias musicales mundiales mediante una votación abierta a todo el público que realizó un sitio web de llegada masiva.
6. Para estudiar el aprendizaje de los niños, se dicta un curso a un grupo escogido de modo aleatorio. Se les aplica una prueba final y se realiza un estudio en base a estos resultados.

ACTIVIDAD N°3

A31. Identifique si los siguientes muestreos presentan sesgo y de qué tipo.

1. Usted realiza una encuesta puerta a puerta en su vecindario para estudiar la aprobación del alcalde en la comuna.
2. Un estudio realizado con entrevistas al personal y pacientes de varios hospitales concluye que los hospitales generan dolores de cabeza en las personas.
3. Dentro de una universidad se realiza un plebiscito voluntario para decidir si se va a paro o no.

A32. Discuta al respecto de las conclusiones de los siguientes estudios:

1. Una reciente encuesta descubrió que a la mayoría de la población chilena le gusta el chocolate.
2. Entrevistando a personas cesantes, se concluyó que el desempleo produce depresión.
3. Un estudio mostró que el embarazo es un factor de protección para el alcoholismo.
4. Al comparar color del pelo e ingresos, se descubrió que un cabello más claro permite tener un mayor sueldo.

Taller B

ACTIVIDAD N°1 - Estudios

A11. Según la información dada, identifique población, muestra, parámetro poblacional y estadístico muestral.

1. "Encuesta realizada por Automóvil Club de Chile a 500 conductores de la Región Metropolitana arroja que cerca de la mitad de los conductores reconoce haber bebido alcohol; además, 41,8 % de los encuestados sobrepasó el límite de velocidad permitido en la ciudad".
2. "Según los datos del sondeo, el ingreso mensual de los hogares del decil más pobre alcanzó los $169.700, mientras que el promedio en Chile llegó a $610.700. Esta encuesta que se realiza año a año, se aplicó a 36.000 hogares y tiene representatividad nacional y regional".

A12. Identifique si los siguientes muestreos presentan sesgos y de qué tipo.

1. Usted realiza una encuesta puerta a puerta en su vecindario para estudiar la aprobación del alcalde en la comuna.
2. Un estudio a partir de entrevistas con el personal y pacientes de varios hospitales, concluye que los hospitales generan dolores de cabeza en las personas.
3. Dentro de una universidad se realiza un plebiscito voluntario para decidir si se va a paro o no.

A13. Discuta al respecto de validez de los estudios siguientes:

1. Un estudio reveló que el amor muchas veces puede ser sofocante y las personas que dedican su vida a la pareja pueden presentar depresión.
2. En EE UU, un estudio revela que asistir a la iglesia provoca obesidad: el 32 % de las personas que asistieron a los servicios llegaron a ser obesos en la mediana edad.
3. Una empresa de alimentos lácteos publicó resultados de un experimento que demostró los beneficios de los derivados de la leche para la salud de las personas.
4. En un estudio sobre la xenofobia se realizó una encuesta que incluía la pregunta: "¿Cree usted que los árabes son malos?".
5. Se determinaron las preferencias musicales mundiales mediante una votación abierta a todo público que realizó un sitio web masivo.

ACTIVIDAD N°2 Leyendo el diario

A21. Lea el extracto a continuación y responda las preguntas que se presentan en base a este.

> **Estudio revela que las personas inteligentes son más fieles en sus relaciones de pareja**
>
> Aunque no lo creas, la inteligencia... ¡puede hacerte más fiel!
>
> [...] Kanazawa realizó un estudio en el que correlacionó las conductas sociales de

un grupo de hombres de diferentes edades y sus niveles de inteligencia, llegando a dicha conclusión.

En palabras del experto, los hombres más listos y abiertos a nuevas ideas valoran la exclusividad sexual.

Fuente: Biobio.cl. 30/06/2011.

1. ¿Cuál es el propósito del estudio?
2. ¿Está de acuerdo con la primera frase del artículo? Argumente.
3. Discuta al respecto de la conclusión del estudio y su relación con la noticia publicada.

ACTIVIDAD N°3 - Información

A31. Recopila la siguiente información entre los alumnos presentes y elabore tablas de frecuencias completas, utilizando rangos adecuados cuando corresponda:

1. Cantidad de hermanos por alumno.
2. Tiempo que tarda en el viaje desde la casa a la universidad.
3. Mes de nacimiento.

A32. Decida si las siguientes variables son cualitativas o cuantitativas:

1. La sensación térmica durante el día.
2. País de residencia.
3. Cuánto le gustó al público *The Avengers*, respondiendo de 0 (nada) a 5 (mucho).
4. Número de páginas de lectura mensual por ramo.

Taller C

ACTIVIDAD N°1

(Habilidades: Interpretación)

A11. Según la información dada identifique población, muestra, parámetro poblacional y muestra estadística:

1. "El 41 % de los usuarios de Facebook revela información personal a cualquiera. Un estudio realizado entre 200 usuarios de Facebook, el cual consistía en enviar una solicitud de amistad de un tal Freddi, reveló que 87 aceptaron a Freddi como amigo, de los cuales 82 facilitaron información personal, es decir, el 41 %".
2. "Una encuesta realizada en 2007 descubrió que el 8,5 % de los jugadores jóvenes en Sudamérica podrían ser clasificados clínica o patológicamente como adictos a los videojuegos".
3. "Niños en Chile quieren un smartphone como regalo de Navidad:La investigación se aplicó en las comunas de Santiago, Providencia, Estación Central y La Florida, y recogió las preferencias cara a cara de 150 niños de entre 8 y 12 años, y 150 madres. Del total de los niños entrevistados, el 25 % aseguró que su regalo preferido para esta Navidad es un celular, superando el ítem "computador" y "ropa", los que obtuvieron 21 % del total cada uno. Además, el 98 % de los preadolescentes aseguró que, de recibir un celular, le gustaría que fuera un smartphone".
4. "Según el último censo del año 2002, el 63 % de la población chilena se declara católicos, seguidos del 15 % que dice pertenecer a la Iglesia evangélica y el 8 % que dice no poseer creencia alguna".
5. Actualmente, 36 % de las personas que viven en Estados Unidos son obesas. Pero esa cifra podría ser peor. Así lo aseguraron expertos en la Conferencia de Naciones en Washington, quienes estimaron que para el 2030, 42 % de los estadounidenses sufrirá de obesidad.

ACTIVIDAD N°2

(Habilidades: Análisis)

A21. Determine si los siguientes estudios son experimentos u observaciones.

1. A los pacientes se les administra lipitor para determinar si este fármaco tiene el efecto de disminuir los altos niveles de colesterol.
2. La Superintendencia de Electricidad y Combustibles (SEC) seleccionó al azar bencineras y obtiene un litro de combustible de cada bomba. La cantidad bombeada se mide para comprobar la precisión.
3. A los pasajeros de un crucero se les da brazaletes magnéticos, que aceptan usar en un intento por disminuir o eliminar los efectos del mareo.

ACTIVIDAD N°3

(Habilidades: Análisis)

A31. Identifique cuál de estos tipos de muestreo se utiliza: Muestra random simple, Muestreo sistemático, Muestra conveniente, Muestra estratificada.

1. Un periodista de noticias pretende conocer la reacción a una historia triste entrevistando a las personas que pasan frente a su estudio.
2. En una encuesta telefónica, que pretendía obtener información con respecto a las próximas elecciones, se entrevistaron a 1.059 adultos. Los sujetos fueron seleccionados mediante una computadora, para generar aleatoriamente los números telefónicos a los que se llamó.
3. La Universidad Aplaplac, motivada por un estudiante que murió en estado de ebriedad, realizó una investigación de estudiantes que beben seleccionando 10 diferentes salas de clases y entrevistó a todos los alumnos de cada curso.
4. Un economista estudia el efecto de la educación en el salario, y realiza una encuesta a 150 trabajadores seleccionados al azar de cada una de estas categorías: Enseñanza básica, Enseñanza media, Estudios universitarios.

ACTIVIDAD N°4

(Habilidades: Análisis)

A41. En las siguientes situaciones identifique propósito, población y tipo de estudio. Discuta su confiabilidad y argumente.

1. Estudios recientes muestran que cierta droga es efectiva para combatir el cáncer. Médicos israelíes la aplicaron a 200 pacientes con cáncer en la sangre y obtuvieron como resultado que el 47 % de los pacientes sanaron de la enfermedad.
2. Poco después de que las torres del World Trade Center se colapsaran por los ataques terroristas, America Online aplicó una encuesta a sus suscriptores de internet y preguntó lo siguiente: "¿Debe EE UU atacar Afganistán? ".
3. Varios estudios reportados en el **Journal of Nutrition** mostraron que, después de comer chocolate, los sujetos a prueba incrementaron los niveles de antioxidantes en su sangre. El chocolate contiene flavonoides, antioxidantes asociados con la disminución del riesgo de enfermedades cardíacas y derrame cerebral. Mar Inc., la compañía de dulces, y la Chocolate Manufacturers Association financiaron gran parte de la investigación.
4. Un estudio realizado por Endesa revela que de seguir con la tasa de crecimiento actual de la población nacional en menos de 10 años tendremos problemas para poder cubrir la demanda de electricidad del país.

ACTIVIDAD N°5

(Habilidades: Análisis)

A51. Discuta al respecto de las conclusiones de los siguientes estudios.

1. Un estudio demostró que los conductores de camiones pesan más que los adultos que no manejan camiones. Conclusión: los camiones causan que la gente gane peso.
2. Un estudio mostró que en EE UU se expendieron más multas por exceso de velocidad a personas de grupos minoritarios que a los blancos. Conclusión: en EE UU las personas de grupos minoritarios conducen a mayor velocidad que los blancos.
3. Al comparar color del pelo e ingresos, se descubrió que un cabello más claro permite tener un mayor sueldo.

Taller D

ACTIVIDAD N°1

(Habilidades: Interpretación)

A11. Según la información dada identifique población, muestra y muestra estadística:

1. **Las cifras a un año de la Ley de Tolerancia Cero contra la ingesta de alcohol al conducir**

   Empezó el 15 de marzo del año pasado y los reportes oficiales indican cifras históricas que han disminuido la cantidad de muertes en este tipo de accidentes.

   A un año de la puesta en marcha de la Ley de Tolerancia Cero al Alcohol, las muertes han disminuido en 28 %. Pero muchos coinciden en que se deben reforzar los controles e imponer penas más duras para quienes protagonicen accidentes de tránsito bajo la influencia del alcohol.

   Estadísticamente, durante los últimos 12 meses se salvaron 57 vidas. En 2011 fueron 205 víctimas, mientras que en 2012 fueron 148. El Presidente de la República, Sebastián Piñera, destacó que "el objetivo no es prohibir por prohibir, ni invadir el ámbito de las libertades humanas, todo lo contrario".

   Según las encuestas, el 81 por ciento de los jóvenes entre 18 y 26 años apoya la medida. Conoce más detalles en el informe adjunto.

   Fuente: `http://www.cnnchile.com/noticia/2013/03/15/las_cifras-a-un-ano-de-la-ley-de_tolerancia-cero-contra-la_ingesta-de-alcohol-al-conducir`. 15 de marzo, 2013 19:19.

2. **Las primarias en cifras: votos, padrón, mesas, comunas, diputados y un escaso margen**

   Siete de cada diez chilenos votó ayer en las primarias, por el Pacto Nueva Mayoría, según los datos entregados por el Servel con el 99,92 % de las mesas escrutadas. Se trata de más de dos millones de votos a favor del conglomerado.

   En la otra vereda, la Alianza se quedó solo en un poco más de 800 mil votos, abarcando el 26,81 % del total de votos emitidos.

   Entre ambas coaliciones, existe una diferencia de más de un millón 300 mil votos a favor de la Nueva Mayoría, la que obtuvo el 71,06 % del total.

   En ese contexto, la Nueva Mayoría prácticamente triplicó la votación del pacto de la Alianza, con una amplia victoria de la abanderada del PS-PPD-PS-MAS y del PC, Michelle Bachelet (73,05 %) y una estrecha disputa de la derecha (57,31 % de Longueira contra 48,62 % de Allamand).

   Solo 22.159 votos separaron a los candidatos de la Alianza.

   En la Nueva Mayoría, Orrego fue el único candidato que no obtuvo votos en una comuna. Se trata de Colchane en la Región de Tarapacá.

   PADRÓN ELECTORAL

   Del padrón electoral, incluyendo los militantes de la Nueva Mayoría, los de Alianza e independientes, podían votar 13 millones 106 mil 544 personas. De ellos, votaron 3 millones 7 mil 687 individuos, es decir, el 22,94 %.

La región con menos mesas instaladas fue Aysén, con 102, mientras que la que más tuvo fue la Metropolitana con 5.219.

Asimismo, 10 mesas no fueron escrutadas. Se trata de aquellas en donde no se emitió ningún sufragio, o bien en donde el número de sufragios emitidos supera el número de electores inscritos.

MESAS DESCUADRADAS

En tanto, del total, 806 de 13.531 estaban descuadradas (5,95 %), es decir, aquellas en donde la suma de las preferencias por los candidatos, más nulos y blancos, no coincide con el total de los sufragios emitidos.

ELECCIÓN DIPUTADOS

De los 300 mil 240 votos validamente emitidos, RN se llevó 177 mil 778 contra 11 mil 534 votos de la lista B independiente. Allí, tres mesas no fueron escrutadas.

Fuente: `http://www.latercera.\com/iphone/noticia/politica/2013/07/\01-07-2013.`

ACTIVIDAD N°2

(Habilidades: Análisis)

A21. Determine si los siguientes estudios son experimentos u observaciones.

1. A los pasajeros de un barco de crucero se les dan brazaletes magnéticos, que aceptan usar en un intento por disminuir o eliminar los efectos del mareo.
2. En un estudio de Reino Unido, los participantes con sequedad bucal crónica asociada con un tratamiento oncológico sintieron alivio de síntomas como saliva pegajosa y labios secos luego de sesiones grupales de acupuntura durante ocho semanas.
3. Los resultados preliminares de un estudio del Reino Unido indican que el uso inmediato de antibióticos después de un paro cardíaco extrahospitalario reduciría la mortalidad de los pacientes.
4. La Superintendencia de Electricidad y Combustibles (SEC) seleccionó al azar bencineras y obtiene un litro de combustible de cada bomba. La cantidad bombeada se mide para comprobar la precisión.

ACTIVIDAD N°3

(Habilidades: Análisis)

A31. Identifique cuál de estos tipos de muestreo se utiliza: Muestra random simple, Muestreo sistemático, Muestra conveniente, Muestra estratificada.

1. El comisionado de jurados del condado de Dutchess obtiene una lista de 42.763 propietarios de automóviles y compone una junta de jurados seleccionando cada 100-ésimo nombre de la lista.
2. La Universidad Aplaplac, motivada por un estudiante que murió en estado de ebriedad, realizó una investigación de estudiantes que beben y seleccionó 10 diferentes salas de clases y entrevistó a todos los alumnos de cada curso.
3. Un economista estudia el efecto de la educación en el salario y realiza una encuesta a 150 trabajadores seleccionados al azar de cada una de estas categorias: Enseñanza básica, Enseñanza media, Estudios universitarios.

4. Un experto en marketing planea una encuesta para MTV, en la cual 500 personas se elegirán aleatoriamente de cada grupo de edades 10 a 19, 20 a 29 y así sucesivamente.
5. Un investigador del Internal Revenue Service estudia las trampas en las declaraciones de impuestos, al encuestar a todos los meseros y las meseras de 20 restaurantes seleccionados al azar.

ACTIVIDAD N°4

(Habilidades: Análisis)

A41. En las siguientes situaciones identifique propósito, población y tipo de estudio. Discuta su confiabilidad y argumente.

1. Estudios recientes muestran que cierta droga es efectiva para combatir el cáncer. Médicos israelíes la aplicaron a 200 pacientes con cáncer en la sangre y obtuvieron como resultado que el 47 % de los pacientes sanaron de la enfermedad.
2. Varios estudios reportados en el **Journal of Nutrition** mostraron que, después de comer chocolate, los sujetos a prueba incrementaron los niveles de antioxidantes en su sangre. El chocolate contiene flavonoides, antioxidantes asociados con la disminución del riesgo de enfermedades cardíacas y derrame cerebral. Mar Inc., la compañía de dulces, y la Chocolate Manufacturers Association financiaron gran parte de la investigación.
3. Un estudio realizado por Endesa revela que de seguir con la tasa de crecimiento actual de la población nacional en menos de 10 años tendremos problemas para poder cubrir la demanda de electricidad del país.

ACTIVIDAD N°5

(Habilidades: Análisis)

A51. Discuta las conclusiones de los siguientes estudios:

1. Un estudio demostró que los conductores de camiones pesan más que los adultos que no manejan camiones. Conclusión: los camiones causan que la gente gane peso.
2. Un estudio mostró que en EE UU se expendieron más multas por exceso de velocidad a personas de grupos minoritarios que a los blancos. Conclusión: en EE UU las personas de grupos minoritarios conducen a mayor velocidad que los blancos.
3. Comparando color del pelo e ingresos, se descubrió que un cabello más claro permite tener un mayor sueldo.

Talleres 2 **A.4.2**

Taller A

ACTIVIDAD N°1

A11. Decida si las siguientes son variables cualitativas o cuantitativas:

1. La sensación térmica durante el día.
2. País de residencia.
3. Cuánto gustaron las personas de una cierta película, respondiendo de 0 (nada) a 5 (mucho).
4. Número de páginas de lectura mensual por ramo.

A12. Recopilen la siguiente información entre los alumnos presentes y elabore las tablas de frecuencias, utilizando rangos adecuados cuando corresponda:

1. Cantidad de hermanos por alumno.
2. Tiempo que tarda en el viaje desde la casa a la universidad.
3. Mes de nacimiento.

ACTIVIDAD N°2

A21. Indique qué tipo de gráfico utilizaría para las siguientes variables. Justifique.

1. El número de novatos por carrera en la UC.
2. El peso de un niño entre los 5 y los 15 años.
3. El tipo de mascota de los santiaguinos.
4. Las estaturas de las personas del curso.
5. Los sueldos de los chilenos.

A22. A partir de las siguientes tablas, decida si se tratan de variables cuantitativas o cualitativas y realice un histograma o gráfico de línea en el caso primero, y gráficos de barra o circulares en el segundo.

1. Procedencia de los turistas sudamericanos que visitaron cierto museo en Cuzco en 2010.

Nacionalidad	Turistas
Perú	53400
Argentina	14200
Brasil	3150
Chile	7200
Bolivia	1800
Ecuador	850

2. Peso de alumnos de un 8° básico

Peso (kg)	Alumnos
<40	1
40-50	5
50-60	9
60-70	23
70-80	4
>80	3

3. Valor promedio de la bencina en los últimos años

Año	Precio por litro ($/L)
2005	550
2006	670
2007	650
2008	660
2009	600
2010	650

ACTIVIDAD N°3

A31. Realice un diagrama de dispersión según la información dada y decida si existe correlación y de qué tipo.

1. Arancel promedio y sueldo promedio a los 4 años de egreso de algunas carreras

Carrera	Arancel ($\times 10^6$\$)	Ingreso ($\times 10^5$\$)
Psicología	2,2	7,4
Periodismo	2,6	6,8
Historia	2,7	8,8
Pedagogía básica	1,6	4,7
Odontología	5,2	12,9
Diseño	2,7	5,9
Ing. civil	3,8	15,2

2. Venta de frazadas eléctricas y temperaturas medias según mes

Meses	Temp. (°C)	Ventas ($\times 10^7$\$)
Enero	22	2
Febrero	24	2
Marzo	19	7
Abril	15	13
Mayo	12	23
Junio	10	30

A32. En los casos anteriores, ¿cree usted que existe causalidad? En caso afirmativo, ¿cómo procedería para comprobarlo?

Taller B

ACTIVIDAD N°1

A11. Indique qué tipo de gráfico utilizaría para representar las siguientes variables. Justifique.

1. El número de novatos por carrera en la UC.
2. El peso de un niño entre los 5 y los 15 años.
3. El tipo de mascota(s) de los santiaguinos.
4. Las estaturas de las personas del curso.

A12. A partir de las siguientes tablas, decida si se trata de variables cuantitativas o cualitativas. Represente los datos usando un histograma o gráfico de línea en el caso primero, y gráficos de barra o circulares en el segundo.

1. Procedencia de los turistas sudamericanos que visitaron cierto museo en Cuzco en 2010.

Nacionalidad	Turistas
Perú	53400
Argentina	14200
Brasil	3150
Chile	7200
Bolivia	1800
Ecuador	850

2. Peso de alumnos de un 8° básico

Peso (kg)	Alumnos
<40	1
40-50	5
50-60	9
60-70	23
70-80	4
>80	3

3. Valor promedio de la bencina en los últimos años

Año	Precio por litro ($/L)
2005	550
2006	670
2007	650
2008	660
2009	600
2010	650

A13. A partir del Gráfico 1 (incluido al final), realice las siguientes actividades:

1. Haga una tabla con los datos (aproximados) presentados en el gráfico desde el 2007 al 2011.
2. Si tuviera que representar la cantidad de matrimonios de cada tipo en un año determinado, ¿qué tipo de gráfico le parece más adecuado?
3. Haga este gráfico para el 2010.

ACTIVIDAD N°2 - Correlación

A21. Realice un diagrama de dispersión según la información dada y decida si existe correlación y de qué tipo.

1. Venta de frazadas eléctricas y temperaturas medias según mes

Meses	Temp. (°C)	Ventas ($\times 10^7$\$)
Enero	22	2
Febrero	24	2
Marzo	19	7
Abril	15	13
Mayo	12	23
Junio	10	30

2. Arancel promedio y sueldo promedio a los 4 años de egreso de algunas carreras.

Carrera	Arancel ($\times 10^6$\$)	Ingreso ($\times 10^5$\$)
Psicología	2,2	7,4
Periodismo	2,6	6,8
Historia	2,7	8,8
Pedagogía básica	1,6	4,7
Odontología	5,2	12,9
Diseño	2,7	5,9
Ing. civil	3,8	15,2

A22. ¿Cómo cree que sería el gráfico de dispersión de los siguientes pares de variables? ¿Qué tipo de correlación se observaría? Justifique.

1. El puntaje PSU de Matemáticas y el de Lenguaje de cada estudiante.
2. La edad y la estatura de todos los estudiantes, profesores y funcionarios de la UC.
3. La población de Chile y la población mundial en los últimos 100 años.

Taller C

ACTIVIDAD N°1

(Habilidades: Análisis y representación)

A11. Decida si las siguientes son variables cualitativas o cuantitativas:

1. Horas semanales de estudio que le dedican los alumnos del curso Mat 0100.
2. Número de respuestas correctas en un test de 10 preguntas.
3. Personas que vieron el discurso del Presidente este 21 de mayo.
4. El puntaje PSU de ingreso de los alumnos de la PUC.
5. Preferencias de los habitantes de la comuna de San Joaquín por algún candidato para el puesto de alcalde en las próximas elecciones.
6. Preferencias políticas (izquierda, derecha o centro).
7. Nivel de educación de los habitantes de cierta comuna (básico, medio, superior).
8. Estado civil de los trabajadores de cierta empresa (soltero, casado, viudo, separado).

A12. Recopila la siguiente información entre los alumnos presentes y elabora las tablas de frecuencias, utilizando rangos adecuados cuando corresponda:

1. Cantidad de hermanos por alumno.
2. Tiempo que tarda en el viaje desde la casa a la universidad.
3. Mes de nacimiento.

ACTIVIDAD N°2

(Habilidades: Análisis, cálculo y representación)

A21. Los datos siguientes corresponden al número de tornillos defectuosos por caja en una muestra de 80 cajas de un lote llegado a una ferretería:

6	4	3	5	2	5	2	4	7	10	5	3	7	6
7	4	5	8	5	10	11	6	7	6	7	6	4	7
8	8	5	6	3	8	8	9	4	6	3	4	5	
4	11	4	4	4	9	8	4	5	10	5	8	6	
6	3	2	8	4	3	4	5	8	6	7	7	5	
7	6	3	5	8	5	3	6	3	12	5	2	3	

1. ¿Qué tipo de datos son estos?
2. Construir una tabla de distribución de frecuencia de los datos sin agrupar.
3. ¿Qué proporción de cajas tiene a lo más cinco tornillos defectuosos? ¿Qué proporción de cajas tiene a lo menos cinco tornillos defectuosos?
4. Dibujar un histograma. ¿Por qué se ha utilizado un histograma para representar estos datos, en lugar de un gráfico de barras?

A22. La tabla adjunta indica la distribución del coeficiente intelectual de 120 alumnos del curso Mat 0100:

Coeficientes	N° Alumnos
[60 – 70[	2
[70 – 80[	3
[80 – 90[	25
[90 – 100[	46
[100 – 110[	35
[110 – 120[	5
[120 – 130[	3
[130 – 140[	1

1. ¿El coeficiente intelectual es una variable cuantitativa o cualitativa?

2. Complete la tabla de distribución de frecuencias.
3. Para representar los datos realice un gráfico adecuado.
4. Si se consideran bien dotados a los alumnos cuyo coeficiente intelectual está sobre el percentil 95 (un percentil es un 1 % de los datos), ¿qué coeficiente mínimo habrá que tener para ser considerado bien dotado?

ACTIVIDAD N°3

(Habilidades: Análisis, cálculo y representación)

A31. 1. En un año reciente, 5.524 personas murieron mientras trabajaban. Las causas fueron las siguientes: transporte (2.375), contacto con objetos o equipo (884), asaltos o actos violentos (829), caídas (718), exposición a sustancias dañinas o ambientes nocivos (552), incendios y explosiones (166). Construya una gráfica circular que represente esos datos.

2. Con los mismos datos de la parte anterior construya un gráfico de barras. Compare esta gráfica con la gráfica circular ¿Qué gráfica es más efectiva para mostrar la importancia relativa de las causas de muerte en el trabajo?

A32. Se realizó un estudio para determinar la cantidad de personas que obtienen un empleo. La siguiente tabla incluye los datos de 400 sujetos seleccionados al azar. Construya un gráfico de barras que corresponda a los datos. Si alguien quiere conseguir un empleo, ¿cuál parece ser la técnica más efectiva?

Fuentes de empleo de los sujetos encuestados	Frecuencia
Anuncios clasificados	56
Empresas de búsqueda de ejecutivos	44
Contactos de profesionales	280
Correo masivo	20

ACTIVIDAD N°4

A41. La siguiente tabla muestra el consumo de energía y la temperatura promedio diaria. Construya un gráfico adecuado para mostrar los datos. ¿Hay una relación entre las temperaturas diarias promedio y las cantidades de energía consumida? Trate de identificar al menos una razón por la que existe (o no) relación.

Período	Consumo de Electricidad (kWh)	T° promedio diario (°C)
Año 1: ene-feb	3375	-3,3
Año 1: mar-abr	2661	1,1
Año 1: may-jun	2073	14,4
Año 1: jul-ago	2579	22,2
Año 1: sep-oct	2858	19,4
Año 1: nov-dic	2296	8,9
Año 2: ene-feb	2812	0,6
Año 2: mar-abr	2433	3,9
Año 2: may-jun	2266	18,9
Año 2: jul-ago	3128	21,7

Taller D

ACTIVIDAD N°1

(Habilidades: Análisis y representación)

A11. Decida si las siguientes son variables cualitativas o cuantitativas:

1. Horas semanales de estudio que le dedican los alumnos del curso Mat 0100.
2. Número de respuestas correctas en un test de 10 preguntas.
3. Personas que vieron el discurso del Presidente el 21 de mayo.
4. El puntaje PSU de ingreso de los alumnos de la PUC.
5. Preferencias de los habitantes de la comuna de San Joaquín por algún candidato para el puesto de alcalde en las próximas elecciones.
6. Preferencias políticas (izquierda, derecha o centro).
7. Nivel de educación de los habitantes de cierta comuna (básico, medio, superior).
8. Estado civil de los trabajadores de cierta empresa (soltero, casado, viudo, separado).

A12. Recopilen la siguiente información entre los alumnos presentes y elabore las tablas de frecuencias, utilizando rangos adecuados cuando corresponda:

1. Cantidad de hermanos por alumno.
2. Tiempo que tarda en el viaje desde la casa a la universidad.
3. Mes de nacimiento.

ACTIVIDAD N°2

(Habilidades: Análisis, cálculo y representación)

A21. ¿Los premios de la Academia discriminan por la edad?

Cada año se otorgan Óscares a la mejor actriz y al mejor actor. En la siguiente tabla se presenta una lista con las edades de los galardonados en el momento de la ceremonia de entrega de los premios. Las edades aparecen en orden, empezando con la primera ceremonia de los premios de la Academia en 1928. [Notas: en 1968 hubo un empate en la categoría de mejor actriz, y se utilizó el promedio (la media) de las dos edades; en 1932, hubo un empate en la categoría de mejor actor, y se utilizó el promedio (la media) de las dos edades. Tales datos se basan en el artículo "¿Ages of Oscar-winning Best Actors and Actresses?", de Richard Brown y Gretchen Davis, en la revista **Mathematics Teacher.**

Las edades (en años) aparecen en orden, empezando con la primera ceremonia de premiación.

Mejores actrices

22	37	28	63	32	26	31	27	27	28
30	26	29	24	38	25	29	41	30	35
35	33	29	38	54	24	25	46	41	28
40	39	29	27	31	38	29	25	35	60
43	35	34	34	27	37	42	41	36	32
41	33	31	74	33	50	38	61	21	41
26	80	42	29	33	35	45	49	39	34
26	25	33	35	35	28				

Mejores actores

44	41	62	52	41	34	34	52	41	37
38	34	32	40	43	56	41	39	49	57
41	38	42	52	51	35	30	39	41	44
49	35	47	31	47	37	57	42	45	42
44	62	43	42	48	49	56	38	60	30
40	42	36	76	39	53	45	36	62	43
51	32	42	54	52	37	38	32	45	60
46	40	36	47	29	43				

1. ¿Qué tipo de datos son estos?

2. Construir una tabla de distribución de frecuencia de los datos sin agrupar.
3. ¿Qué proporción de actores y actrices tiene a lo más 45 años?
4. Dibujar un histograma. ¿Por qué se ha utilizado un histograma para representar estos datos, en lugar de un gráfico de barras?
5. ¿Se puede afirmar que los premios de la Academia discriminan por la edad?

A22. La tabla adjunta indica la distribución del coeficiente intelectual de 120 alumnos del curso Mat 0100:

Coeficientes	N° Alumnos
[60 – 70[	2
[70 – 80[	3
[80 – 90[	25
[90 – 100[	46
[100 – 110[	35
[110 – 120[	5
[120 – 130[	3
[130 – 140[	1

1. ¿El coeficiente intelectual es una variable cuantitativa o cualitativa?
2. Complete la tabla de distribución de frecuencias.
3. Para representar los datos realice un gráfico adecuado.
4. Si se consideran bien dotados a los alumnos cuyo coeficiente intelectual está sobre el percentil 95 (un percentil es un 1 % de los datos), ¿qué coeficiente mínimo habrá que tener para ser considerado bien dotado?

ACTIVIDAD N°3

(Habilidades: Análisis, Cálculo y Representación)

A31. 1. En un año reciente, 5.524 personas murieron mientras trabajaban. Las causas fueron las siguientes: transporte (2.375), contacto con objetos o equipo (884), asaltos o actos violentos (829), caídas (718), exposición a sustancias dañinas o ambientes nocivos (552), incendios y explosiones (166). Construya una gráfica circular que represente esos datos.

2. Con los mismos datos de la parte anterior construya un gráfico de barras. Compare esta gráfica con la gráfica circular: ¿qué gráfica es más efectiva para mostrar la importancia relativa de las causas de muertes en el trabajo?

A32. Se realizó un estudio para determinar la cantidad de personas que obtienen un empleo. La siguiente tabla incluye los datos de 400 sujetos seleccionados al azar. Construya un gráfico de barras que corresponda a los datos. Si alguien quiere conseguir un empleo, ¿cuál parece ser la técnica más efectiva?

Fuentes de empleo de los sujetos encuestados	Frecuencia
Anuncios clasificados	56
Empresas de búsqueda de ejecutivos	44
Contactos de profesionales	280
Correo masivo	20

ACTIVIDAD N°4

(Habilidades: Análisis)

A41. Consideraremos el importante tema de las muertes por accidentes automovilísticos. Las muertes en este tipo de accidentes son devastadoras para los familiares, y con frecuencia provocan demandas y cuantiosas indemnizaciones por parte de las aseguradoras. A continuación se muestran las edades de 100 conductores elegidos al azar, que murieron en accidentes automovilísticos. También se incluye una distribución de frecuencias de conductores con licencia según sus edades.

Edades (en años) de conductores muertos en accidentes automovilísticos

37	18	17	25	34	16	86	69	77	17
76	17	51	16	27	16	19	65	18	30
18	70	24	45	87	73	52	57	73	16
81	87	37	31	24	17	35	45	26	17
28	45	24	74	45	16	18	23	58	36
29	32	21	38	24	51	18	18	24	42
18	88	18	16	44	24	69	56	21	18
18	20	18	30	73	16	17	16	21	76
27	18	17	17	18	31	28	20	29	53
20	28	40	34	44	38	38	22	51	27

Edades (en años) de conductores muertos en accidentes automovilísticos

Edad	Conductores con licencia (en millones)
16-19	9,2
20-29	33,6
30-39	40,8
40-49	37,0
50-59	24,2
60-69	17,5
70-79	12,7
80-89	4,3

Convierta la distribución de frecuencias en una distribución de frecuencias relativas, y luego elabore una distribución de frecuencias relativas para las edades de los conductores muertos en accidentes automovilísticos. Compare las dos distribuciones de frecuencias relativas. ¿Qué categorías de edad parecen tener proporciones mucho mayores de decesos de conductores con licencia? Si usted fuera el responsable de establecer las tarifas de seguros para automóviles, ¿a qué categorías de edad les asignaría las tarifas más elevadas? Construya una gráfica que sirva para identificar las categorías de edad que son más proclives a los accidentes automovilísticos mortales.

Talleres 3 — A.4.3

Taller A

ACTIVIDAD N°1

A11. Para las siguientes situaciones, calcule media, moda y mediana:

1. Las notas en un control de matemáticas fueron:
   6; 5; 5; 6.5; 1.5; 5; 7; 6; 5; 5; 5; 4.5; 5; 4; 5.
2. Una exportadora de fruta registró los siguientes pesos para sus peras (en g):
   192; 201; 185; 198; 141; 205; 189; 195; 199; 210; 221; 191.
3. En un sector, se consultó cuantas personas vivían en cada hogar, obteniendo lo siguiente:
   2; 4; 5; 3; 4; 4; 6; 7; 4; 3; 5; 2; 3; 6; 5; 7; 15; 3; 5.

A12. Decida y justifique cuál de los tres indicadores le parece más adecuado para describir los datos anteriores.

A13. Identifique datos anómalos en los casos anteriores.

ACTIVIDAD N°2

A21. Para las siguientes situaciones indique qué características esperaría encontrar en el gráfico de sus distribuciones (cimas, simetría, variación):

1. La cantidad de accidentes en carreteras registrados a lo largo del año.
2. El índice de masa corporal de un grupo de mujeres en una agencia de modelos.
3. El número de personas que ingresan a la universidad entre las 7.30 y las 9 de la mañana
4. Las estaturas de los niños en un 5° básico.
5. Las ventas anuales de un disco de Miley Cyrus entre 2008 y 2020.
6. La cantidad de chilenos de cumpleaños en cada mes.

ACTIVIDAD N°3

Variación

$$\text{desv. estándar} = \sqrt{\frac{\text{suma (desv. de la media)}^2}{\text{número total de datos} - 1}}$$

$$\text{quintil } i = \frac{i \cdot \text{número total de datos}}{5}$$

A31. Para los datos a continuación, dé una descripción de su variación utilizando el rango, los cinco números resumen y la desviación estándar. Realice comparaciones entre los conjuntos de datos cuando sea posible. Además, construya el diagrama de caja y bigote correspondiente.

1. Las duraciones promedio de las canciones de ciertos grupos de *pop*

(en minutos) fueron:
3.5; 3.3; 2.9; 3.1; 3.2; 3.8; 3.9; 3.7; 4.1; 3.6; 3.3; 4.5; 3.2; 3.5; 4.1; 2.8.

2. Las duraciones promedio de las canciones de ciertos grupos de *rock* progresivo (en minutos) fueron:
7.9; 4.5; 5.2; 3.7; 8.3; 6.1; 4.9; 5.7; 7.4; 6.8; 3.4; 5.6; 6.1; 9.1; 7.2; 5.4.

3. Las edades de los alumnos en un curso de segundo año de educación fueron:
18; 20; 21; 18; 18; 19; 19; 19; 18; 24; 36; 19; 42; 19; 19; 18; 22; 23; 18; 19; 24; 20; 19.

4. Las edades de los alumnos en un curso de formación general fueron:
22; 17; 24; 26; 28; 45; 19; 18; 22; 21; 20; 19; 27; 24; 32; 25; 24; 19; 23; 22; 24; 29; 27.

5. Las temperaturas medias mensuales durante un año en Santiago (en °C) fueron:
22; 20; 17; 15; 13; 10; 7; 10; 12; 17; 18; 19.

6. Las temperaturas medias mensuales durante un año en San Juan, Puerto Rico (en °C) fueron:
25; 25; 24; 26; 27; 28; 28; 29; 28; 28; 26; 25.

A32. Calcule los quintiles para los datos anteriores.

Taller B

ACTIVIDAD N°1 - Tendencia central y dispersión

Variación

desv. estándar $= \sqrt{\frac{\text{suma (desv. de la media)}^2}{\text{número total de datos}-1}}$

A11. Para las siguientes situaciones, calcule media, moda y mediana:

1. Una exportadora de fruta registró los siguientes pesos para sus peras (en g):
   192; 201; 185; 198; 141; 205; 189; 195; 199; 210; 221; 191.
2. En un sector, se consultó cuántas personas vivían en cada hogar, obteniendo lo siguiente:
   2; 4; 5; 3; 4; 4; 6; 4; 3; 5; 2; 3; 6; 5; 7; 15; 3.

A12. En los casos anteriores ¿cuál de los indicadores le parece más representativo de los grupos de datos?

A13. Describa la variación de los datos a continuación utilizando el rango, los cuartiles y la desviación estándar. En base a estos, compare ambos conjuntos de datos.

1. Las duraciones promedio de las canciones de ciertos grupos de *pop* (en minutos) fueron:
   3,1; 3,2; 3,8; 3,9; 3,7; 4,1; 3,6; 2,9.
2. Las duraciones promedio de las canciones de ciertos grupos de *rock* progresivo (en minutos) fueron:
   3,7; 8,3; 6,1; 4,9; 5,7; 7,4; 6,8; 5,9.

A14. Lea el siguiente extracto y responda las preguntas que se presentan a continuación:

"Chile creció en mayo al 7,3 %. La economía ha creado más de 400 mil nuevos empleos. El ingreso per cápita ya es de US$ 15.000, y un conjunto de rankings nos muestran entre los países más aventajados de la región y del mundo en desarrollo. ¿Qué pasa entonces? ¿Por qué persiste el enojo? Mi hipótesis es que estamos frente a una tiranía silenciosa y destructiva, ante la cual la gente se está rebelando: la tiranía de los promedios".

-Claudio Orrego, alcalde de Peñalolén.

Fuente: blogs.lasegunda.com. La tiranía de los promedios. 05/07/2011.

1. ¿A qué se refiere Orrego con la "tiranía de los promedios"?
2. ¿Cómo podría "combatirse" esta tiranía?

ACTIVIDAD N°2 - Quintiles

A21. La encuesta Casen 2009 determinó los siguientes rangos para los quintiles de ingreso per cápita de los hogares chilenos:

Quintil	Mín	Máx
1	0	58.933
2	58.934	100.814
3	100.831	159.805
4	159.807	286.399
5	286.406	-

Fuente: Mideplan, Encuesta Casen. mideplan.cl/casen.

Esto tiene representatividad para los 4.685.490 hogares chilenos existentes en ese momento. En base a lo anterior, resuelva lo siguiente:

1. Calcule el rango de ingresos de cada quintil.
2. El ingreso promedio per cápita es de 242.292. Aproximadamente, ¿cuántos hogares perciben un ingreso per cápita menor a dicho valor? ¿Cuántos uno mayor?

A22. Dentro del petitorio de la Confech de junio de 2011 se incluía: "Modificar el método de asignación [de becas y ayudas estudiantiles], pasando de una medición por quintiles a una por deciles". ¿Cuál sería la ventaja de este cambio?

ACTIVIDAD N°3 - Normal

A31. Decida si las siguientes variables podrían ser representadas por una curva normal. Justifique.

1. La velocidad de los vehículos en la Ruta 5.
2. La afluencia diaria de gente en cierto *mall* durante diciembre.
3. El peso de todos los animales de un ecosistema.
4. La vida útil de varios computadores de un mismo modelo.

A32. Se sabe que la duración de los embarazos se distribuye normalmente, con una media de 268 días y una desviación estándar de 15 días. Utilice la regla *68-95-99,7* para resolver lo siguiente:

1. ¿ Cuál es el rango de valores en que se encontrará la duración de casi todos los embarazos?
2. Si un bebé que nace antes de los 238 días es prematuro, ¿qué porcentaje de nacimientos son prematuros?

Taller C

ACTIVIDAD N°1

(Habilidades: Análisis y cálculo)

A11. En los siguientes ejercicios calcule: media, mediana, moda y responda las preguntas que se plantean.

1. Algunos estudiantes del curso Mat 0100 participaron de un experimento con el fin de probar su capacidad para determinar el transcurso de un minuto (o 60 segundos). A continuación se presentan los resultados en segundos. Identifique al menos una buena razón por la que la media de esta muestra no sería un buen estimador del promedio de la población de adultos.

   53 52 75 62 68 58
   49 49

2. Catorce estudiantes del segundo año de medicina midieron la presión sanguínea de la misma persona. A continuación se listan las lecturas sistólicas (en mmHg). ¿Qué es notorio acerca de este conjunto de datos?

   138 130 135 140 120 125 120
   130 130 144 143 140 130 150

3. Más adelante se indican las longitudes (en milímetros) de tórax de una muestra de moscas machos de la fruta. Las moscas de la fruta son algunos de los sujetos favoritos de experimentación de los investigadores porque poseen una composición cromosómica sencilla, se reproducen con rapidez, tienen una gran cantidad de descendientes y son fáciles de cuidar. Si nos enteramos de que las medidas se obtuvieron de moscas que volaban sobre una manzana que se encontraba en una mesa de cocina en Argentina, ¿la media sirve como un estimado razonable de todas las moscas de la fruta que residen en Chile?

   0,72 0,90 0,84 0,68 0,84 0,90
   0,92 0,84 0,64 0,84 0,76

A12. En cada uno de los siguientes casos describa y muestre como se ven afectados la media, la mediana, la moda, la desviación estándar.

1. Si cada observación es multiplicada por 2.
2. Si se le suma 10 a cada observación.
3. Se le resta la media general de la muestra a cada observación.
4. A cada observación se le resta la media general y luego se divide por la desviación estándar

ACTIVIDAD N°2

(Habilidades: Análisis, cálculo, representación e interpretación)

A21. En el hospital Exequiel González Cortés, en el servicio de pediatría se tomó una muestra de peso de 45 pacientes, obteniéndose los siguientes datos (en kg):

18.4	18.3	18.4	17.3	18.1	19.7	18.2	17.4	19.5
19.1	19.9	17.8	18.2	18.8	18.1	17.6	19.2	18.6
19.1	19.0	18.5	18.6	17.9	18.3	18.3	20.1	20
18.1	19.2	17.6	20.1	18.6	17.2	18.3	17.9	18.4
19.5	19.5	18.8	18.3	18.9	20.2	18.4	19.8	18.3

1. Calcule media, moda, mediana, varianza, desviación estándar de la muestra.

2. Construya una tabla de distribución de frecuencias con 5 clases. El ancho de la clase se puede aproximar con la siguiente fórmula: (Valor máximo - Valor mínimo)/número de clases.
3. A partir de la tabla de distribucion de frecuencias calcule nuevamente la media, moda, mediana, varianza, desviación estándar y coeficiente de variación, compare con los resultados en el punto *a*).
4. Si se considera peso normal para esta muestra entre 17.7 kg y 18.1 kg, ¿qué porcentaje de los pacientes cumple con esta condición?

ACTIVIDAD N°3

(Habilidades: Análisis, cálculo y representación)

A31. Con el fin de observar la relación entre la inteligencia y el nivel socioeconómico (medido por el salario mensual familiar) se tomaron dos grupos, uno formado con sujetos de coeficiente intelectual inferior a 95 y otro formado por los demás. De cada sujeto se anotó el salario mensual familiar. Teniendo en cuenta los resultados que se indican en la tabla:

Salario	Frecuencia Sujetos con *CI* $<$ 95	Frecuencia Sujetos con CI $\geq$ 95
50 - 100 mil	75	19
100 - 200 mil	35	26
200 - 300 mil	20	25
300 - 400 mil	30	30
500 - 600 mil	25	54
600 mil o más	15	46

1. Calcule media, desviación estándar y cuartiles para ambos grupos.
2. Construya gráficos de caja que permitan comparar los salarios de ambos grupos. El dato máximo del primer grupo es 800.000 y del segundo grupo es 900.000.
3. Para estas fiestas patrias se entregará aguinaldo a todos los que ganen 350.000 pesos o menos ¿Qué porcentaje será beneficiado en cada grupo?

ACTIVIDAD N°4

(Habilidades: Análisis, cálculo y representación)

A41. A continuación se presentan el número de boletos vendidos durante un mes por dos estaciones de tren ubicadas en distintas zonas de la región:

Estación A	76	68	59	55	52	32	33	48	44	41
	42	38	26	25	35	32	29	28	28	19
	15	32	30	25	20	22	14	11	16	19
Estación B	38	37	40	38	35	37	34	38	36	37
	35	32	31	30	32	35	34	33	32	30
	28	38	37	32	32	33	27	28	30	35

1. Construya histogramas y un gráfico de caja para el número de ventas de cada una de las estaciones. Compare.
2. Calcule media, mediana cuartiles, desviación estándar. Compare.
3. Si usted debe decidir en qué zona trabajar, ¿cuál de las dos zonas elegiría, si su sueldo diario dependerá del número de boletos vendidos en la estación? Argumente su decisión.

Taller D

ACTIVIDAD N°1

(Habilidades: Análisis y cálculo)

A11. En los siguientes ejercicios calcule: media, mediana, moda y responda las preguntas que se plantean.

1. Algunos estudiantes del curso Mat 0100 participaron de un experimento con el fin de probar su capacidad para determinar el transcurso de un minuto (o 60 segundos). A continuación se presentan los resultados en segundos. Identifique al menos una buena razón por la que la media de esta muestra no sería un buen estimador del promedio de la población de adultos.

   53 52 75 62 68 58
   49 49

2. Más adelante se indican las longitudes (en milímetros) de tórax de una muestra de moscas machos de la fruta. Las moscas de la fruta son algunos de los sujetos favoritos de experimentación de los investigadores porque poseen una composición cromosómica sencilla, se reproducen con rapidez, tienen una gran cantidad de descendientes y son fáciles de cuidar. Si nos enteramos de que las medidas se obtuvieron de moscas que volaban sobre una manzana que se encontraba en una mesa de cocina en Argentina ¿la media sirve como un estimado razonable de todas las moscas de la fruta que residen en Chile?

   0,72 0,90 0,84 0,68 0,84 0,90
   0,92 0,84 0,64 0,84 0,76

A12. A veces se utiliza la estadística para comparar o identificar autores de distintos trabajos. A continuación se incluye una lista con la longitud de las primeras 20 palabras que escribió Tennessee Williams en el prólogo de **The cat on a Hot Tin Roof,** junto con las primeras 20 palabras de **The Cat in the Hat,** del doctor Seuss. Calcule la media, la mediana, varianza y desviación estándar. ¿Existe alguna diferencia?

Cat on a Hot Tin Roof:	2	6	2	2	1	4	4	2
	4	2	3	8	4	2	2	7
	7	2	3	11				
The cat in the Hat:	3	3	3	3	5	2	3	3
	3	2	4	2	2	3	2	3
	5	3	4	4				

A13. En cada uno de los siguientes casos describa y muestre cómo se ven afectados la media, la mediana, la moda, la desviación estándar.

1. Si cada observación es multiplicada por 2.
2. Si se le suma 10 a cada observación.
3. Se le resta la media general de la muestra a cada observación.
4. A cada observación se le resta la media general y luego se divide por la desviación estándar.

A14. Sea la variable X: "número de hijos de un conjunto de familias", cuya distribución de frecuencias es la que se muestra en la siguiente tabla. Suponga, además, que se sabe que 35 % de las familias tiene un hijo y que 10 % tiene cuatro hijos.

X_i	n_i	N_i	f_i	F_i
0		2		
1				
2	6			
3				
4				
5				
N	20			

Donde n_i es la frecuencia absoluta, N_i es la frecuencia absoluta relativa, f_i es la frecuencia relativa y F_i es la frecuencia relativa acumulada.

1. Complete los datos que faltan en la tabla anterior.
2. Obtenga el histograma y la tabla de frecuencias acumuladas.

ACTIVIDAD N°2

(Habilidades: Análisis, cálculo, representación e interpretación)

A21. Suponga que el grado de satisfacción con el estilo propio de vida puede medirse en una escala de 16 a 21. La siguiente tabla muestra la puntuación de 45 personas:

18,4	18,3	18,4	17,3	18,1	19,7	18,2
19,1	19,9	17,8	18,2	18,8	18,1	17,6
19,1	19,0	18,5	18,6	17,9	18,3	18,3
18,1	19,2	17,6	20,1	18,6	17,2	18,3
19,5	19,5	18,8	18,3	18,9	20,2	18,4
17,4	19,5	19,2	18,6	20,1	20	17,9
18,3	18,4	19,8				

1. Calcule media, moda, mediana, varianza, desviación estándar de la muestra.
2. Construya una tabla de distribución de frecuencias con 5 clases. El ancho de la clase se puede aproximar con la siguiente fórmula: (Valor máximo - Valor mínimo)/número de clases.
3. A partir de la tabla de distribucion de frecuencias calcule nuevamente la media, moda, mediana, varianza, desviación estándar y coeficiente de variación, compare con los resultados en el punto *a*).
4. Si se considera que una persona está satisfecha si su puntaje es entre 185, y 19,5, ¿qué porcentaje cumple con esta condición?

A22. Las dos gráficas de cuadro que se muestran a continuación corresponden a los tiempos de servicio de dos compañías diferentes que reparan unidades de aire acondicionado. Ambas gráficas utilizan la misma escala. La gráfica de cuadro de arriba corresponde a la empresa Sigma Air Conditioning Company, mientras que la gráfica de abajo corresponde a la empresa Newport Repair Company. ¿Qué empresa tiene tiempos de reparación menos variables? ¿Qué empresa debe tener costos más predecibles? ¿Por qué?

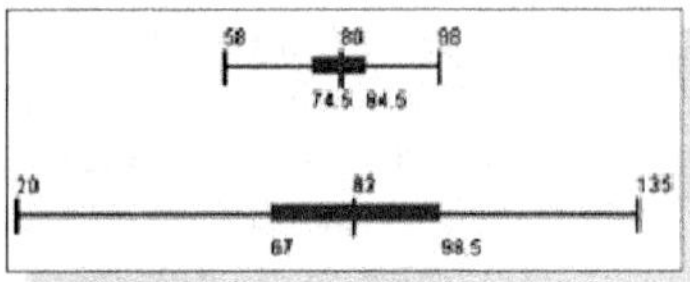

ACTIVIDAD N°3

(Habilidades: Análisis, cálculo y representación)

A31. Con el fin de observar la relación entre la inteligencia y el nivel socioeconómico (medido por el salario mensual familiar) se tomaron dos grupos, uno formado con sujetos de coeficiente intelectual inferior a 95 y otro formado por los demás. De cada sujeto se anotó el salario mensual familiar. Teniendo en cuenta los resultados que se indican en la tabla:

Salario	Frecuencia Sujetos con $CI < 95$	Frecuencia Sujetos con $CI \geq 95$
50 - 100 mil	75	19
100 - 200 mil	35	26
200 - 300 mil	20	25
300 - 400 mil	30	30
500 - 600 mil	25	54
600 mil o más	15	46

1. Calcule media, desviación estándar y cuartiles para ambos grupos.
2. Construya gráficos de caja que permitan comparar los salarios de ambos grupos. El dato máximo del primer grupo es 800.000 y del segundo grupo es 900.000.
3. Para estas fiestas patrias se entregará aguinaldo a todos los que ganen 350.000 pesos o menos. ¿Qué porcentaje será beneficiado en cada grupo?

ACTIVIDAD N°4

(Habilidades: Análisis, cálculo y representación)

A41. A continuación se presentan el número de boletos vendidos durante un mes por dos estaciones de tren ubicadas en distintas zonas de la región:

Estación A	76	68	59	55	52	32	33	48	44	41
	42	38	26	25	35	32	29	28	28	19
	15	32	30	25	20	22	14	11	16	19
Estación B	38	37	40	38	35	37	34	38	36	37
	35	32	31	30	32	35	34	33	32	30
	28	38	37	32	32	33	27	28	30	35

1. Construya histogramas y un gráfico de caja para el número de ventas de cada una de las estaciones. Compare.
2. Calcule media, mediana cuartiles, desviación estándar. Compare.
3. Si usted debe decidir en qué zona trabajar, ¿cuál de las dos zonas elegiría, si su sueldo diario dependerá del número de boletos vendidos en la estación? Argumente su decisión.

Talleres 4 **A.4.4**

Taller A

ACTIVIDAD N°1

A11. ¿Cómo esperaría que fuera el nivel de variación en los siguientes datos? Explique.

1. La cantidad de 1, 2, 3, 4, 5 y 6 que se obtuvieron al lanzar 100 veces un dado.
2. El número de estudiantes por día que asisten al banco del hall del Campus San Joaquín en abril.
3. Los tamaños de todos los animales presentes en determinado ecosistema.
4. La cantidad de páginas de los libros de lectura obligatoria en un curso de lenguaje para 4° básico.
5. La cantidad de turistas que visita anualmente las ruinas de Machu Picchu.
6. Los puntajes PSU a nivel nacional.

ACTIVIDAD N°2

A21. La encuesta Casen 2009 determinó los siguientes rangos para los quintiles de ingreso per cápita de los chilenos en un hogar:

Quintil	Mín.	Máx.
1	0	58.933
2	58.934	100.814
3	100.831	159.805
4	159.807	286.399
5	286.406	-

En base a esto, resuelva lo siguiente:

1. Calcule el rango de ingresos de cada quintil. ¿Qué sucede con el último?
2. ¿Qué significa estar en el cuarto quintil? ¿Cuánta gente percibe un mayor ingreso que alguien en dicho quintil? ¿Cuántos perciben menos? (Asuma una población de 16×10^6 personas). Identifique en qué quintil se ubica usted y responda a las mismas preguntas.
3. Bosqueje un gráfico a partir de esta información. ¿Qué características tiene? Describa simetría/asimetría, variación y cimas.

ACTIVIDAD N°3

Variación

$$\textbf{desv. estándar} = \sqrt{\frac{\text{suma (desv. de la media)}^2}{\text{número total de datos}-1}}$$

A31. A continuación se presentan tablas de datos. Para cada una de ellas:

1. Identifique y/o calcule los cinco números resumen.

2. Calcule la desviación estándar.
3. Dibuje el diagrama de caja y bigote.

Tabla 1. Tasa de desocupación por actividad en Chile

Actividad	Tasa
Agricultura, caza y pesca	685,01
Minas y canteras	73,07
Industria manufacturera	798,13
Electricidad, gas y agua	30,69
Construcción	451,36
Comercio	1.122,93
Servicios financieros	510,23

Tabla 2. Horas de sueño promedio en alumnos universitarios durante junio

6	7	8	5	4
6	8	4	7	10
7	5	9	6	6
8	6	8	4	6

Tabla 3. Tasas de natalidad de países asiáticos

28,6	21,2	30,5	21,3	11,7	30,3
42,2	39,6	41,4	31,6	17,8	31,8
33,2	23,5	36,1	40,4	22,3	

Taller B

ACTIVIDAD N°1 - Distribuciones

A11. Para las siguientes situaciones indique cuántas cimas esperaría encontrar en su gráfica. Justifique.

1. La cantidad de accidentes en carreteras registrados a lo largo del año.
2. El número de autos con restricción vehicular diariamente (considerando que son 4 dígitos diarios).
3. La cantidad de chilenos de cumpleaños en cada mes.

Simetría y sesgo

Sesgo a la izquierda: mayor concentración de valores altos (o a la derecha).
Sesgo a la derecha: mayor concentración de valores bajos (o a la izquierda)

A12. Para las siguientes situaciones indique si se esperaría una distribución simétrica o sesgada (a izquierda o derecha). Justifique.

1. Ingreso familiar en Chile.
2. El número de personas que ingresan a la universidad entre las 7 y las 9 de la mañana.
3. Las estaturas de los niños en un 5° básico.

A13. Para las siguientes situaciones indique cuánta variación esperaría encontrar en su distribución. Justifique.

1. Los tiempos de llegada en una corrida familiar.
2. El peso de un grupo de mujeres en una agencia de modelos.
3. Las ventas anuales de un disco de Miley Cyrus entre 2008 y 2020.

ACTIVIDAD N°2 - Variación y cuartiles

A21. A partir de los datos que se presentan a continuación, realice las siguientes actividades:

Tabla 1. Horas de sueño de algunos alumnos universitarios durante junio

3	7	8	5	4
6	8	4	7	10
7	5	9	6	3
8	3	8	4	6

Tabla 2. Horas de sueño de algunos alumnos universitarios durante enero

7	9	8	9	10
6	8	10	9	6
7	6	9	6	8
8	9	8	7	6

1. Calcule los cinco números resumen (mínimo, máximo, cuartiles).
2. Realice el diagrama de caja y bigote.
3. En base al gráfico y los cinco números resumen, compare la variación de ambos grupos de datos.

A22. Se determinó el millaje por galón de un cierto grupo de autos y se agruparon según su país de origen, obteniendo los siguientes diagramas de caja y bigote:

En base a esto, responda lo siguiente:

1. ¿Cuál tiene mayor variación de sus valores?
2. ¿Cuál tiene menor variación de sus valores?
3. ¿Cuáles tienen sesgo a la izquierda?
4. ¿Cuáles tienen sesgo a la derecha?
5. ¿Cuáles son simétricos?

Taller C

ACTIVIDAD N°1

(Habilidades: Análisis y cálculo)

A11. Los asientos de expulsión usados por aviones de combate se diseñaron para hombres que pesan entre 64 y 96 kilos. Considerando que los pesos de las mujeres se distribuyen en forma normal con una media de 65 kilos y una desviación estándar de 13 kilos, ¿qué porcentaje de las mujeres tiene pesos que se encuentran dentro de dichos límites?

ACTIVIDAD N°2

(Habilidades: Análisis y cálculo)

A21. Sabemos que el tiempo medio de espera en las colas del banco El interés interesado es de 15 minutos, con una desviación típica de 5 minutos.

1. ¿Cuál es el porcentaje de clientes para los que el tiempo medio de espera fue menor de 17 minutos?
2. ¿Cuál es el porcentaje de clientes que esperaron entre 12 y 16 minutos?
3. ¿Entre qué valores se encontraría el tiempo medio con una seguridad del 95%?

A22. La Precision Scientific Instrument Company fabrica termómetros que, se supone, deben dar lecturas de 0°C al punto de congelación del agua. Las pruebas de una muestra grande de tales instrumentos reveló que, en el punto de congelación de agua, algunos termómetros daban lecturas por debajo de los 0° (que se denotan por números negativos) y otros por encima de los 0°(que se denotan por números positivos). Suponga que la lectura media es 0°C y que la desviación estándar de las lecturas es 1°C. También que las lecturas se distribuyen de manera normal.

1. Si se elige al azar un termómetro, calcule la probabilidad de que el punto de congelación del agua sea menor que 1,58°C.
2. Calcule la probabilidad de que el termómetro que se eligió tenga lecturas, en el punto de congelación, entre -2°C y 1,5°C.
3. Calcule la temperatura del percentil 95 (P_{95}).
4. Calcule las temperaturas que separan el 2,5 % inferior y el 2,5 % superior.
5. Si se rechaza el 5% de los termómetros, porque tienen lecturas muy bajas, pero el resto de los termómetros son aceptables, calcule la lectura que separa a los termómetros que se rechazaron de los otros.
6. Si se rechaza el 3% de los termómetros, porque tienen lecturas muy altas, y otro 3% porque tienen lecturas muy bajas, calcule las dos lecturas que separa a los termómetros que se rechazaron de los otros.

ACTIVIDAD N°3

(Habilidades: Análisis y cálculo)

A31. La revista Novias financió una encuesta de 2.500 mujeres por casarse y encontró que 60% de ellas gastaron menos de $400 dólares en su traje de novia. Otro estudio dice que 62% de las novias gasta menos de $400 dólares en su traje de novia.

Formule la hipótesis nula y la alternativa. Discuta si es que la muestra nos da evidencia suficiente para rechazar o no la hipótesis nula.

A32. En un año reciente, algunos jugadores de fútbol se quejaron de que los jueces de líneas estaban marcando más fuera de lugar que el porcentaje promedio del 61 % del año anterior. En esta temporada marcó en 624 de 1.000 jugadas de peligro de gol. Formule la hipótesis nula y la alternativa. Discuta si es que la muestra nos da evidencia suficiente para rechazar o no la hipótesis nula.

ACTIVIDAD N°4

(Habilidades: Cálculo)

A41. Para estimar la media poblacional por medio de intervalos de confianza, el teorema central del límite nos dice que dicho intervalo de confianza del 95 %, dado por

$$(\overline{X} - E, E + \overline{X})$$

Donde $E = 1,96 \cdot \frac{\sigma}{\sqrt{n}}$ y $\overline{X}$ es la media muestral.

Ocupe lo anterior para responder los siguientes problemas:

1. El Secplac de la comuna, para planificar su política social, ha hecho en un barrio una encuesta, basada en un muestreo aleatorio a 36 adultos, sobre los ingresos medios mensuales, obteniéndose \$572.800 de media y $\sigma =$ \$120.000. Estimar el valor medio de los ingresos en dicho barrio con un intervalo de confianza del 95 %.
2. Almacenes Sin Pie desea conocer cuanto gastan como media los poseedores de una de sus tarjetas, a lo largo de un mes. Ha diseñado una muestra de 1.000 clientes, y sabe por experiencia que la desviación típica poblacional es de \$250.000. Si desea tener una confianza del 95 % en la estimación, ¿cuál será el error máximo que cometerá?
3. Se desea establecer, con un nivel de confianza del 95 %, el peso medio de las naranjas de un embarque que acaba de llegar, de forma que el error no sobrepase los 15 gramos. Si la desviación típica (conocida por numerosos casos anteriores) es de 60 gramos, ¿cuántas naranjas deberán ser escogidas al azar para poder establecer dicha media?

Taller D

ACTIVIDAD N°1

A11. ¿Cree que las siguientes variables podrían ser representadas por una curva normal?

1. La afluencia diaria de gente en cierto *mall* durante diciembre.
2. La cantidad de calorías ingeridas en el almuerzo por los alumnos de la UC.
3. El valor de una pieza en hoteles de 5 estrellas.
4. La vida útil de varios computadores de un mismo modelo.
5. La velocidad de los vehículos en la Ruta 5.

A12. En cierta tienda, las ventas mensuales por empleado están distribuidas normalmente con media de $200.000 y desviación estándar de 50.000. Utilice la regla *68-95-99,7* para responder las siguientes preguntas:

1. Si se da un bono a quien venda más de $300.000 al mes, ¿qué porcentaje se ve beneficiado?
2. La tienda exige para la permanencia del vendedor, ventas de al menos $50.000 por mes. ¿Qué porcentaje de los vendedores es despedido por bajas ventas?
3. A quienes vendan menos de $250.000 (y más de $50.000) se les ofrecen capacitaciones. ¿A cuántos deberán considerar en ellas?

ACTIVIDAD N°2

Cuenta estándar

$$z = \frac{\text{dato} - \text{media}}{\text{desv. est.}}$$

A21. El peso de niñas de 10 años distribuye normal con media 30 kg y una desviación estándar de 3. Calcule la cuenta estándar para los siguientes pesos:

1. 25 kg
2. 38 kg
3. 31 kg
4. 21 kg

A22. Se sabe que la duración de los embarazos se distribuye normalmente, con una media de 268 días y una desviación estándar de 15 días. En base a esto, resuelva:

1. La esposa de un marino asegura haber dado a luz a los 308 días de la visita de su marido. ¿En qué percentil se ubica este valor?
2. Si un bebé es prematuro al estar bajo el percentil 4, ¿cuál es la división entre prematuros y normales?
3. ¿Qué porcentaje de niños nacen a los 8 meses o menos?

A23. Cierto modelo de *notebook* posee una batería cuyo tiempo de descarga distribuye normal, con media de 3 horas y desviación de 25 minutos.

1. Si usted tiene uno de estos y lleva 4 horas sin cargarlo, ¿en qué percentil se ubica?
2. Si se entregan estos equipos a los 120 profesores de un colegio, ¿cuántos deberán cargarlo en menos de 2 horas?
3. Si dura menos de 1 hora, puede enviarlo al servicio técnico. ¿Qué porcentaje de los computadores fabricados reciben?

ACTIVIDAD N°3

A31. Decida si los siguientes sucesos son de relevancia estadística. Justifique.

1. En cierto pueblo, 70 % de los nacimientos son niñas.
2. De lanzar 100 veces un dado, se obtuvieron 20 seis.
3. En un curso de 200 personas en el que suele reprobar el 30 %, reprobaron 55.
4. Poblacionalmente, 7 % de los niños padece déficit atencional. En cierto colegio con 2.500 alumnos, existen 300 alumnos con este trastorno.

ACTIVIDAD N°4

A41. Suponga que las edades de inicio de cierta enfermedad tienen una distribución aproximadamente normal, con una media de 11,5 años y una desviación estándar de 3 años. ¿Cuál es el porcentaje de niños infectados

1. Entre 8,5 y 14,5 años?
2. Más de 10 años?
3. Menos de 12 años?

A42. Si la capacidad de la cavidad craneana de una población tiene una distribución aproximadamente normal, con una media de 1.400 cc y una desviación estándar de 125 cc, calcule el porcentaje de personas, elegidas al azar entre esa población,que tenga una capacidad de cavidad craneana:

1. Mayor que 1.450 cc
2. Menor que 1.350 cc
3. Entre 1.300 y 1.500 cc

A43. La Precision Scientific Instrument Company fabrica termómetros que, se supone, deben dar lecturas de 0°C al punto de congelación del agua. Las pruebas de una muestra grande de tales instrumentos reveló que, en el punto de congelación de agua, algunos termómetros daban lecturas por debajo de los 0° (que se denotan por números negativos) y otros por encima de los 0°(que se denotan por números positivos). Suponga que la lectura media es 0°C y que la desviación estándar de las lecturas es 1°C. También que las lecturas se distribuyen de manera normal.

1. Calcule el porcentaje de termómetros en los que el punto de congelación del agua sea menor que 1,58°C.
2. Calcule el porcentaje de termómetros en que las lecturas, en el punto de congelación, estén entre -2°C y 1,5°C.
3. Calcule la temperatura del percentil 95 (P_{95}).
4. Calcule las temperaturas que separan el 2,5 % inferior y el 2,5 % superior.

5. Si se rechaza el 5% de los termómetros, porque tienen lecturas muy bajas, pero el resto de los termómetros son aceptables, calcule la lectura que separa a los termómetros que se rechazaron de los otros.

6. Si se rechaza el 3% de los termómetros, porque tienen lecturas muy altas, y otro 3% porque tienen lecturas muy bajas, calcule las dos lecturas que separa a los termómetros que se rechazaron de los otros.

Taller E

Algunas funciones Excel

Suma de "datos": = SUM(datos)
Media de "datos": = PROMEDIO(datos)
Mediana de "datos": = MEDIANA(datos)
Moda de "datos": = MODA(datos)
Mínimo de "datos": = MIN(datos)
Máximo de "datos": = MAX(datos)
Desv. estándar de "datos": = DESVEST.P(datos)
Varianza de "datos": = VAR.P(datos)
Percentil $100 \times k$ **de "datos":** = PERCENTIL.INC(datos, k)

ACTIVIDAD N°1 - Ejemplo

A11. Se dispone de un archivo con una lista de artículos a comprar para hacer un asado para 20 personas, junto con los respectivos precios y cantidad de cada uno. Use funciones de Excel para realizar lo siguiente:

1. Calcular el valor total a gastar en cada artículo.
2. Calcular el valor a gastar en la totalidad de la compra.
3. Realice un gráfico para mostrar la cantidad a comprar de cada artículo.

ACTIVIDAD N°2

A21. En el archivo se presentan las notas de un curso en sus tres pruebas. Use funciones de Excel para lo siguiente:

1. Calcular el promedio final de cada alumno.
2. Calcular media, mínimo, máximo, rango y desviación estándar de las notas de cada prueba y de los promedios finales.

A22. Usted posee 5 ampolletas incandescentes (100 W) que utiliza en promedio cinco horas al día, y está considerando reemplazarlas por ampolletas de bajo consumo (25 W), que se encuentran a la venta a $2.500. Siga los pasos a continuación, utilizando la hoja A12 como base, para calcular en cuánto tiempo recuperaría la inversión (asuma que el valor del KWh es de $120):

1. Calcule el uso mensual de una ampolleta (1 mes = 30 días).
2. Calcule el gasto diario y mensual de ambas ampolletas (incandescente y bajo consumo).
3. Calcule el ahorro de un mes (en base al reemplazo de cinco ampolletas).
4. ¿ En cuántos meses se recupera la inversión hecha en las cinco ampolletas? Utilice Excel para resolverlo.

Taller F

ACTIVIDAD N°1

A11. Responda las preguntas que se presentan en base al extracto siguiente.

> *Hace algunas semanas, los diputados Ernesto Silva y Gustavo Hasbún, de la UDI, en el marco de la discusión sobre la Reforma Tributaria, señalaron que no era necesario subir los impuestos a las empresas, porque en Chile "sobra la plata". Me imagino que tanto usted como yo nos sorprendimos con esas particulares declaraciones; sin embargo, hay algo de cierto y algo de falso en ellas.*
>
> *[...] Lo cierto es que Chile ha crecido mucho en las últimas dos décadas, con un promedio anual de 5 %. El PIB per cápita ajustado por poder de compra, se empina cerca de los US$17.000, la inversión minera para los próximos 8 años alcanzaría los US$100.000 millones y año a año vemos como la banca, Isapres, AFP, retail, sector forestal y la misma minería no dejan de tener elevadas utilidades. Tenemos un país rico en recursos naturales como el cobre, el molibdeno, el litio, frutas, verduras, peces y cuánto a usted se le ocurra.*
>
> *[...] En resumen, hemos generado mucha riqueza y tenemos una tremenda riqueza potencial, o para decir lo mismo en el lenguaje de los diputados: "sobra la plata".*
>
> -Marco Kremerman.

Fuente: theclinic.cl. ¿Y a usted le sobra la plata? 10/04/2012.

1. ¿Por qué Kremerman afirma que "hay algo de cierto y algo de falso" en las afirmaciones de los diputados? Indique al menos un argumento a favor de la certeza y uno a favor de la falsedad.

A12. Responda las preguntas que se presentan en base al extracto siguiente.

> ## Usuarios de Facebook: a 3,74 grados de separación
>
> [...] Un reciente estudio ha demostrado que entre cualquier usuario de Facebook y otro existirían, como máximo- 3,74 grados de separación.
> "Asumimos que el grado de separación es lo mismo que la distancia menos uno (...) y la distancia promedio que observamos es 4,74", señaló el estudio.
>
> [...] Los resultados mostraron que el 99,6 % de pares de usuarios estuvieron conectados por cinco grados de separación, mientras que el 92 % lo estuvo por cuatro grados.
> En promedio, la distancia entre dos miembros cualquiera de Facebook fue de 4,74 grados, una cifra mucho menor que el promedio de 5,25, distancia registrada por Facebook en 2008, cuando la red era mucho más pequeña.

Fuente: bbc.co.uk. Usuarios de Facebook: a 3,74 grados de separación. 23/11/2011.

1. ¿En qué medida se relaciona el titular de la noticia con los resultados de la investigación? Dé al menos un argumento a favor del titular y uno en contra.

2. ¿Cómo rescribiría el titular?

Taller G

ACTIVIDAD N°1

(Habilidades: Análisis y cálculo)

A11. Suponga que las edades de inicio de cierta enfermedad tienen una distribución aproximadamente normal, con una media de 11,5 años y una desviación estándar de 3 años. ¿Cuál es el porcentaje de niños infectados

1. Entre 8,5 y 14,5 años?
2. Más de 10 años?
3. Menos de 12 años?

A12. Si la capacidad de la cavidad craneana de una población tiene una distribución aproximadamente normal, con una media de 1.400 cc y una desviación estándar de 125 cc, calcule el porcentaje de personas, elegidas al azar entre esa población,que tenga una capacidad de cavidad craneana:

1. Mayor que 1.450 cc
2. Menor que 1.350 cc
3. Entre 1.300 y 1.500 cc

A13. La Precision Scientific Instrument Company fabrica termómetros que, se supone, deben dar lecturas de 0°C al punto de congelación del agua. Las pruebas de una muestra grande de tales instrumentos reveló que, en el punto de congelación de agua, algunos termómetros daban lecturas por debajo de los 0° (que se denotan por números negativos) y otros por encima de los 0° (que se denotan por números positivos). Suponga que la lectura media es 0°C y que la desviación estándar de las lecturas es 1°C. También que las lecturas se distribuyen de modo normal.

1. Calcule el porcentaje de termómetros en los que el punto de congelación del agua sea menor que 1,58°C.
2. Calcule el porcentaje de termómetros en que las lecturas, en el punto de congelación, estén entre -2°C y 1,5°C.
3. Calcule la temperatura del percentil 95 (P_{95}).
4. Calcule las temperaturas que separan el 2,5 % inferior y el 2,5 % superior.
5. Si se rechaza el 5 % de los termómetros, porque tienen lecturas muy bajas, pero el resto de los termómetros son aceptables, calcule la lectura que separa a los termómetros que se rechazaron de los otros.
6. Si se rechaza el 3 % de los termómetros, porque tienen lecturas muy altas, y otro 3 % porque tienen lecturas muy bajas, calcule las dos lecturas que separa a los termómetros que se rechazaron de los otros.

ACTIVIDAD N°2

(Habilidades: Análisis y cálculo)

A21. La revista Novias financió una encuesta de 2.500 mujeres por casarse y encontró que el 60 % de ellas gastaron menos de $400 dólares en su traje de novia. Otro estudio dice que 62 % de las novias gasta menos de $400 dólares en su traje de novia.

Formule la hipótesis nula y la alternativa. Discuta si es que la muestra nos da evidencia suficiente para rechazar o no la hipótesis nula.

A22. En un año reciente, algunos jugadores de fútbol se quejaron de que los jueces de líneas marcaban más fuera de lugar que el porcentaje promedio del 61 % del año anterior. En esta temporada marcó en 624 de 1.000 jugadas de peligro de gol. Formule la hipótesis nula y la alternativa. Discuta si es que la muestra nos da evidencia suficiente para rechazar o no la hipótesis nula.

ACTIVIDAD N°3

(Habilidades: Cálculo)

A31. Para estimar la media poblacional por medio de intervalos de confianza, el teorema central del límite nos dice que dicho intervalo de confianza del 95 % está dado por

$$(\overline{X} - E, E + \overline{X})$$

Donde $E = 1,96 \cdot \frac{\sigma}{\sqrt{n}}$ y $\overline{X}$ es la media muestral.

Ocupe lo anterior para responder los siguientes problemas:

1. Un fisioterapeuta desea estimar, con 95 % de confianza, la media de fuerza máxima de un músculo particular en cierto grupo de individuos. Se inclina a suponer que los valores de dicha fuerza muestran una distribución aproximadamente normal con una variancia de 144. Una muestra de 15 individuos que participaron en el experimento presentó una media de 84,3. ¿Cuál es el intervalo de confianza para la media?

2. En un estudio acerca de la duración de la hospitalización dirigido por varios hospitales en cooperación, se extrajo una muestra aleatoria de 64 individuos con úlcera péptica de la lista de todos los pacientes con esa enfermedad internados alguna vez en los hospitales participantes. Se determinó para cada uno de ellos el tiempo de hospitalización. Se encontró que la duración media de hospitalización fue de 8,25 días y se sabe que la desviación estándar de la población es de tres días. Si se desea tener una confianza del 95 % en la estimación, ¿cuál será el error máximo que cometerá?

3. Se desea establecer, con un nivel de confianza del 95 %, el número promedio de latidos del corazón por minuto para cierta población, de forma que el error no sobrepase los 5 latidos. Considere que esos pacientes constituyen una muestra aleatoria y que la población sigue una distribucion normal, con una desviación estándar de 10. ¿Cuántas personas deberán ser escogidas al azar para poder establecer dicho promedio?

Talleres 5 **A.4.5**

Taller A

ACTIVIDAD N°1

A11. Se lanzan cinco monedas al aire simultáneamente.

1. ¿Cuál es el experimento?
2. Escriba la muestra
3. Escriba un evento

ACTIVIDAD N°2

A21. Conteste las siguientes preguntas:

1. ¿Qué significa cuando decimos que la probabilidad de ganar el Loto es 1/243.474. ¿Un triunfo como este es frecuente?
2. Al hablar acerca de la probabilidad de que llueva en Santiago el 18 de septiembre del proximo año, el reportero de un periódico afirma que la probabilidad es 1/2, ya que lloverá o no lloverá. ¿Este razonamiento es correcto?
3. Un reportero de noticias afirma que un suceso particular es infrecuente porque su probabilidad es de solo 0,001. ¿Es correcta esta afirmación? ¿Por qué?
4. ¿Cuál es la probabilidad de que ocurra un suceso inevitable?
5. ¿Cuál es la probabilidad de que ocurra un suceso imposible?

ACTIVIDAD N°3

A31. Un test consta de 10 preguntas, cada una con 2 posibles respuestas: sí y no. ¿De cuántas formas posibles se puede responder este test?

A32. Una caja contiene 25 cubos, 12 de color rojo, 8 de color negro y 5 de color blanco. Cada cubo tiene un número que lo identifica. ¿Cuántos grupos de 7 cubos, 3 rojos, 2 negros y 2 blancos pueden formarse con los cubos de la caja?

A33. En una reunión hay 12 mujeres y 5 hombres. Queremos tomar fotografías distintas, de manera que en cada una aparezcan 5 personas. ¿En cuántas fotografías aparecen 2 hombres?

A34. ¿De cuántas modos se puede extraer una mano de tres cartas de un naipe inglés de 52 cartas, en las que a lo más aparezca un mono (Jota, Reina o Rey)?

A35. ¿De cuántas formas se puede extraer una mano de tres cartas de un naipe inglés de 52 cartas, de manera que una sea un mono y las otras dos sumen 10?

A36. El ADN (ácido desoxirribonucleico) está hecho de nucleótidos, y cada uno puede contener cualquiera de las siguientes bases de nitrógeno: A (adenina), G (guanina), C (citosina), T (tiamina). Si tenemos que elegir una de las cuatro bases (A, G, C, T), tres veces para formar un terceto lineal, ¿cuántos triples diferentes son posibles? Observe que se pueden seleccionar las cuatro bases para cada uno de los tres componentes del terceto.

A37. Al diseñar un experimento para estudiar el crecimiento de los árboles, se utilizaron los siguientes cuatro tratamientos: ninguno, solo riego, solo fertilización, riego y fertilización. Una fila de 10 árboles se extiende desde una zona húmeda hasta una área de tierra seca. Si se asigna uno de los tratamientos al azar a cada uno de los 10 árboles, ¿cuántos arreglos de tratamientos diferentes son posibles?

A38. Usted acaba de inaugurar su propia línea aérea llamada Air Mi (Su lema: Para nosotros, usted no es solo otra estadístic). Hasta ahora, usted cuenta con un avión para una ruta que conecta Santiago, Arica y Temuco. Una ruta es Santiago-Arica-Temuco y una segunda ruta es Temuco-Arica-Santiago. ¿Cuántas rutas diferentes son posibles si el servicio se expande para incluir un total de ocho ciudades?

ACTIVIDAD N°4

A41. En el lanzamiento de cinco monedas al aire simultáneamente, ¿cuál es la probabilidad de no obtener dos caras y tres sellos?

A42. Se lanzan cinco monedas al aire simultáneamente.

1. ¿Cuál es la probabilidad de obtener al menos una cara?
2. ¿Cuál es la probabilidad de obtener no más de tres sellos?
3. ¿Cuál es la probabilidad de obtener al menos dos sellos o al menos dos caras?

A43. La empresa Cytertonics Communications Company redujo su personal de gerencia de 15 a 10 gerentes. La compañía afirmó que seleccionó a cinco gerentes al azar para despedirlos. Sin embargo, los cinco gerentes elegidos son los cinco gerentes de mayor edad entre los 15 contratados. Calcule la probabilidad de que, cuando se seleccionan cinco gerentes al azar de un grupo de 15, se seleccione a los cinco de mayor edad. ¿La probabilidad es lo suficientemente baja como para acusar a la empresa de que, en vez de usar una selección aleatoria, en realidad solo despidió a los gerentes de mayor edad?

A44. Un lote de píldoras consta de 7 aceptables y 3 defectuosas (porque contienen la cantidad incorrecta del fármaco).

1. ¿Cuántas permutaciones diferentes son posibles cuando se seleccionan al azar las 10 píldoras (sin reemplazo)?
2. Si se eligen al azar 3 píldoras sin reemplazo, calcule la probabilidad de seleccionar las tres píldoras defectuosas.

A45. Juan afirma que ha desarrollado la habilidad de obtener un 6 casi siempre que tira un dado. Usted prueba su afirmación haciendo que Juan tire un dado cinco veces, y él obtiene el 6 cada vez. Si Juan no tiene posibilidad de afectar los resultados, calcule la probabilidad de que lance el dado cinco veces consecutivas y obtenga 6 en todas. ¿La probabilidad es lo bastante baja como para descartar el azar como explicación de los resultados de Juan?

Talleres 6 A.4.6

Taller A

ACTIVIDAD N°1

A11. Clasifique cada par de sucesos como independientes o dependientes.

1. Elegir al azar una segunda moneda de $100 acuñada antes de 2001.

   Elegir al azar una moneda de $100 acuñada antes de 2001.

2. Descubrir que su tostador de pan no funciona.

   Descubrir que su refrigerador no funciona.

A12. En una muestra aleatoria de 120 pacientes, se encontró que 30 de ellos tienen diabetes. ¿Cuál es la probabilidad de que un paciente elegido al azar no tenga diabetes?

A13. ¿Cuál es la probabilidad de que al lanzar un dado 4 veces no se obtenga ningún 6?

A14. ¿Cuál es la probabilidad de que al lanzarse dos dados se obtenga una suma que no supere a 10?

A15. Cuando se hacen pruebas de sangre para detectar infecciones por VIH, el procedimiento puede hacerse de forma más eficiente y menos costosa mezclando muestras de sangre. Así, si las muestras de tres personas se combinan y la mezcla resulta negativa, sabemos que las tres muestras individuales son negativas. Calcule la probabilidad de un resultado positivo para tres muestras combinadas en una mezcla, suponiendo que la probabilidad de que una muestra de sangre individual dé resultado positivo es de 0,1.

ACTIVIDAD N°2

A21. Utilice los datos de la siguiente tabla que resume los grupos sanguíneos y los factores Rh de 100 personas comunes. Estos valores pueden variar en diferentes regiones de acuerdo con el origen étnico de la población.

		Grupo			
		O	A	B	AB
Tipo	Rh^+	39	35	8	4
	Rh^-	6	5	2	1

1. Si se elige a una persona al azar, calcule la probabilidad de seleccionar a alguien que no sea del grupo A.
2. Si se elige a una persona al azar, calcule la probabilidad de seleccionar a alguien del tipo Rh^-.
3. Si se elige a una persona al azar, calcule la probabilidad de seleccionar a alguien que sea del grupo A o del tipo Rh^-.
4. Si se elige a una persona al azar, calcule la probabilidad de seleccionar a alguien que sea del grupo A o del grupo B.
5. Si se elige a una persona al azar, calcule P(no del tipo Rh^+).
6. Si se elige a una persona al azar, calcule P(grupo B o tipo Rh^+).
7. Si se elige a una persona al azar, calcule P(grupo AB o tipo Rh^+).

8. Si se elige a una persona al azar, calcule *P*(grupo A o grupo B o tipo Rh^+).

ACTIVIDAD N°3

A31. Utilice los datos de la siguiente tabla, que resume los resultados de 985 muertes de peatones, causadas por accidentes:

		¿Peatón intoxicado? Sí	No
¿Conductor intoxicado?	Sí	59	79
	No	266	581

1. Si se seleccionan al azar dos muertes diferentes de peatones, calcule la probabilidad de que ambas involucren a conductores intoxicados.
2. Si se seleccionan al azar dos muertes diferentes de peatones, calcule la probabilidad de que ambas involucren a peatones intoxicados.
3. Si se elige al azar una de las muertes de peatones, ¿cuál es la probabilidad de que sea un caso en donde ni el peatón ni el conductor estuvieran intoxicados?
4. Si se eligen al azar dos muertes diferentes de peatones, ¿cuál es la probabilidad de que, en ambos casos, ni el peatón ni el conductor estuvieran intoxicados?
5. Si se eligen al azar dos muertes de peatones con reemplazo, ¿cuál es la probabilidad de que en ambos casos, ni el peatón ni el conductor estuvieran intoxicados?
6. Si se elige al azar una de las muertes de peatones, ¿cuál es la probabilidad de que involucre a un peatón intoxicado y a un conductor intoxicado?

ACTIVIDAD N°4

A41. Utilice los siguientes datos sobre 100 senadores del Congreso de Estados Unidos:

	Republicano	Demócrata	Independiente
Hombre	46	39	1
Mujer	5	9	0

1. Si seleccionamos al azar a un senador, ¿cuál es la probabilidad de elegir a un republicano, dado que seleccionamos a un hombre?
2. Si seleccionamos al azar a un senado, ¿cuál es la probabilidad de elegir a un hombre, dado que seleccionamos a un individuo republicano? ¿Es el mismo resultado obtenido en el ejercicio 21?
3. Si seleccionamos al azar a un senador, ¿cuál es la probabilidad de elegir a una mujer, dado que seleccionamos a un individuo independiente?
4. Si seleccionamos al azar a un senador, ¿cuál es la probabilidad de elegir un demócrata o un independiente, dado que seleccionamos a un hombre?

B Solución de los problemas propuestos

Capítulo 1 B.1

1. a) La alternativa correcta es i)
   b) La alternativa correcta es i)
   c) La alternativa correcta es i)
   d) La alternativa correcta es ii)
2. La alternativa correcta es ii)
3. La alternativa correcta es ii)
4. La alternativa correcta es ii)
5. a) iii) una proposición
   b) i) su negación
   c) iii) Ocho
   d) ii) ambas tienen los mismos valores de verdad
   e) ii) quieres ganar
6. i) f, v, v
   ii) v
   iii) v
7. a)
   - El converso es: Si Viviana vive en Colombia, entonces ella vive en Bogotá.
   - El inverso es: Si Viviana no vive en Colombia, entonces ella no vive en Bogotá.
   - El contrapositivo es: Si Viviana no vive en Colombia, entonces ella no vive en Bogotá.

   b)
   - El converso es: Si el paciente está durmiendo, entonces él está vivo.
   - El inverso es: Si el paciente no está durmiendo, entonces él no está vivo.
   - El contrapositivo es: Si el paciente no está durmiendo, entonces él no está vivo.

   c)
   - El converso es: Si puede volar entonces es un pingüino.
   - El inverso es: No es un pingüino, entonces no puede volar.

- El contrapositivo es: Si no puede volar, entonces no es un pingüino.

d)
- El converso es: Si vives en Viña del Mar, entonces vives cerca del océano.
- El inverso es: Si no vives cerca del océano, entonces no vives en Viña del Mar.
- El contrapositivo es: Si no vives en Viña del Mar, entonces no vives cerca del océano.

e)
- El converso es: Si se es novelista, entonces se es escritor.
- El inverso es: Si no se es escritor, entonces no se es novelista.
- El contrapositivo es: Si no se es novelista, entonces no se es escritor.

8. Para que esto ocurra debe escribir una proposición condicional $p \rightarrow q$ donde p sea falsa y q sea verdadera.

9. Para que esto ocurra debe escribir una proposición condicional $p \rightarrow q$ donde q sea falsa y p sea verdadera.

10. Para que esto ocurra debe escribir una proposición condicional $p \rightarrow q$ donde q sea falsa y q sea falsa o q sea verdadera y q sea verdadera.

11. Nunca se puede dar.

12.

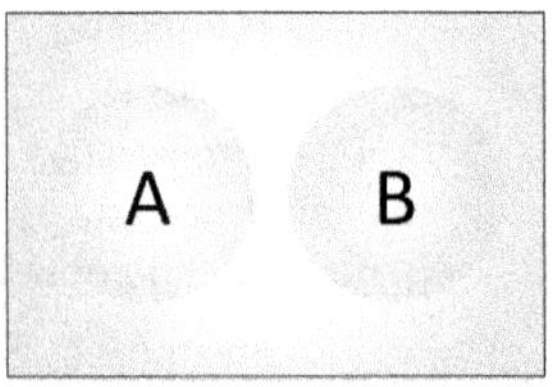

13. Dibuje un diagrama de Venn que represente las siguientes relaciones:

a) Denotemos por V a los veterinarios y por M a las mujeres.

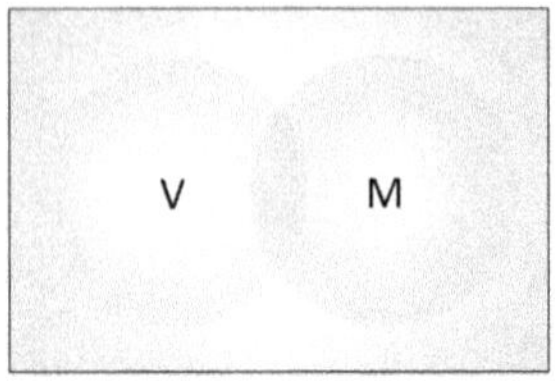

b) Denotemos por R a los reptiles y por M a los mamíferos.

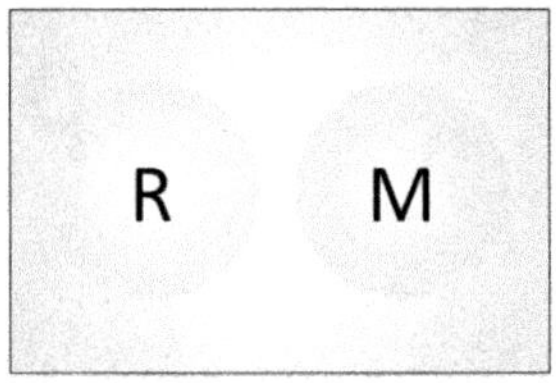

c) Denotemos por M a los músicos y por P a los pintores.

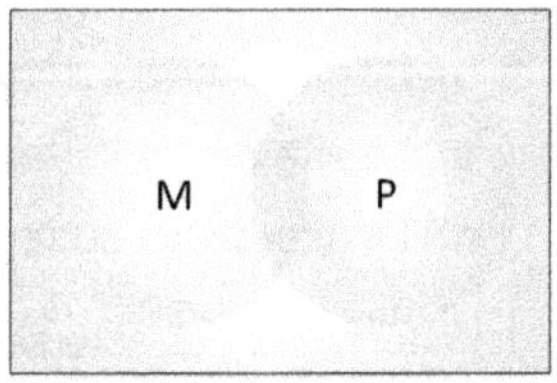

d) Denotemos por E a los enteros negativos y por N a los números naturales.

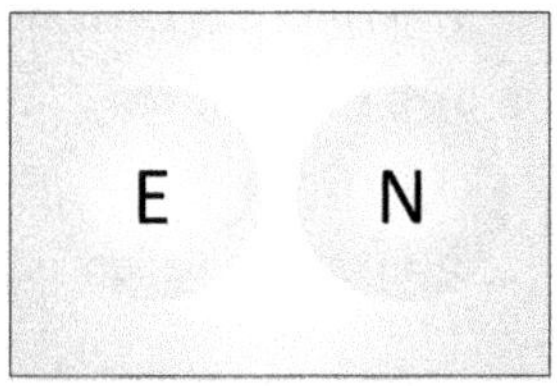

14. Dibuje el diagrama de Venn para las siguientes proposiciones:

a) Denotemos por V a los viudos y por M a las mujeres.

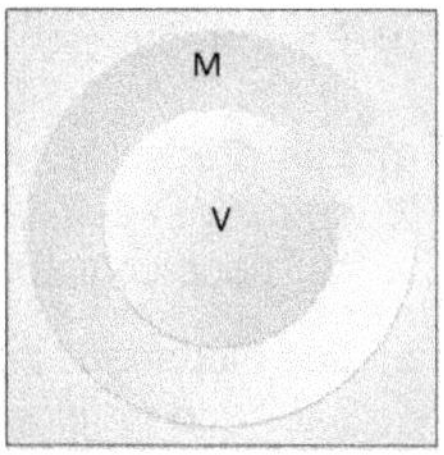

b) Denotemos por A a los aviadores y por M a las mujeres.

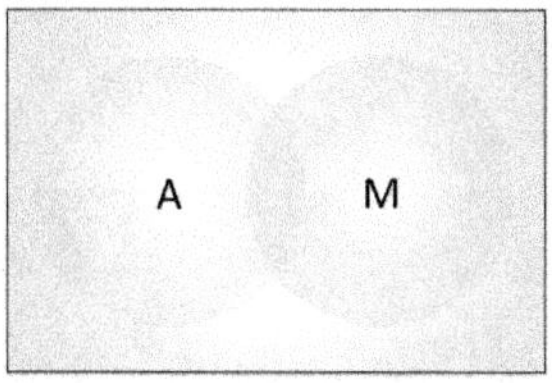

c) Denotemos a los presidentes de Chile por P y por M a las personas mayores de 30 años.

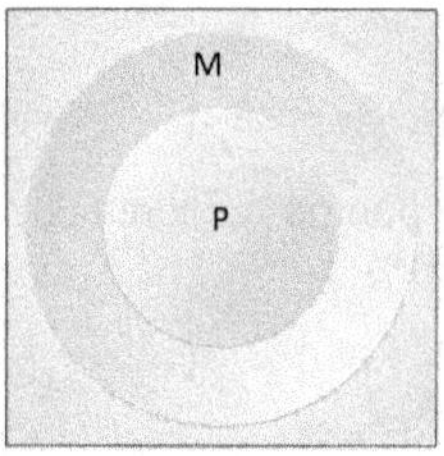

d) Denotemos por M a los mamíferos y por N a los animales que nadan.

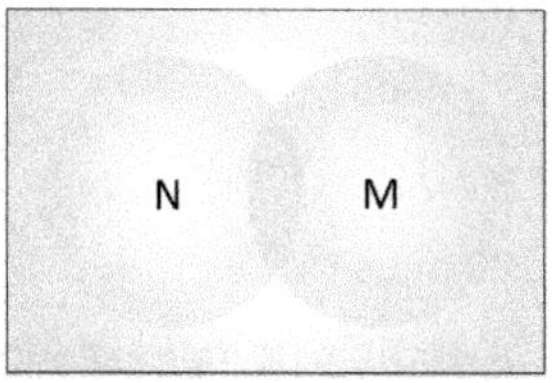

e) Denotemos por P a los perros y por R a los animales que tienen rabo.

15. Una posible declaración sería "Me servirán hervido".

16. a) O bien ambos son buenos o bien ambos son malos.
    b) A es bueno.

17. Notar que no puede haber un tigre y una dama en la misma habitación. Luego el problema se puede traducir solo con las siguientes tres proposiciones:

    - T_A: En la puerta A hay un tigre.
    - L_A: El letrero en la puerta A es verdadero.
    - L_B: El letrero en la puerta B es verdadero.

    Con esto lo que dice cada letrero, en lenguaje lógico, es equivalente a:

$$P_1 : T_A \wedge \neg L_B$$

$$P_2 : T_A \wedge L_A$$

    Da lo mismo el valor de verdad de las proposiciones P_1 y P_2 en la puerta A hay un tigre y en la puerta B hay una dama.

18. Para el primer bus viajaron 10 varones alemanes y en el segundo bus viajaron 4 varones chilenos.

19. Sí, 30 alumnos

20. a) Inductivo
    b) Deductivo
    c) Inductivo
    d) Inductivo

21. a) Cierta
    b) Cierta
    c) Falsa
    d) Cierta

22. a) Es consecuencia lógica
    b) Es consecuencia lógica
    c) Es consecuencia lógica

23. a) No es correcto
    b) Es correcto
    c) Es correcto

24. a) Los productos no vendidos por nosotros pueden estar contaminados y ser poco confiables.
    b) Los ciudadanos con menos responsabilidad política no están inscritos en el registro electoral.
    c) Ninguna mujer del programa de atención materno-infantil tiene depresión postparto.

Capítulo 2 B.2

1. $ 33.000
2. Cambio absoluto: 25.000 personas
   Cambio relativo: 1,5=50 %
3. 150 %
4. $\approx$ $12.605
5. $ 600
6. $\approx$ $80.525
7. *a)* $\frac{2}{5}$, 0,4, 40 %
   b) $\frac{3}{10}$, 0,3, 30 %
   c) $\frac{1}{5}$, 0,20, 20 %
   d) $0\frac{17}{20}$, 0,85, 85 %
   e) $\frac{69}{100}$, 0,69, 69 %
   f) $\frac{7}{5}$, 1,4, 140 %
8. En ambos casos aumentó más el de Veronica. Cambio absoluto $100.000 y Cambio relativo 40 %
9. Cambio absoluto: 17.000 personas
   Cambio relativo: 15,7 %
10. Cambio absoluto: 27 millones personas
    Cambio relativo: 35 %
11. 80 %.
12. 4 veces
13. 5 puntos porcentuales con un cambio del 20 %
14. $41.650
15. 14,7 %
16. $\approx$ $16.666
17. 6 %
18. 3:1.
19. 18 años
20. $x = 7$, $y = 90$
21. 20 años
22. A Hernán le corresponden $112.000, a Miguel le corresponden $70.000 y a Osvaldo le corresponden $98.000.
23. 72 días

24. \$400
25. 5 litros de agua.
26. 37,5 días.
27. 1,875 **kg** de harina y 1312,5 **g** de azúcar.
28. \$75.000, \$25.000 y \$15.000 respectivamente.
29. 10 amigos.
30. 40 días.
31. 12 días.
32. 34 minutos.
33. \$32.400.

Capítulo 3 B.3

1.
- 3.000
- 6.000.000
- 3.400.000
- $0,02$
- $0,0000,21$
- 800
- $0,00766$
- $0,0000033$

2.
- $2,33 \times 10^2$
- $1,26547 \times 10^5$
- $1,1 \times 10^{-1}$
- $8,642 \times 10^{-2}$
- $9,8180004 \times 10^{-1}$
- $4,5 \times 10^{-3}$
- $6,247382 \times 10^8$

3.
- 6×10^5
- $1,2 \times 10^{11}$
- $3,2 \times 10^3$
- 2×10^8
- $6,4 \times 10^9$
- 3×10^3

4.
- 10^{35} es 10^{10} veces más grande que 10^{25}
- 10^{27} es 10^{10} veces más grande que 10^{17}
- 1 millón es 10^6 veces más grande que 1 billón
- 7 trillones es 10^{15} veces más grande que 7.000
- 10^{-8} es 5×10^4 veces más grande que 2×10^{-13}
- $9,3 \times 10^2$ es 3×10^4 veces más grande que $3,1 \times 10^{-2}$
- $3,5 \times 10^{-2}$ es 5×10^5 veces más grande que 7×10^{-8}

7.
- 500.000
- 1,020

8. Error random

9. Todos los puntajes tienen el mismo error absoluto, pero el error relativo varió.

10. Una pesa digital muestra que tu peso es de 62 kilos, pero tu peso real es de $59,5$ kilos, entonces:

a) La pesa fue bastante precisa, pero no muy exacta.

b) La pesa fue bastante exacta, pero no necesariamente precisa.

c) La pesa fue tanto precisa como exacta.

Capítulo 4 B.4

1. *a*) Sí
   b) No
   c) No
   d) No
   e) Sí
   f) No
   g) Sí
   h) No

2. *a*) Sesgo de selección
   b) Sesgo de selección
   c) Sesgo participativo

5. *a*)

Nota	F_r	F_a
7	2	2
6	5	7
5	3	15
4	3	18
3	2	20

b)

Estrellas	F_r	F_a
5	5	5
4	10	15
3	20	35
2	15	50
1	5	20

6. Determine si las siguientes variables son cuantitativas o cualitativas:
   a) Cualitativo
   b) Cuantitativo
   c) Cuantitativo
   d) Cualitativo
   e) Cualitativo

7. *a*)

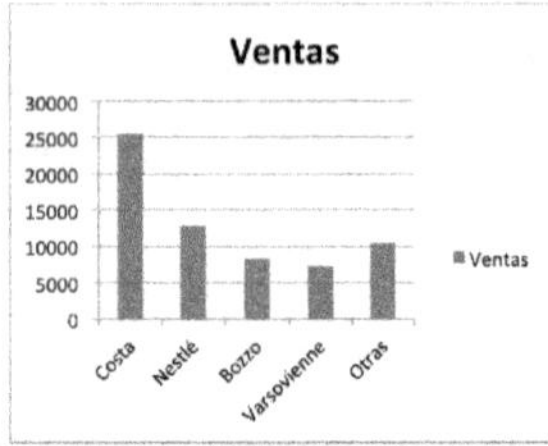

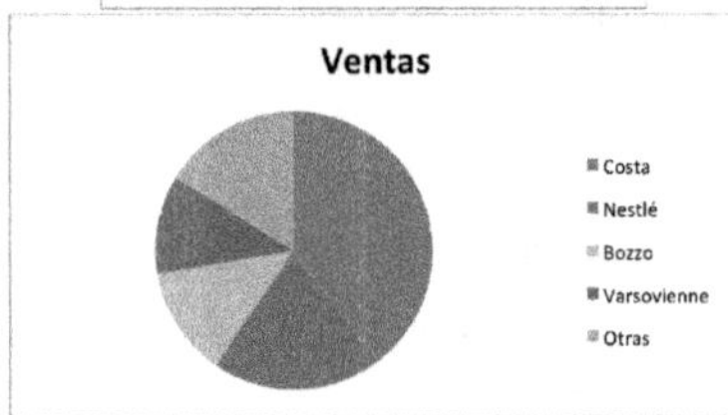

b)

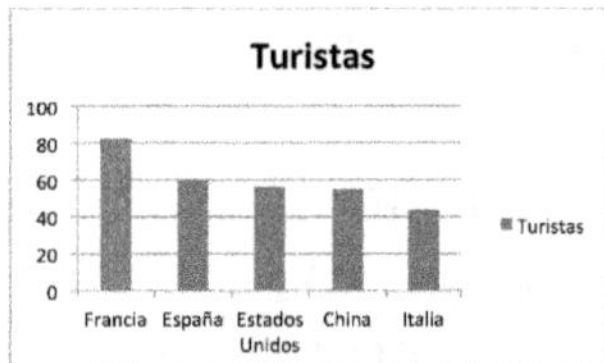

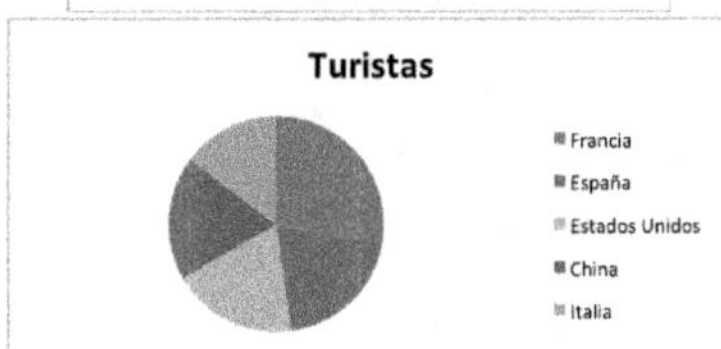

8.

Edad	Cantidad
20-29	1
30-39	8
40-49	9
50-59	4
60-69	2

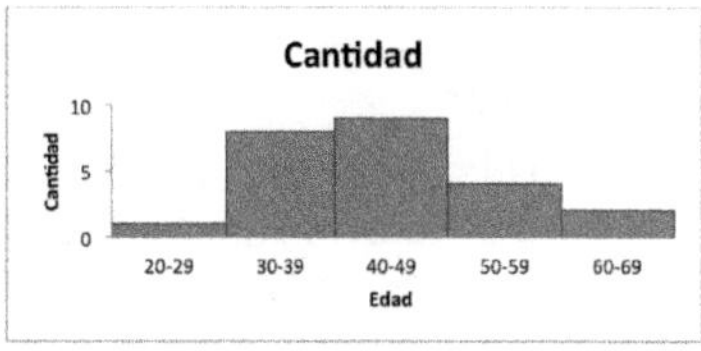

9.

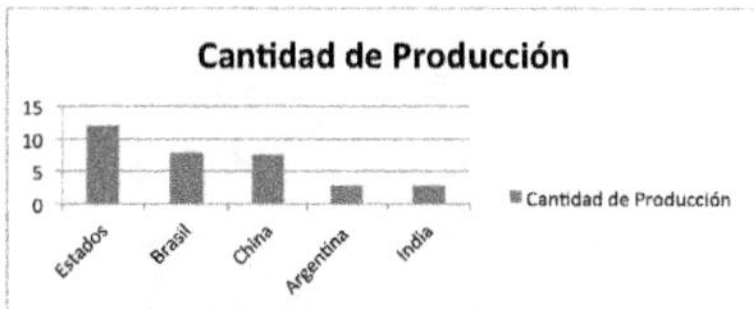

10.

Tabla 1: Variable cuantitativa

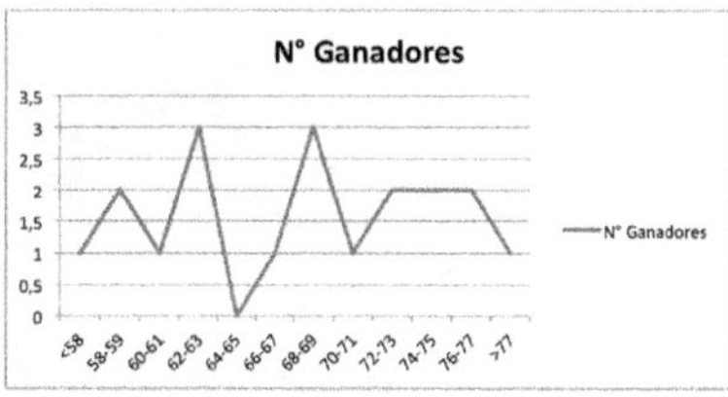

Tabla 2: Variable cuantitativa

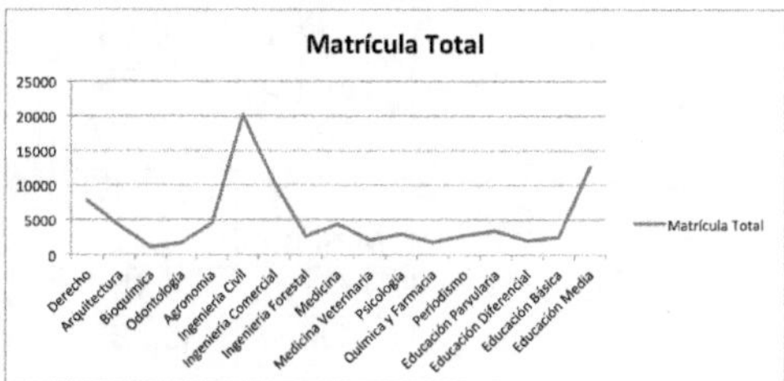

Tabla 3: Variable cuantitativa

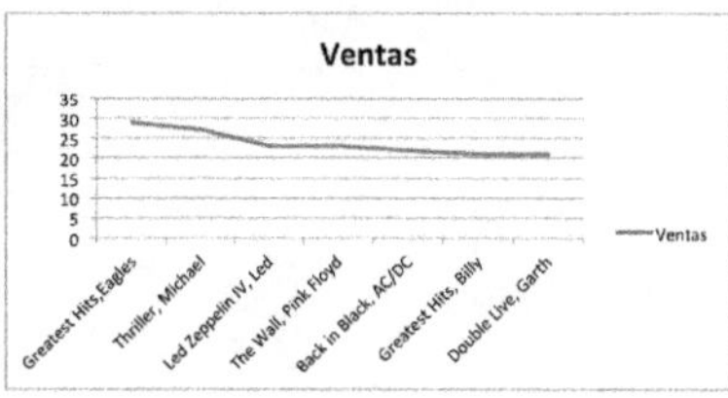

Tabla 4: Variable cuantitativa

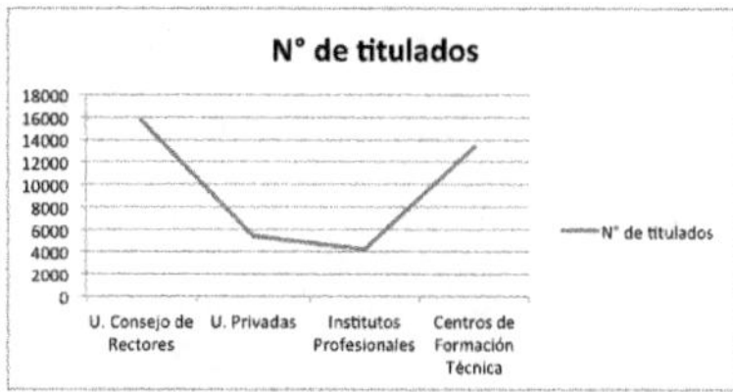

11. *a*)

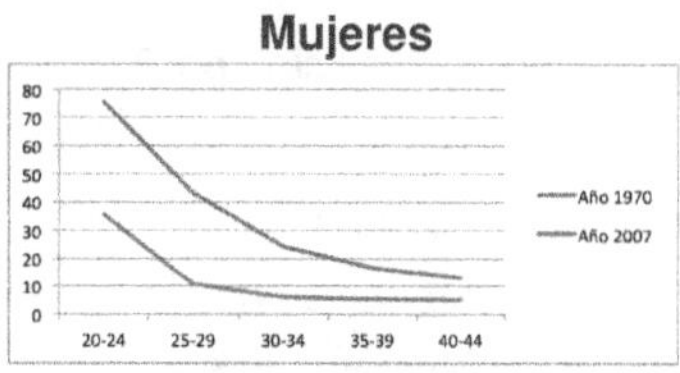

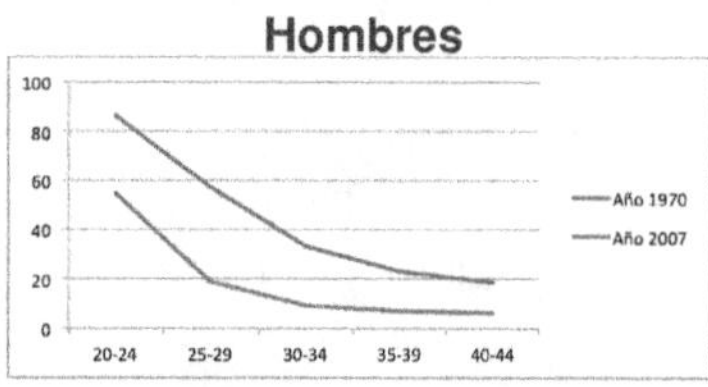

b)

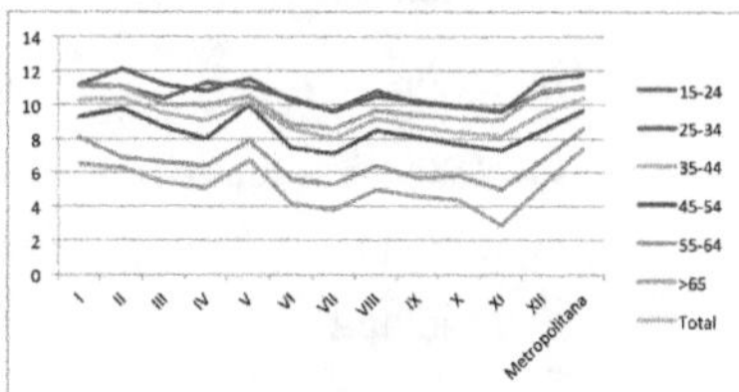

c)

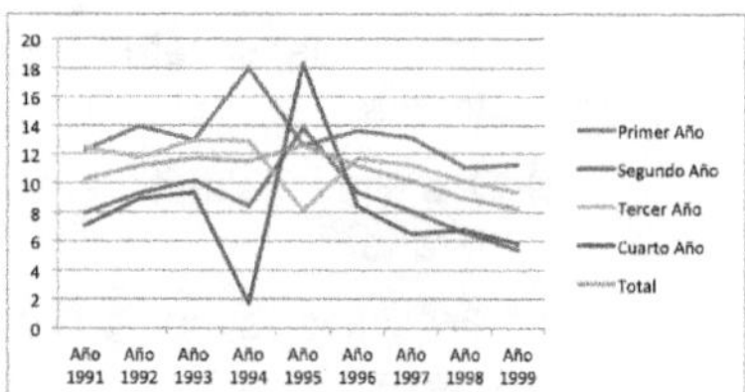

12. *a*) Correlación negativa débil
    b) No hay correlación
    c) No hay correlación
    d) Correlación negativa fuerte

13. *a*) Correlación positiva
    b) Correlación positiva
    c) Correlación positiva
    d) Correlación positiva
    e) Correlación negativa
    f) Correlación positiva

14. *a*)
    Media: 5,68
    Moda: No hay
    Mediana: 5,69

    b)
    Media: 37,14
    Moda: 36,5
    Mediana: 36,75

    c)
    Media: 0,919
    Moda: No hay
    Mediana: 0,92

15. *a*) Moda
    b) Media
    c) Media
    d) Mediana
    e) Media

16. *a*) Una cima, sesgada hacia la izquierda, variación moderada
    b) Dos cimas, simétrica, variación moderada
    c) Dos cimas, simétrica, variación moderada
    d) Sin cimas, simétrica, variación pequeña
    e) Dos cimas, simétrica, variación pequeña
    f) Una cima, sesgada hacia la izquierda, variación moderada

17. *a*)

Media	1971,3
Mediana	1473
Rango	3603
DE	1369,23

Mínimo	534
Q1	1103,5
Q2	1473
Q3	2890
Máximo	4137

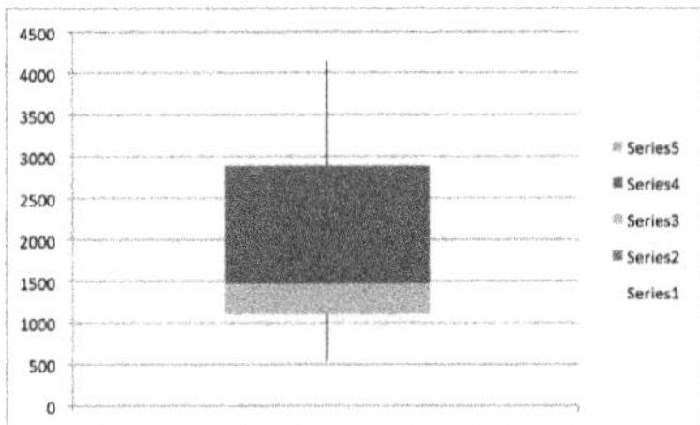

b)

	Peso ST	Peso CT
Media	0,184	1,334
Mediana	0,16	1,07
Rango	0,35	2,11
DE	0,127	0,859

	Peso ST	Peso CT
Mínimo	0,02	0,27
Q1	0,15	0,92
Q2	0,16	1,07
Q3	0,22	2,03
Máximo	0,37	2,38

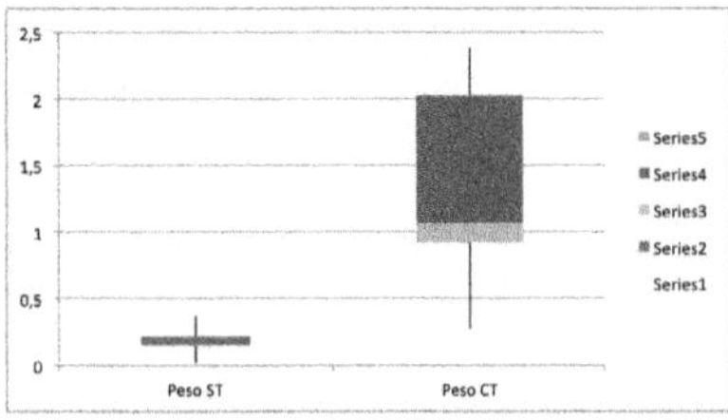

c)

	Beethoven	Mahler
Media	39,875	75,375
Mediana	37	80
Rango	42	44
DE	13,59	16,47

	Peso ST	Peso CT
Mínimo	26	50
Q1	31,75	67
Q2	37	80
Q3	42,5	86,25
Máximo	68	94

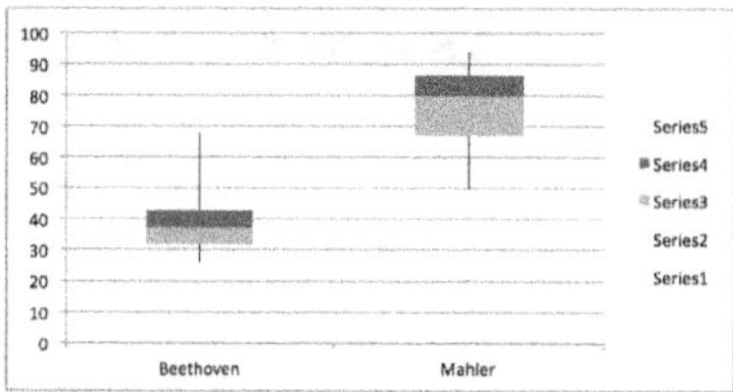

18. *a)* Sí
    b) Sí
    c) No
    d) Sí
    e) No

19. *a)* 50 %
    b) 95 %
    c) 95 %
    d) 68 %
    e) 68 %
    f) 5 %
    g) 0,03 %
    h) 90 %

20. *a)* 68 %
    b) 95 %
    c) 5 %
    d) 340 estudiantes

21. *a)* 18,68
    b) 64,8
    c) Tienen sobrepeso 18,94 % y son obesos 21,19 %

22. *a)* Entre 215 y 313 días
    b) El 2,28 % son prematuros
    c) El 31,9 % de los nacimientos ocurren después de 275 días de embarazo

23. *a)* No hay diferencia relevante
    b) No hay diferencia relevante
    c) Sí hay diferencia relevante
    d) Sí hay diferencia relevante

24. *a)* Margen de error 3 %. Intervalo de confianza: 20 % a 35 %
    b) Margen de error 0,39 %. Intervalo de confianza: 8,51 % a 9,29 %
    c) Margen de error 3 %. Intervalo de confianza: 38 % a 44 %

25. *a)* **Hipótesis nula**: La cantidad de vitamina C en las tabletas es de 500 miligramos

    Hipótesis alternativa: La cantidad de vitamina C en las tabletas es menor que 500 miligramos

    b) **Hipótesis nula**: La polución producida es mayor o igual que la permitida por la ley

    Hipótesis alternativa: La polución producida es menor que la permitida por la ley

29.
- **Población**: Habitantes de Santiago, Antofagasta, Valparaíso, Viña de Mar, Concepción y Talcahuano.
- **Muestra**: 1603 peatones, ciclistas y motociclistas que viven en Santiago, Antofagasta, Valparáiso, Viña de Mar, Concepción y Talcahuano.

- **Parámetro poblacional**: Cantidad de personas que cruzan repentinamente las calles.
- **Estadísticos muestrales**: El 85 % de los peatones cruza en forma repentina las calles, el 43 % lo hace con luz roja y el 42 % atraviesa distraído, leyendo, hablando por celular o escuchando música.

30.
- **Población**: Jóvenes de Chile.
- **Muestra**: Jóvenes de 18 a 20 años pertenecientes a todos los niveles socioeconómicos en las 15 regiones del país.
- **Parámetro poblacional**: Cantidad de jóvenes que conocen el sistema de representación política.
- **Estadísticos muestrales**:El 73 % de los jóvenes no puede nombrar a 5 de los 120 diputados del país. El 54 % de los jóvenes no sabe qué tipo de sistema electoral rige para las elecciones presidenciales. Casi el 60 % de los jóvenes declara no conocer el sistema electoral que rige para el Poder Legislativo.

37. *a*) 8,5 **kg** de chocolate.

C

Índice analítico

Índice analítico C.1

www.ingramcontent.com/pod-product-compliance
Lightning Source LLC
LaVergne TN
LVHW082237051026
849532LV00012B/4012